食品加工实验指导

倪　娜　主编

中国质检出版社
中国标准出版社

北　京

图书在版编目(CIP)数据

食品加工实验指导 / 倪娜主编 .—北京：中国质检出版社，2015.6
ISBN 978-7-5026-4125-2

Ⅰ.①食… Ⅱ.①倪… Ⅲ.①食品加工—高等学校—教材 Ⅳ.①TS205

中国版本图书馆 CIP 数据核字（2015）第 062061 号

内容提要

本书内容包含了果蔬、焙烤制品、乳品、肉品、蛋品、水产品、糖果、软饮料、发酵与酿造、副产物综合利用 10 个方面近 80 个实验。主要介绍了与这 10 个方面相关的实验目的、实验原理、工艺流程和实验步骤等，并着重以简单易懂、注重实用的风格，培养读者理论联系实际、分析问题、动手解决问题和产品开发的能力。每章结尾均有思考题，并在附录中配以思考题答案，便于使用者学习。本书可作为高等院校相关专业的实验教材和参考书，也可作为食品、农副产品加工与利用等相关领域从事科学研究和加工生产人员的参考资料。

中国质检出版社
中国标准出版社 出版发行

北京市朝阳区和平里西街甲 2 号（100029）
北京市西城区三里河北街 16 号（100045）

网址：www. spc. net. cn
总编室：（010） 68533533 发行中心：（010） 51780238
读者服务部：（010） 68523946

中国标准出版社秦皇岛印刷厂印刷
各地新华书店经销

*

开本 787×1092 1/16 印张 14.5 字数 295 千字
2015 年 6 月第一版 2015 年 6 月第一次印刷

*

定价 42.00 元

编写人员

主　编：倪　娜（内蒙古民族大学生命科学学院）

副主编：郭　闯（内蒙古民族大学生命科学学院）
冀照君（内蒙古民族大学生命科学学院）
杨文军（内蒙古民族大学生命科学学院）
郭　猛（内蒙古民族大学网络中心）

审　定：包英才

前　言

食品工业属于朝阳产业，“民以食为天”，一句古语道出了食品工业在我国国民经济以及社会发展中的重要地位。

基于各方面专家的共同努力，我国食品工业发展势头良好，尤其在进入21世纪以来，食品加工新技术不断涌现，各类食品在花色、营养以及工艺上都出现了巨大的创新。为了适应食品工业发展和相关专业学生实验教学开展的需求，我们组织了食品专业课程的教师合编此书，希望能对各类食品加工实验的开展起到一定的作用。

本书力求满足食品专业本科生或专科生教学的基本要求，加强实践性，强调针对性，兼顾综合性，注重灵活性；遵循教学规律，具有科学性、系统性，尽可能涵盖了果蔬产品、焙烤制品、乳制品、蛋品、水产品等不同种类食品的加工实验。

全书共分为十章，编写人员主要由内蒙古民族大学生命科学学院食品科学与工程教研室的相关人员组成，由倪娜担任主编，郭闯、杨文军、冀照君、郭猛担任副主编。本书第一、第七章由杨文军编写，第二章由郭猛编写，第三、第五章由郭闯编写，第四、第六、第十章由倪娜编写，第八、第九章由冀照君编写。全书的统稿工作由倪娜、杨文军完成，在编写、出版过程中得到了中国质检出版社、内蒙古民族大学生命科学学院食品科学与工程教研室领导及同事的大力支持，并经贺宽军、张智勇、袁晓霞、王秀艳等老师及同学校对，同时引用了大量已公开出版、发表的著作及文献资料，在此一并向为本书编写、出版过程提供帮助的同志表示最诚挚的谢意。

学无止境，人无完人。由于编者水平有限，书中可能会出现一些不当之处，敬请各位读者及同仁批评指正，共同进步，力求完善。

编　者

2015年3月

目　录

第一章　果蔬加工工艺学实验 …… 1

第一节　果蔬干制产品 …… 1
第二节　果蔬糖制产品 …… 3
第三节　果蔬罐藏制品 …… 6
第四节　果蔬汁饮料 …… 9
第五节　蔬菜腌制品 …… 11
第六节　葡萄酒 …… 13

第二章　焙烤制品工艺学实验 …… 20

第一节　面　包 …… 20
第二节　蛋　糕 …… 21
第三节　蛋　挞 …… 25
第四节　饼　干 …… 27
第五节　苏式月饼 …… 31

第三章　乳品工艺学实验 …… 34

第一节　固态酸乳制品 …… 34
第二节　活性乳酸菌饮料 …… 36
第三节　奶　油 …… 39
第四节　干酪制品 …… 41
第五节　乳　粉 …… 46
第六节　乳清粉 …… 49
第七节　干酪素 …… 50
第八节　麦乳精 …… 53
第九节　冰激凌制品 …… 55
第十节　雪　糕 …… 57
第十一节　雪泥制品 …… 58

第四章 肉品工艺学实验 …… 61
第一节 德州扒鸡 …… 61
第二节 清蒸牛肉罐头 …… 63
第三节 风干牛肉 …… 65
第四节 发酵羊肉香肠 …… 69
第五节 速冻台湾风味烤香肠 …… 72
第五章 蛋品工艺学实验 …… 77
第一节 干蛋制品 …… 77
第二节 盐蛋制品 …… 80
第三节 卤蛋制品 …… 82
第四节 松花蛋 …… 83
第五节 糟蛋制品 …… 86
第六节 蛋黄酱制品 …… 90
第七节 冰蛋制品 …… 92
第八节 蛋液制品 …… 94
第六章 水产品加工工艺学实验 …… 98
第一节 即食型调味裙带菜 …… 98
第二节 金枪鱼松 …… 99
第三节 茄汁鲅鱼罐头 …… 102
第四节 调味罗非鱼片 …… 104
第五节 鳕鱼香肠 …… 106
第七章 糖果工艺学实验 …… 110
第一节 硬质糖果 …… 110
第二节 硬质夹心糖果 …… 112
第三节 乳脂糖 …… 116
第四节 凝胶糖果 …… 119
第五节 抛光糖果 …… 122
第六节 充气糖果 …… 125
第七节 压片糖果 …… 129
第八节 胶基糖果 …… 130
第九节 几种功能保健糖果 …… 134

第十节　巧克力 …… 136

第八章　软饮料工艺学实验 …… 140

第一节　饮料加工常见原料 …… 140
第二节　纯净水 …… 145
第三节　果蔬汁 …… 147
第四节　沙棘果汁饮料 …… 149
第五节　打瓜果肉饮料 …… 151
第六节　果味茶饮料 …… 153
第七节　杏仁蛋白饮料 …… 154
第八节　碳酸饮料 …… 156
第九节　海红果固体饮料 …… 157
第十节　乳酸饮料 …… 158
第十一节　特色冰淇淋 …… 160

第九章　发酵与酿造工艺学实验 …… 163

第一节　乳酸菌发酵剂 …… 163
第二节　甜酒酿 …… 164
第三节　啤酒麦芽汁 …… 166
第四节　啤酒酵母 …… 168
第五节　啤　酒 …… 169
第六节　酱　曲 …… 171
第七节　马奶酒 …… 172

第十章　副产物综合利用实验 …… 175

第一节　羊脂精油皂的制备 …… 175
第二节　食/药材中的总黄酮的提取与测定 …… 178
第三节　大豆分离蛋白的制备 …… 181
第四节　大豆分离蛋白的酶解 …… 183

附录 …… 186

附录一　麦芽汁糖度的测定 …… 186
附录二　麦芽汁中还原糖含量的测定 …… 187
附录三　酵母计数测定法 …… 189
附录四　啤酒酒精度的测定与发酵度的计算 …… 191

附录五　啤酒色度的测定 …… 193
附录六　啤酒风味保鲜期的测定 …… 194
附录七　酱曲孢子计数法和蛋白酶活力的测定 …… 196
附录八　思考题答案 …… 200

参考文献 …… 220

第一章　果蔬加工工艺学实验

第一节　果蔬干制产品

干制又称干燥或脱水，是指自然条件或人工控制条件下促使果蔬中水分蒸发散失的工艺过程。制品经过干制，果品含水量从70%～90%下降至15%～25%，蔬菜从75%～95%下降至3%～6%，延长了制品的保藏期，同时赋予制品不同的风味。果蔬干制产品主要包括果干和脱水蔬菜。

一、实验目的

了解果蔬干制产品的类型及特点。通过开展本实验，熟悉果蔬干制产品的主要制作工艺流程及操作要点，全面掌握该类制品的相关知识内容。

二、实验原理

新鲜果蔬含水量高，其中游离水占大部分，易受微生物污染产生腐败。经干制后的果蔬加工品，水分大部分被除去，降低含水量的同时，相对地增加内容物的浓度，提高了渗透压或降低了水分活度。最终可以有效地抑制微生物活动以及果蔬中一些酶类的活性，使得产品得以长时间保存。

三、加工实例

（一）无花果果干制作

1. 实验材料与设备

（1）原辅材料：新鲜无花果5kg、1.5%～2.5%亚硫酸盐溶液适量。

（2）主要仪器设备：清洗机、刀具、切分机、热烫容器、连续预煮机、烘箱等。

2. 实验内容

（1）工艺流程

原料选择→清洗→分切→摊铺→干燥→回软→分级→包装→成品

（2）实验步骤

①原料选择、清洗、分切：选择成熟的无花果，剔除烂果、残果及其他物理杂质，清水冲洗后，切去果柄。小果品种不用分切，大果品种可一分为二，或切条切块，可以加大物

料与干燥介质的接触面，提高物料的透气透水性能，节约干燥时间，减少能量消耗。

②浸泡：将切分好的果料浸泡于1.5%～2.5%亚硫酸盐溶液中进行护色处理，防止果肉氧化褐变，影响产品色泽。

③摊铺、干燥：采用人工干制方法，将果料平摊在大平面容器中进行干燥，在加温的同时注意通风和排气，这样有利于水分蒸发，初始烘烤温度为80～85℃，后期温度为50～55℃，干燥时间一般为6～12h，依果品含水量达到要求为准，无花果果干的含水量一般为20%左右。

④回软、包装：将干燥的无花果果干堆集在塑料薄膜之上，上面再用塑料薄膜盖好，回软2～3d，然后按照果干制品块形大小等标准进行拣选分级，最后将分级后的果干进行包装，即为实验果干成品。

（二）脱水胡萝卜制作

脱水胡萝卜是经过人工加热除去大部分水后，制成的一种脱水蔬菜制品。食用时不单味美、色鲜，而且能保持原有的营养价值。再加上它储藏性好，比鲜菜体积小、重量轻、入水便会复原、运输食用方便等，而备受人们的青睐。

1. 实验材料与设备

（1）原辅材料：新鲜胡萝卜、2%亚硫酸盐溶液。

（2）主要仪器设备：刀具、锅、烘箱、烘盘、台秤、密封箱等。

2. 实验内容

（1）工艺流程

原料选择→修整→煮烫→水冷→烘干→封闭→分装→成品

（2）实验步骤

①原料选择、清洗与修整：使用台秤称取一定量的胡萝卜，要求所选物料可食率高，成熟度适宜，新鲜，风味好，无腐烂和严重损伤等。将选好的胡萝卜用人工清洗或机械清洗，清除附着的泥沙、杂质、农药和微生物，使原料基本达到脱水加工的要求，保证产品的卫生。

②切分：将不合格及不可食部位去除，并适当切成片状、丁状或条状，去除原料的外皮或蜡质，可提高产品的食用品质，又有利于脱水干燥。

③煮烫：切分后将物料在开水锅中进行热烫，一般为2min左右，防止热烫过度，造成营养成分损失过度。一般以过氧化物酶（peroxidase）失活的程度，来检验热烫操作是否适当。方法是将经热烫后的原料切开，在切面上分别滴几滴0.1%愈创木酚或联苯胺和0.5%过氧化氢。若变色（褐色或蓝色），则热烫不足；若不变色，则表示酶已失去活性。

④水冷：热烫后将原料立即放入冷水中浸渍散热，并不断冲入新的冷水，待盆中水温与冲入水的温度基本一致时，将蔬菜捞出，沥干水分后便可放入烘箱烘烤。

⑤烘干：将煮烫晾好的蔬菜均匀地摊在烘盘里，然后放入烘箱内架上，温度控制

在 32～42℃，每隔 30min 进入检查烘箱温度，同时不断翻动烘盘里的蔬菜，使之加快干燥速度，一般需经过 14h 左右，当蔬菜体内水分含量降至 20％左右时，可在蔬菜表面上均匀地喷洒 0.1％的山梨酸或碳酸氢钠、安息酸钠等防腐防霉保鲜剂，喷完后即可封闭。

⑥封闭：将烘干的胡萝卜放入构造严密的密封箱中，置于烘箱中密封暂存 10h 左右，使干制制品含水量均匀一致。

⑦分装：烘干出箱的干制胡萝卜，冷却后装入塑料袋中密封，按不同重量、块形等规格将制品分包，即为实验成品。

（3）成品评价

①感官要求

外观：要求整齐、均匀、无碎屑。对片状干制品要求片型完整，厚薄基本均匀，干片稍有弯曲或皱缩，但不能严重弯曲，无碎片；对块状干制品要求大小均匀，形状规则；对粉状产品要求粉体细腻，粒度均匀，无粘结，无杂质。

色泽：应与原有果蔬色泽相近或一致。

风味：具有原有果蔬的气味和滋味，无异味。

②理化指标

主要指含水量指标，果干的含水量一般要求为 15％～20％；脱水菜的含水量一般为 6％左右。

③微生物指标

一般果蔬干制产品无具体微生物指标，产品要求不得检出沙门氏菌、志贺氏菌及金黄色葡萄球菌等致病菌。

④保质期

保藏期要求较长，一般半年以上。

第二节　果蔬糖制产品

果蔬糖制产品是以新鲜果蔬为原料，并添加糖或其他配料经一定制作工艺而制成的具有独特风味的食品。糖制是利用高糖的防腐保藏作用对果蔬物料进行处理，是我国古老的食品加工方法之一。果蔬糖制产品主要分为两大类：蜜饯类（高糖）和果酱类（高糖高酸）制品，均具有优良的保藏性和贮运性，产品的色、香、味、形态及组织结构特色都不同，大大丰富了果蔬制品的花色品种。

一、实验目的

了解果蔬糖制产品的分类组成及特点。通过开展本实验，熟悉果蔬类糖制产品的主要制作工艺流程及操作要点，全面掌握该类制品相关知识内容，为日后从事相关行业工作打下坚实的理论和实践基础。

二、实验原理

糖制品制作的主要原理是利用食糖的保藏作用。将果蔬类原料经过预处理之后，加入一定浓度的糖溶液，在赋予制品甜味的同时，利用其高渗透压的特性，使微生物细胞质脱水收缩，发生质壁分离而消亡，食糖溶液还可以降低制品的水分活度并具有抗氧化作用，可以抑制微生物生长繁殖，从而抑制产品发生腐败，延长保藏期，也有利于制品的色泽、风味和维生素 C 的保存。

三、加工实例

（一）苹果果酱加工

苹果果酱是将新鲜苹果打浆或制汁，再与糖配合，经煮制而成的黏糊状、冻状或胶态的产品，属于高糖高酸食品。

1. 实验材料与设备

（1）原辅材料：低甲氧基果胶 14g、明胶 22g、葡萄糖粉 140g、水 1.5L、麦芽糖 120g、新榨苹果汁（浓缩至 1/5）1.0kg、柠檬酸适量。

（2）主要仪器设备：温度计、不锈钢刀、不锈钢锅、打浆机、旋盖玻璃瓶、杀菌锅等。

2. 实验内容

（1）工艺流程

原料选择→预处理→预煮→打浆→浓缩→装罐→封盖→杀菌冷却→成品

（2）实验步骤

①原料选择：选择充分成熟、色泽鲜红的苹果原料，并剔除病虫果、伤烂果。

②预处理：对新购置原料进行清洗、修整、切分、去核等操作。

③预煮：将处理好的苹果物料与 1L 清水在不锈钢锅内煮制 10～15min，预煮软化升温要快，在预煮后期将低甲氧基果胶和明胶一并加入煮制，进行充分混合溶胶。

④打浆：将煮制软化的苹果料倒入打浆机内（占机体 2/3）进行打浆。

⑤浓缩：将备好的麦芽糖粉和葡萄糖粉配置成糖液，然后将糖液与混合浆料入锅加热浓缩。浓缩中要注意控制火候，并不断搅拌，以加快浓缩速度和防止糊锅。浓缩时间以 25～50min 为宜，温度为 106～110℃，当用木板挑起果酱呈片状落下，果酱中心温度达到 105～106℃时出锅装罐。出锅前，加入柠檬酸并搅拌使之充分调和。

⑥装罐、封盖：浓缩后，趁热装入已消毒的瓶中，并保持酱温在 85℃以上。装瓶时瓶中应留 5mm 顶隙，装好后立即密封。

⑦杀菌、冷却：密封后立即将瓶装制品入杀菌锅内，用蒸汽进行杀菌，要求在 5min 内升温至 100℃，保持此温度 20min，然后分段冷却到 37℃左右。擦净瓶外水球，

即为成品。

（3）成品评价

果酱类产品质量标准应符合 GB/T 22474—2008 的相关要求。

①感官要求：果酱类产品感官要求见表 1-1。

表 1-1　果酱类产品感官要求

项　目	要　求
色泽	有该品种应有的色泽
滋味与口感	无异味，酸甜适中，口味纯正，具有该品种应有的风味
杂质	正常视力下无可见杂质，无霉变
组织状态	均匀，无明显分层和析水，无结晶

②理化指标：果酱类产品理化指标要求见表 1-2。

表 1-2　果酱类产品理化指标

项　目	果酱指标	果味酱指标
可溶性固形物（以 20℃折光计）/%，≥	25	—
总糖/（g/100g），≤	—	65
总砷（以 As 计）/（mg/kg），≤	0.5	
铅（Pb）/（mg/kg），≤	1.0	
锡（Sn）/（mg/kg），≤	250[a]	
注 1：“—”表示不作要求。 注 2：总砷、铅、锡的指标参照 GB 11671—2003 设定，并与该标准相同。		
[a]仅限马口铁。		

（二）蜜枣加工

1. 实验材料与设备

（1）原辅材料：鲜枣 5kg、白糖 3kg、水 800g、0.5%亚硫酸氢钠溶液。

（2）主要仪器设备：温度计、煮锅、刀具、烘箱或烤箱等。

2. 实验内容

（1）工艺流程

原料选择→预处理→糖煮→初烘→复烘→分级→包装→成品

（2）实验步骤

①原料选择：选择新鲜枣果原料，按果形大小进行拣选分级，分别加工。

②预处理：先将分选好的物料清洗干净，去除杂质及农药，并用小刀将枣果切缝(70 刀左右)，刀深以果肉厚度一半为宜，切缝太深，糖煮时易烂，太浅，糖分不易渗入，同时要

求纹路均匀，两端不切断。将切缝完毕的枣果放入0.5%亚硫酸氢钠溶液浸泡1～2h。

③糖煮：用不锈钢煮锅对切分好物料进行煮制，采用分次加糖一次煮成法，煮制时间1～1.5h。先用1/2白糖加入水中于锅内熔化煮沸，加入枣果，大火熬煮12min左右，再加入剩余白糖，迅速煮沸后，加上次煮枣后的糖水2kg，煮沸至105℃，含糖65%时停火。连同枣汁一同倒入另一枣锅，糖渍45min左右，使糖分充分渗入，每隔10min以上搅拌一次，最后滤去糖液，进行烘制。

④烘制：烘制包括初烘和复烘两个阶段。初烘温度55℃左右，最高不超过65℃，烘至果品表面有糖霜析出，时间约1d。趁热将枣加压成形后进行复烘，温度50～60℃，需30h以上。

⑤分级、包装：烘制后将制品按形态、重量等标准进行分级并包装，即为实验成品。

（3）成品评价

蜜饯类制品质量标准应符合GB/T 14884—2003的相关要求。

①感官要求：具有该品种正常的色泽、气味和滋味，无异味，无霉变，无杂质。

②理化指标：蜜饯类制品理化指标要求见表1－3。

表1－3 蜜饯类制品理化指标

项　目	指　标
铅（Pb）/（mg/kg），≤	1
铜（Cu）/（mg/kg），≤	10
总砷（以As计）/（mg/kg），≤	0.5
二氧化硫残留量	按GB 2760—2011执行

③微生物指标：蜜饯类制品微生物指标要求见表1－4。

表1－4 蜜饯类制品微生物指标

项　目	指　标
菌落总数/（cfu/g）	1000
大肠菌群/（MPN/100g）	30
致病菌（沙门氏菌、志贺氏菌、金黄色葡萄球菌）	不得检出
霉菌/（cfu/g）	50

第三节　果蔬罐藏制品

果蔬罐藏是将水果或蔬菜进行预处理后装罐，经排气、密封、杀菌等措施，使体系形成密封、真空及无菌环境。果蔬罐头是果蔬罐藏加工制作的典型产品，具有保存期长，能较好地保持果蔬的风味和营养价值，可直接食用，便于携带等特点。产量最多的是水果罐头，其次是蔬菜罐头，两者合计占市场罐头总产量的70%以上，为罐头食品的龙头产品。

一、实验目的

了解果蔬罐藏工艺的原理以及果蔬罐头制品的产品特点。通过开展本实验，熟悉果蔬罐头制品的制作工艺流程及操作要点，全面掌握果蔬罐头制品的相关知识内容。

二、实验原理

排气、密封、杀菌是罐藏加工的主要措施，也是形成罐头制品耐保藏性和产品特色的决定因素。

密封使罐内物料与外界隔绝，维持真空，并防止外界微生物再侵染。真空度是通过排气这一工序形成的。排气的目的是使罐内形成一定的真空度，抑制好氧性微生物的活动，减少氧化作用，减轻营养成分损失和罐内壁腐蚀，防止或减轻罐头在高温杀菌时变形损坏。

罐头杀菌的目的是杀死罐内有害微生物、致病菌。包括对酶活性的钝化，保证食品不败坏。在保证罐头安全贮藏的前提下，应尽可能降低杀菌强度，尽量保存制品原有的色泽、风味、质地和营养价值。

三、加工实例

（一）西瓜罐头加工

1. 实验材料与设备

（1）原辅材料：新鲜西瓜若干，双氧水溶液、氯化钙、柠檬酸、苹果香精适量。

（2）主要仪器设备：刀具、煮锅、包装罐（玻璃瓶或马口铁罐）、杀菌锅等。

2. 实验内容

（1）工艺流程

原料选择→冲洗→消毒→切半→切块→去皮→烫漂→除籽→配糖水→装罐→排气→密封→检查→杀菌→冷却→成品

（2）实验步骤

①原料选择：选择新鲜良好、肉质致密，成熟度适中，无腐烂变质、虫害和机械损伤的西瓜物料。

②冲洗：用水龙头将西瓜表皮粘连的杂质冲掉，洗后西瓜放入0.1%的双氧水溶液中浸泡5min进行消毒处理。

③消毒：消毒完毕后再次用清水冲洗，务必将消毒液清洗干净，防止残留进入

制品。

④切半、切块与去皮：将清洗消毒后的西瓜使用刀具横切两半，再纵切成 8 块，然后将块状西瓜去皮，去皮后再用刀具切割成 3cm×3cm 的小块果肉。

⑤烫漂：在开水中加入 0.1%氯化钙和 0.1%柠檬酸，将瓜块放入烫漂 1～2min，时间不应太长，以免影响产品品质。烫漂后对物料进行急冷，以果肉彻底冷却为标准。

⑥除籽：瓜块冷却之后应及时使用尖头工具将瓜块外部可见的瓜籽去除。

⑦配糖水：糖水的浓度应由折光计测定，读数为 30%，在糖溶液中加 0.18%的氯化钙、0.25%的柠檬酸和 0.06%的苹果香精。加热煮沸浓缩 5min 左右，过滤后备用。

⑧装罐：采用玻璃容器或马口铁罐进行装罐，先将容器内外刷洗干净后放入沸水中消毒 3min 左右，捞出沥干水分之后进行装罐，装罐糖水温度 70℃以上，并预留 1cm 左右顶隙。同一罐瓜块应在块形和色泽等品质上统一均匀。

⑨排气、密封：对容器进行抽气密封，以罐头中心温度达到 75℃为准，真空度为 0.045MPa 左右。

⑩检查：密封后检查密封质量，如有密封不达标产品应立即进行重装处理。

⑪杀菌、冷却：将密封良好的罐头制品放入杀菌锅进行杀菌，杀菌温度 110℃左右，时间 20min。

（3）成品评价

①感官要求：西瓜罐头感官要求见表 1-5。

表 1-5 西瓜罐头感官要求

项 目	要 求
色 泽	瓜肉呈红色或淡红色，色泽较一致，糖水较透明，允许含有不引起浑浊的少量瓜肉碎屑
滋味与气味	具有该产品应有的滋味及气味，酸甜适口，无异味
组织形态	瓜肉软硬适度，块形整齐，同一罐内瓜块大小一致均匀，个别罐内允许有瓜籽脱落现象
杂 质	无肉眼可见杂质存在

②理化指标：西瓜罐头理化指标要求见表 1-6。

表 1-6 西瓜罐头理化指标要求

项 目	指 标
净 重	500g，每罐允许公差±3%，但平均不低于净重
固形物含量/%	瓜肉（包括瓜籽）不低于净重的 50%
糖水浓度/%	开罐时按折光度计为 12%～16%

表 1-6（续）

项　目	指　标
pH 值	3.7～4.2
铜（Cu）/（mg/kg），≤	200
铅（Pb）/（mg/kg），≤	2

③微生物指标：西瓜罐头制品要求不得有致病菌（沙门氏菌、志贺氏菌及金黄色葡萄球菌）检出。

第四节　果蔬汁饮料

果蔬汁指天然的从果蔬中直接压榨或提取而成的汁液，人工加入其他成分之后，就制成相应的果汁饮料或者蔬菜汁饮料。果蔬汁往往从新鲜果蔬中获取，营养成分仅有极少的损失，风味和营养品质极其接近于新鲜果蔬，由于加工的高科技化，有时甚至胜于新鲜果蔬。

果蔬汁按其透明度主要可分为澄清果蔬汁和浑浊果蔬汁。澄清果蔬汁澄清无悬浮颗粒，制品稳定性优良，但营养损失较大。浑浊果蔬汁含有大量的果肉碎粒，同时又存留一定的植物胶导致体系形成浑浊形态，但营养素留存较多。

一、实验目的

了解果蔬汁饮料的品种分类及产品特色。通过开展本实验，熟悉果蔬汁饮料制品的制作工艺流程及操作要点，全面掌握该类制品的相关知识内容，为从事相关工作打下坚实的理论和实践基础。

二、实验原理

果汁饮料的生产是采用压榨、浸提、离心等物理方法，破碎新鲜水果制取果汁，再加入蔗糖等甜味剂及酸味剂等混合调整后，调节适合的糖酸比，经过脱气、均质、杀菌及罐装等加工工艺，脱去氧、钝化酶、杀灭微生物等，制成符合相关产品标准的果汁饮料。

三、加工实例（橙汁饮料）

1. 实验材料与设备

（1）原辅材料：新鲜橙子 5kg、蔗糖 450g、柠檬酸 5g、糖精钠 0.5g、胭脂红 0.5g、苯甲酸钠 1g、水 3.5kg。

（2）主要仪器设备：不锈钢果实破碎机、离心榨汁机、不锈钢刀、离心机、胶体磨、脱气机、高压均质机、超高温瞬时灭菌机、压盖机、不锈钢配料罐、不锈钢锅、糖度计、玻璃瓶、皇冠盖、温度计、烧杯、台秤、天平等。

2. 实验内容

（1）工艺流程

原料选择→清洗→榨汁→过滤→离心→调配→脱气→均质→杀菌→热灌装→压盖→冷却→成品

（2）实验步骤

①原料选择、清洗：选用新鲜、无病虫害及生理病害、无严重机械伤、成熟度八至九成的橙果，使用水龙头将表面污物杂质等清除干净，防止误入制品造成污染。

②榨汁：采用不锈钢刀将橙子切分，切分后的果块立即放入 0.15%亚硫酸盐溶液中护色处理，然后采用离心榨汁机取汁。也可通过不锈钢果实破碎机，先将果实破碎，然后采用打浆离心机取汁。

③过滤、离心：接取榨取的橙汁用 60～80 目的滤筛或滤布过滤，除去渣质，收集橙汁；然后采用果汁离心机对橙汁进行离心处理，收集清汁。加入蔗糖、柠檬酸、糖精钠、胭脂红、苯甲酸钠及水等配料，在配料罐中搅拌充分调和。甜味剂、酸味剂等必须提前溶解、过滤备用。

④脱气、均质：80℃恒温水浴条件下脱气操作 10min。然后采用高压均质机对已经脱气的橙汁进行均质，均质压力为 18～20MPa。

⑤杀菌：均质后进行杀菌，果汁饮料在一般杀菌条件为 100℃热处理 2～3min。如采用超高温瞬时灭菌机进行杀菌，则杀菌温度为 115 ～135 ℃，杀菌时间为 3～5s。

⑥热罐装、压盖：一般条件下杀菌后的橙汁立即灌入饮料玻璃瓶或耐高温饮料塑料中，压盖密封或旋紧盖子。瓶子和盖子必须事前清洗消毒。瞬时灭菌条件下杀菌的果汁，在无菌条件下罐装密封。因为杀菌均为高温操作，杀菌后的橙汁余温较高，装瓶后需分段冷却至室温，即为实验成品。

（3）成品评价

橙汁饮料质量标准应符合 GB/T 21731—2008 的相关规定。

①感官要求：橙汁饮料感官要求见表 1 - 7。

表 1 - 7　橙汁饮料感官要求

项　目	要　求
状　态	呈均匀液状，允许有果肉或囊胞沉淀
色　泽	具有橙汁应有的色泽，允许有轻微褐变
气味与滋味	具有橙汁应有的香气及滋味，无异味
杂　质	无可见外来杂质

②理化指标：橙汁饮料理化指标见表1-8。

表1-8 橙汁饮料理化指标

项 目	非复原橙汁	复原橙汁	橙汁饮料
可溶性固形物（20℃，未校正酸度）/%，≥	10.0	11.2	—
蔗糖/（g/kg），≤	50.0		—
葡萄糖/（g/kg）	20.0～35.0		—
果糖/（g/kg）	20.0～35.0		—
葡萄糖与果糖之比，≤	1.0		—
果汁含量/（g/100g）	100		≥10

③微生物指标：橙汁饮料微生物指标要求应符合GB 19297—2003的相关规定，具体要求见表1-9。

表1-9 橙汁饮料微生物指标

项 目	指 标	
	低温复原果汁	其他
菌落总数/（cfu/mL），≤	500	100
大肠菌群/（MPN/100mL），≤	30	3
霉菌/（cfu/mL），≤	20	20
酵母/（cfu/mL），≤	20	20
致病菌（沙门氏菌、志贺氏菌、金黄色葡萄球菌）	不得检出	

第五节 蔬菜腌制品

蔬菜腌制是利用食盐以及其他物质渗入蔬菜组织内，降低水分活度提高结合水含量及渗透压等作用，有选择地控制有益微生物的活动和发酵，抑制腐败菌生长繁殖，从而延长制品保藏期的加工方法。凡是采用蔬菜腌制法制成的鲜香嫩脆、咸淡（或甜酸）适口且耐保存的加工品，统称为蔬菜腌渍品。在日常生活中，将蔬菜腌制品简称为酱腌菜。腌渍品制作方法简单，成本低廉，保存性好，风味齐全独特，在我国南北方深受各年龄层次消费者喜爱。

蔬菜腌渍品主要分为六大类：盐渍菜类、酱渍菜类、糖醋渍菜类、盐水渍菜类、清水渍菜类和菜酱类。每一种制品的原料、辅料、制作工艺以及风味都不尽相同。

一、实验目的

了解蔬菜腌制品原料特性、产品特色。通过开展本实验，熟悉蔬菜腌制品的制作工艺流程及操作要点，全面掌握该类制品的相关知识内容。

二、实验原理

蔬菜腌渍主要利用食盐的防腐作用、有益微生物的发酵作用、蛋白质的分解作用以及其他一系列生物化学作用，抑制有害微生物的生长和增进产品的色香味，形成制品独有的品质特色。

食盐溶液属于高渗溶液，对于微生物有脱水作用，同时还会降低微生物环境的水分活度，使微生物生长繁殖受到影响，甚至造成微生物死亡。溶液中一些高浓度矿物质元素离子对微生物可产生生理毒害作用。Na^+和Cl^-还可与酶蛋白结合，使酶失活不能为微生物分解营养物质。同时，食盐溶液中氧气浓度较低，抑制好氧微生物活度。

蔬菜在腌制过程中乳酸菌会产生发酵作用生成乳酸，酵母菌会利用糖分发酵产生酒精，酒精会进一步发生酯化反应，同时还会被醋酸菌发酵生成醋酸，赋予制品独特的芳香和滋味，蛋白质分解及其他生化作用也会促进制品独特色香味品质的形成，例如氨基酸本身就具有一定的鲜味、苦味、甜味和酸味。

三、加工实例（韩式泡菜）

1. 实验材料与设备

（1）原辅材料：大白菜5kg、食盐500g、味精少许、胡萝卜1kg、大蒜0.5kg、干辣椒50g、生姜50g、苹果300g、梨300g。

（2）主要仪器设备：盆、台秤、天平、刀具、小口缸等。

2. 实验内容

（1）工艺流程

原料选择→腌制→水洗→沥干→配料→装缸→成熟→成品

（2）实验步骤

①原料选择：选择新鲜有心的大白菜，要求原料没有腐烂、霉变及机械损伤等质量问题，剥掉外层老菜帮，砍掉毛根，清水中洗净，大的菜棵顺切成四分，小的顺切成二分。

②腌制：将处理好的大白菜放进3%～5%的盐水中浸渍3～4d。

③水洗、沥干：待白菜松软时捞出，用清水简单冲洗一遍，沥干明水。

④配料：将胡萝卜洗净后切成细丝，苹果、梨和生姜洗净后切成小块。按原辅材

料用量将腌制好的大白菜、胡萝卜丝、食盐、大蒜、生姜、干辣椒、苹果、梨及味精少许混拌在一起，充分搅打成泥状。

⑤装缸、成熟：把沥干的白菜整齐地摆放在小口缸里，放一层盐一层菜，撒一层萝卜丝，浇一层配料，直至离缸口 10cm 处，上面盖上洗净晾干的白菜叶隔离空气，再压上石块，最后盖上缸盖进行成熟，两天后检查，如菜汤没浸没白菜，可适当加水浸没，水以刚好淹过白菜为宜，10d 后即可食用。

(3) 成品评价

泡菜质量标准应符合 SB/T 10756—2012 的相关规定。

①感官要求：泡菜感官要求见表 1－10。

表 1－10 泡菜感官要求

项　目	要　求
色　泽	具有泡菜应有的色泽，有光泽
香　气	具有泡菜应有的香气，无不良气味
滋　味	具有泡菜应有的滋味，无异味
体　态	具有泡菜应有的形态，质地，无可见杂质

②理化指标：泡菜理化指标要求见表 1－11。

表 1－11 泡菜理化指标

项　目	指　标		
	中式泡菜	韩式泡菜	日式泡菜
固形物/（g/100g）	50		
食盐（以氯化钠计）/（g/100g）	15.0	4.0	5.0
总酸（以乳酸计）/（g/100g）	1.5		

第六节 葡萄酒

葡萄酒是用新鲜破碎或未破损的葡萄或葡萄汁经完全或部分发酵酿成的含酒精饮料，其酒精度不能低于 8.5%（体积分数）。葡萄酒种类繁多，分类方法也各有不同。国家标准 GB 15037—2006《葡萄酒》中定义和分类有详细介绍。

1. 按酒的颜色分类

(1) 白葡萄酒：用白葡萄或皮红肉白的葡萄分离发酵制成。酒的颜色微黄带绿，近似无色、浅黄或金黄。凡深黄、土黄、棕黄或褐黄等色，均不符合白葡萄酒的色泽要求。

（2）红葡萄酒：采用皮红肉白或皮肉皆红的葡萄经葡萄皮和汁混合发酵而成。酒色呈自然深宝石红、宝石红、紫红或石榴红，凡黄褐、棕褐或土褐颜色，均不符合红葡萄酒的色泽要求。

（3）桃红葡萄酒：用带色的红葡萄带皮发酵或分离发酵制成。酒色为淡红、桃红、橘红或玫瑰色。凡色泽过深或过浅均不符合桃红葡萄酒的要求。这一类葡萄酒在风味上具有新鲜感和明显的果香，含单宁不宜太高。另红，白葡萄酒按一定比例勾兑也可算是桃红葡萄酒。

2. 按含糖量分类

（1）干葡萄酒：含糖量低于 4g/L，品尝不出甜味，具有洁净、幽雅、香气和谐的果香和酒香。

（2）半干葡萄酒：含糖量在 4～12g/L，微具甜感，酒的口味洁净、幽雅、味觉和润，具有和谐愉悦的果香和酒香。

（3）半甜葡萄酒：含糖量在 12～45g/L，具有甘甜、爽顺、愉悦的果香和酒香。

（4）甜葡萄酒：含糖量大于 45g/L，具有甘甜、醇厚、舒顺的口味，并伴随有柔和的甜味，具有和谐的果香和酒香。

3. 按二氧化碳含量：

（1）平静葡萄酒：几乎不含有自身发酵或人工添加 CO_2 的葡萄酒。

（2）起泡葡萄酒：含有一定量 CO_2 气体的葡萄酒，又可分为低起泡型葡萄酒、高起泡型葡萄酒及加气起泡葡萄酒。

葡萄的营养价值很高，葡萄酒也含有多种氨基酸、矿物质和维生素，这些物质都是人体必须补充和吸收的营养品。已知的葡萄酒中含有的对人体有益的成分大约就有 600 种。树龄在 25 岁以上的葡萄树结出的葡萄果实酿造出来的葡萄酒更具营养价值。

适度饮用葡萄酒能直接对人体的神经系统产生作用，提高肌肉的张度。除此之外，葡萄酒中多种营养元素能直接被人体吸收。因此，葡萄酒对维持和调节人体的生理机能正常运转起到良好的作用。尤其对身体虚弱、患有睡眠障碍者及老年人的效果更好。

葡萄酒内含有多种无机盐，其中，钾能保护心肌，维持心脏跳动；钙能镇定神经；镁是心血管病的保护因子；锰有凝血和合成胆固醇、胰岛素的作用。其中含有的 SOD 具有消除人体自由基，具有紧致皮肤、抗衰老的优良功效。山梨醇和单宁有利于胆汁和胰液的分泌，增加肠道肌肉系统中的平滑肌纤维的收缩性，加强胃肠道对食物的消化吸收，还可以调整结肠的功能，对结肠炎有一定疗效。

葡萄酒口味独特，营养价值丰富，同时对人体健康还具有特殊的生理功效，受到广大消费者广泛喜爱，尤其受到有高品质生活追求人群的追捧。

一、实验目的

了解葡萄酒的分类及产品特色。通过开展本实验，熟悉葡萄酒产品的制作工艺流程及操作要点，全面掌握该制品相关知识内容。

二、实验原理

葡萄或葡萄汁能转化成葡萄酒，主要利用酵母菌在无氧条件下发生的发酵作用，使原料中的糖分分解为乙醇、二氧化碳和其他副产物。

（一）酒精发酵

（1）酒精发酵：酵母菌无氧环境下将葡萄糖分解为丙酮酸，进一步反应生成乙醛和 CO_2，乙醛在乙醇脱氢酶作用下还原成乙醇：

$$C_6H_{12}O_6+2ADP+2Pi\longrightarrow 2CH_3CH_2OH+2CO_2+2ATP$$

（2）甘油发酵：在发生酒精发酵的同时，磷酸二羟丙酮氧化一分子 $NADH_2$ 生成一分子甘油即为酒精发酵。由于酒精发酵和甘油发酵同时发生，因此整个过程除产生乙醇外，还产生大量副产物，如甘油、乙醛、醋酸、琥珀酸、乳酸、高级醇类以及酯类物质，其中，甘油具有甜味，可使葡萄酒圆润，高级醇类和酯类物质则是葡萄酒香气的主要来源。

（二）苹果酸-乳酸发酵

苹果酸-乳酸发酵（Malo - lactic Fermentation，MLF）是在乳酸菌作用下，苹果酸生成乳酸和二氧化碳的反应过程，这一反应使葡萄酒的酸涩、粗糙等恶劣特性消失，而使口味变得比较柔和。经过苹果酸-乳酸发酵后的新酿葡萄酒，酸度降低，果香、醇香变浓，获得柔软和肥硕等特点，制品的整体品质提高，同时还能增强葡萄酒的生物稳定性。

三、加工实例

1. 实验材料与设备

（1）原辅材料：新鲜葡萄、亚硫酸、酵母菌、白砂糖、食用酒精、柠檬酸等。

（2）主要仪器设备：榨汁机、发酵瓶（或发酵罐）、温度计、糖度仪、葡萄酒瓶、杀菌锅等。

2. 实验内容

（1）工艺流程

①白葡萄酒：原料选择→分选→破碎→压榨→硫处理→主发酵→干白葡萄酒→调配→装瓶→白葡萄酒

②红葡萄酒：原料选择→分选→去梗→破碎→主发酵→压榨→除果渣→发酵液→后发酵→干红葡萄酒→调配→装瓶→红葡萄酒

（2）实验步骤

①原料：选含糖量高、酸度适中、香味浓郁、色泽优美的优质新鲜葡萄作原料。酿制白葡萄酒的优良品种有白羽、龙眼、白雅、贵人香等；酿制红葡萄酒的优良品种

有赤霞珠、品丽珠、加里酿、北醇、蛇龙珠、晚红蜜、法国兰等。

②分选：破碎榨汁前需对原料进行分选，除去腐烂、病变、小粒及未成熟的果实。挑选优良的葡萄果实酿酒。

③去梗：作红葡萄酒的果粒要除去果梗。如带果梗发酵，会增加葡萄酒的苦涩味。作白葡萄酒的可以不去果梗，破碎后即可压榨。

④破碎和压榨：做红葡萄酒是在果粒破碎后直接进行发酵，主发酵完成后再压榨取出新酒。做白葡萄酒是将破碎后的果粒立即进行压榨取汁，澄清后发酵。

⑤硫处理：在葡萄破碎时或压汁后（白葡萄酒）加入 SO_2，可以有效地杀死或抑制侵入果汁中的杂菌，而对葡萄酵母菌却无损害，同时还具有澄清、增酸以及促进溶解等作用。二氧化硫原料可用亚硫酸，使用量为葡萄汁重的1%。

⑥发酵：发酵分主发酵（或称前发酵）和后发酵两个阶段。主发酵阶段，由于酵母的生长繁殖较快，促使发酵加剧。发酵激烈进行的同时有大量二氧化碳气体从容器底部产生并上升到液面。白葡萄酒发酵时，能看到液面像煮沸似地不断翻腾。红葡萄酒带皮发酵时，能见到厚厚的皮渣浮于液面，这层浮渣盖住了发酵的液体，不利于热量的散发，但有利于酵母菌的繁衍。为了使发酵正常进行，必须每天搅动几次，将浮渣压入发酵液中。发酵温度，红葡萄酒掌握在20～25℃，白葡萄酒掌握在18～20℃。当主发酵进行将近一半（约3d时间），即发酵液的糖分下降1/2时，向发酵液中补充白砂糖。酿造红葡萄酒时，先将皮渣除去，得发酵液后再加糖。加糖的比例为每10kg发酵液加白砂糖1.1kg。糖可用发酵的汁水溶解，溶解时应充分搅拌，切不可有部分糖粒沉于容器底部。

经过补充糖分的发酵液，再继续进行主发酵，经过2～3d，发酵液甜味逐渐消失，酒味明显增加，发酵趋于缓慢，气泡大量减少，液面不再翻腾，品温开始下降，这时就进入后发酵阶段。后发酵是一个缓慢而又复杂的过程。在此阶段，少量残留糖分继续生成酒精，同时酒中的酸与酒精发生作用产生酯的芳香，开始了陈酿。由于后发酵过程中发酵逐渐停止，香气逐渐增加，酵母活力减弱，增加了有害杂菌的感染机会，可能会导致酒的酸败。为了避免这种情况，当主发酵终止时，应将原酒移入小口的容器内，并使酒液装满，塞上木塞，经过2周左右，酒中杂质慢慢沉积于容器底部，酒液变清，这时可用橡胶管以虹吸方法将澄清的酒液抽出，并将酒精度调整至16%～17%。方法是按每升原酒添加酒精度为96%的食用酒精40mL。最后将这种原酒装入洗净的容器中密闭保存起来。特别要注意，严禁用工业用酒精兑入。

⑦调配：发酵完毕经保存一段时间的葡萄原酒，逐渐趋向老熟，酒味变得醇和起来，酿酒者可以对原酒的酒精度、糖度、酸度进行调配。一般上市的红葡萄酒的含糖量为12～14g/L，酒精度为16%；干红葡萄酒的含糖量＜4g/L，酒精度为10%～12%；白葡萄酒的酒精度为9%～12%；干白葡萄酒的含糖量＜4g/L，酒精度为10%～12%。酒精度用同品种蒸馏酒调配，酸度可用柠檬酸或中性酒石酸调配，糖度

用白砂糖调配。

⑧装瓶、杀菌：把酒装入预先消毒的酒瓶中，在60～70℃温度下杀菌15～20min。

（3）成品评价

葡萄酒产品质量标准应符合GB 15037—2006的相关要求

①感官要求：葡萄酒感官要求见表1－12。感官分级评价描述见表1－13。

表1－12　葡萄酒感官要求

<table>
<tr><th colspan="3">项　目</th><th>要　求</th></tr>
<tr><td rowspan="5">外观</td><td rowspan="3">色泽</td><td>白葡萄酒</td><td>近似无色、微黄带绿、浅黄、禾秆色、金黄色</td></tr>
<tr><td>红葡萄酒</td><td>紫红、深红、宝石红、红微带棕色、棕红色</td></tr>
<tr><td>桃红葡萄酒</td><td>桃红、淡玫瑰红、浅红色</td></tr>
<tr><td colspan="2">澄清程度</td><td>澄清有光泽，无明显悬浮物（使用软木塞封口的酒允许有少量的软木渣，装瓶超过一年的葡萄酒允许有少量沉淀）</td></tr>
<tr><td colspan="2">起泡程度</td><td>起泡葡萄酒注入杯中时，应有细微的串珠状气泡升起，并有一定的持续性</td></tr>
<tr><td rowspan="4">香气与滋味</td><td colspan="2">香气</td><td>具有纯正、优雅、爽怡、和谐的果香与酒香，陈酿型葡萄酒还应有陈酿香或橡木香</td></tr>
<tr><td rowspan="3">滋味</td><td>干、半干葡萄酒</td><td>具有纯正、优雅、爽怡的口味和悦人的果香味，酒体完整</td></tr>
<tr><td>半甜、甜葡萄酒</td><td>具有甘甜醇厚的口味和陈酿的酒香味，酸甜协调，酒体丰满</td></tr>
<tr><td>起泡葡萄酒</td><td>具有优美纯正、和谐悦人的口味和发酵起泡酒的特有香味，有杀口力</td></tr>
<tr><td colspan="3">典型性</td><td>具有标示的葡萄品种及产品类型应有的特征和风格</td></tr>
</table>

表1－13　葡萄酒产品感官分级评价描述

等　级	描　述
优级品	具有该产品应有的色泽，自然、悦目、澄清（透明）、有光泽；具有纯正、浓郁、优雅和谐的果香（酒香），诸香协调，口感细腻、舒顺、酒体丰满、完整、回味绵长，具该产品应有的怡人的风格
优良品	具有该产品的色泽，澄清透明，无明显悬浮物，具有和谐纯正的果香（酒香），口感纯正，较舒顺，优雅，回味较长，具良好的风格
合格品	与该产品应有的色泽略有不同，缺少自然感，允许有少量沉淀，具有该产品应有的气味，无异味，口感尚平衡，欠协调，完整、无明显缺陷
不合格品	与该产品应有的色泽明显不符，严重失光或浑浊，有明显异香、异味，酒体寡淡，不协调，或有其他明显的缺陷（除色泽外，只要有其中一条，则判为不合格品）
劣质品	不具备应有特征

②理化指标：葡萄酒理化指标要求见表1－14。

表 1－14　葡萄酒理化指标要求

项　目			要　求
酒精度[a]（20℃）（体积分数）/（%）			≥7.0
总糖[d]（以葡萄糖计）/（g/L）	平静葡萄酒	干葡萄酒[b]	≤4.0
		半干葡萄酒[c]	4.1～12.0
		半甜葡萄酒	12.1～45.0
		甜葡萄酒	≥45.1
	高泡葡萄酒	天然型高泡葡萄酒	≤12.0（允许差为 3.0）
		绝干型高泡葡萄酒	12.1～17.0（允许差为 3.0）
		干型高泡葡萄酒	17.1～32.0（允许差为 3.0）
		半干型高泡葡萄酒	32.1～50.0
		甜型高泡葡萄酒	≥50.1
干浸出物/（g/L）	白葡萄酒		≥16.0
	桃红葡萄酒		≥17.0
	红葡萄酒		≥18.0
挥发酸（以乙酸计）/（g/L）			≤1.2
柠檬酸/（g/L）	干、半干、半甜葡萄酒		≤1.0
	甜葡萄酒		≤2.0
二氧化碳（20℃）/MPa	低泡葡萄酒	＜250mL/瓶	0.05～0.29
		≥250mL/瓶	0.05～0.34
	高泡葡萄酒	＜250mL/瓶	≥0.30
		≥250mL/瓶	≥0.35
铁/（mg/L）			≤8.0
铜/（mg/L）			≤1.0
甲醇/（mg/L）	白、桃红葡萄酒		≤250
	红葡萄酒		≤400
苯甲酸或苯甲酸钠（以苯甲酸计）/（mg/L）			≤50
山梨酸或山梨酸钾（以山梨酸计）/（mg/L）			≤200
注：总酸不作要求，以实测值表示（以酒石酸计，g/L）。			

[a]酒精度标签表示值与实测值不得超过±1.0%（体积分数）。

[b]当总糖与总酸（以酒石酸计）的差值小于或等于 2.0g/L 时，含糖最高为 9.0g/L。

[c]当总糖与总酸（以酒石酸计）的差值小于或等于 2.0g/L 时，含糖最高为 18.0g/L。

[d]低泡葡萄酒总糖的要求同平静葡萄酒。

思考题

1. 烫漂是果蔬干制工艺流程中重要的一个环节，请问烫漂处理对于整个加工过程及产品品质提升主要有哪些作用?

2. 罐头制品加工过程中需要通过排气使罐头形成一定的真空度，请问影响真空度的因素有哪些?

3. 柑橘类果汁在加工过程中或加工后常易产生苦味，为了避免这一现象的出现，我们应采取哪些防范措施?

4. 在葡萄酒制作过程中需要进行二氧化硫处理，以便发酵能顺利进行或有利于葡萄酒的贮藏，请问二氧化硫处理对改善发酵效果和产品品质有哪些作用?

第二章　焙烤制品工艺学实验

第一节　面　包

面包是用面粉加水和其他辅料调匀后，发酵后烤制而成的食品。现今发现的世界上最早的面包坊诞生于公元前 2500 多年前的古埃及。大约在公元前 13 世纪，摩西带领希伯来人大迁徙，将面包加工技术推广开来。至今，犹太人过“逾越节”时，仍加工一种叫“马佐”的面包，以纪念犹太人从埃及出走。公元 2 世纪末，罗马的面包师行会统一了加工面包的技术和酵母菌种，一致选用酿酒的酵母液作为标准酵母。当今的面包大多数是由工厂的自动化生产线生产的，面粉精加工的研磨过程造成维生素损失较多，所以有时还在生产面包时添加维生素、矿物质等。另外，近年来不少人认为保留麸皮和麦芽对健康更有好处，因此粗面包又再度流行。

从远古时代的人们用石头烘烤面坯到如今采用高科技工艺生产面包，此期间经历了数千年的历史。面包生产不仅是古代劳动人民智慧的体现，更是人类科技文明发展的象征。面包制品不仅品种丰富、数量繁多，而且还以其越来越新的材料、越来越精致的制作工艺赢得了广大消费者的青睐。

一、实验目的

了解并掌握面包制作的基本原理和操作方法。通过本实验，了解糖、食盐、水等各种原料对面包质量的影响；学会鉴别面包常见的质量问题并分析原因。

二、实验原理

面包是以小麦粉为主要原料，加以酵母、水、蔗糖、食盐、鸡蛋和食品添加剂等辅料，经过面团的调制、发酵、醒发、整形、烘烤等工序加工而成。面包的结构酥松、多孔且质地柔软是由于面团在一定的温度下经发酵，面团中的酵母利用糖和含氮化合物迅速繁殖，同时产生大量二氧化碳，使得面团体积增大而制成的。

三、加工实例

1. 实验材料与设备

（1）原辅材料：面粉 2500g、干性酵母粉 25g、蔗糖 500g、植物油 200g、牛油

200g、奶粉 100g、盐 25g、鸡蛋 200g、水 1250mL。

(2) 主要仪器设备：和面机、醒发柜、远红外线烤箱、烤盘、台秤、不锈钢盆、烧杯、温度计、切片刀、电子天平、刮刀、筛子、刷子和隔热手套等。

2. 实验内容

(1) 工艺流程

原料的配制→发酵剂的活化→动物油融化→和面→切分搓圆→整形→装盘成→醒发→烘烤→冷却、包装

(2) 实验步骤：

①酵母活化：用 30℃左右的水来活化酵母，水与干性酵母粉的比例为 1∶7，在混合溶液中再加入 10g 的蔗糖。

②动物油融化：将固体油脂放入钢盆中，在电炉上融化，至没有凝块即可。

③和面：面粉过筛后放入和面机内，再将糖、奶粉、鸡蛋液、酵母液、食盐等分别放进去混匀，先低速搅拌约 4min，再高速约 2min 调至面团成熟，面团温度控制在 24℃。

④切分搓圆：将和好面团取出切块，然后称重，再搓圆，静置 10min。

⑤装盘成型：将小面团放入预先刷好油的面包模或烤盘中成型。

⑥面团醒发：将成型的面团放入恒温恒湿的发酵柜中进行醒发，发酵条件为温度 27℃左右，相对湿度 70%～75%，发酵时间 3～5h，或温度为 38℃，相对湿度 80%～85%，发酵时间为 2～3h 后，达到成熟。

⑦烘烤：将醒发好的面团放入烤箱中烘烤，烘烤初期，烤箱的上火温度 120℃，下火温度 250℃；烘烤中期，烤箱的温度为 270℃；烘烤后期，烤箱的上火温度 180～200℃，下火温度 140～160℃，时间约 35min。

⑧冷却、包装：将烤熟的面包从烤箱中取出，脱膜，自然冷却后包装。

第二节　蛋　糕

在一些重要的日子，如生日、节日、庆典、婚礼等，人们都会看到美味的蛋糕，蛋糕几乎见证了人们生活中的所有快乐的时光。蛋糕是最具代表性的西点，具有西点的五个典型特征，即具有浓郁奶油或奶香味或巧克力特殊风味；多数属于甜点；大量使用水果与果仁；用料十分考究；注重装饰和造型。日常人们以蛋糕为早餐或茶点。

一、实验目的

了解并掌握蛋糕的制作原理及方法。

二、实验原理

蛋糕是以鸡蛋、面粉、起酥油、蔗糖、牛奶、香精、发酵粉等为原料，经打蛋、调糊、注模、焙烤（或蒸制）而成的组织松软、细腻并有均匀的小蜂窝，富有弹性，入口绵软，较易消化的制品，属于面食，通常有甜味。

三、加工实例

（一）传统清蛋糕的加工

1. 实验材料与设备

（1）原辅材料：称取鸡蛋 1000g、低筋面粉 800g、糖 800g、色拉油 50g、香兰素少许、泡打粉少许，最后量取 30～35mL 水。

（2）主要仪器设备：不锈钢容器、打蛋机、小铁皮模、刷子、烤盘、烤箱、电子秤、不锈钢盆、温度计等。

2. 实验内容

（1）工艺流程

配料→预处理→打蛋→调糊→注模→烘烤→冷却→成品

（2）实验步骤

①打蛋浆：将 1000g 鸡蛋洗净打入钢盆中，同时加入 800g 白糖，搅打约 20min，当蛋液充气后体积增大 1.5～2 倍时停止。

②调糊：将 800g 低筋面粉与少许泡打粉（约 15g）混匀过筛后，掺入蛋液内进行拌和，时间约 2min。搅拌要均匀，速度适中，时间不易过长，否则会增强其筋性，也不可有生面团存在，调好的面糊温度为 24℃。

③注模：蛋糕模先预烤涂油后，注入已调好的蛋糊，注入量应为模的 2/3 左右为好。

④烘烤：注好的模放上烤盘，放入烤箱内烘烤。入炉温度宜在 180℃，逐渐升温，10min 后升至 200℃，出炉温度为 220℃，焙烤 10～15min，至表面为金黄色，内部完全熟透为止（用竹签插入糕坯内拔出无粘附物即可出炉）。

⑤冷却：将蛋糕从烤箱中取出，冷却后脱模，包装。

（二）抹茶芝士蛋糕的加工

1. 实验材料与设备

（1）原辅材料：乳酪 150g、奶油 80g、牛奶 150g、抹茶粉 6g、玉米粉 20g、低面筋粉 15g、鸡蛋 150g（约 3 个）、蔗糖 100g。

（2）主要仪器设备：水浴锅、搅拌棒、筛子、不锈钢容器、打蛋机、小铁皮模、刷子、烤盘、烤箱、电子秤、不锈钢盆、温度计等。

2. 实验内容

（1）工艺流程

同“（一）传统清蛋糕的加工”。

（2）实验步骤

①乳酪及奶油融化：将乳酪与奶油在恒温水浴锅内进行加热融化，边加热边搅拌均匀，达到无颗粒状物质存在即可。

②打蛋浆：分三次将 70g 细蔗糖加入蛋白粉中，打发至湿性发泡。

③调糊：将抹茶粉、低面筋粉过筛后拌入到融化好的乳酪中，再加入 3 个蛋黄和 35g 细砂糖，及上述的蛋白液一起调制成均匀的芝士糊。

④注模：蛋糕模先预烤涂油后，注入已调好的芝士糊，注入量应为模的 1/2 左右为好。

⑤烘烤：先将烤箱上下火温度均调至 150℃预热，将倒入芝士糊的模具，隔热水烘烤 30min（烤盘中倒入一杯水一起预热，然后把模具放在水里烘烤，叫作蒸焗），关掉上火继续烘烤 30min 即可。

⑥冷藏：烤好后，去掉烤模，待蛋糕冷却后放入冰箱冷藏，通常芝士蛋糕在 4～8℃之间食用，口感最佳。

（三）意大利酸奶松糕的加工

1. 实验材料与设备

（1）原辅材料：奶油 200g、蔗糖 180g、食盐 1g、蛋黄粉 30g、鸡蛋 100g（约 2 个）、酸奶 100g、泡打粉 2g、高面筋粉 20g、低面筋粉 200g、蓝莓酱和牛油酥等。

（2）主要仪器设备：水浴锅、搅拌棒、筛子、不锈钢容器、打蛋机、小铁皮模、刷子、烤盘、烤箱、电子秤、不锈钢盆和温度计等。

2. 实验内容

（1）工艺流程

同“（一）传统清蛋糕的加工”。

（2）实验步骤

①乳酪和奶油融化：将奶油、蔗糖粉、盐在恒温水浴锅内进行加热融化，边加热边搅拌均匀，打发到乳白色，无颗粒状物质存在。

②打蛋浆：慢慢将蛋黄粉加入鸡蛋液中搅拌，然后再加入酸奶拌匀。

③调糊：将泡打粉、高面筋粉和低面筋粉一起过筛，然后加入融化的乳酪、奶油和蛋浆拌成均质的面糊。

④注模：将搅拌好的蛋糕面糊挤到圆形纸杯模具里，先挤到一半高。然后在中间挤上一些蓝莓酱，接下来再挤上蛋糕面糊。挤到纸杯的 2/3 即可。还可以在表面撒上一些牛油酥粒，起装饰作用。

⑤烘烤：烘烤温度为 190℃，20min 至蛋糕表面为金黄色出炉。

⑥冷却：放在室温下，慢慢冷却即可。

（四）普通蛋卷的加工

1. 实验材料与设备

（1）原辅材料：鸡蛋 500g（约 10 个）、低面筋粉 250g、蔗糖 250g、色拉油 100g、食盐 3g、发泡粉 5g、水 50mL。

(2) 主要仪器设备：搅拌棒、筛子、不锈钢容器、打蛋机、小铁皮模、刷子、烤盘、烤箱、电子秤、不锈钢盆和温度计等。

2. 实验内容

(1) 工艺流程

同“(一) 传统清蛋糕的加工”。

(2) 实验步骤

①打蛋浆：先将鸡蛋的蛋白和蛋黄分开。按照配方将 120g 细蔗糖分三次加入到蛋白液中，打发至湿性发泡。蛋黄放入不锈钢盆中，加入余下糖、水、色拉油和盐，用搅拌棒搅打均匀。

②调糊：先将低面筋粉和发泡粉过筛后，加入到蛋黄糊中。其次再将 1/3 的蛋白液加入到蛋黄糊中搅拌均匀，搅拌达到均匀光滑为止。再将其倒入到蛋白糊中，上下拌匀入模。

③烘烤：烤盘内垫好油纸，上火 180℃，下火 160℃，烤 20min。

④冷却：出炉后，取出翻转，下面垫上干净的白纸，在蛋糕的底部涂上一层麦琪琳，从短边一端开始将蛋糕卷起，固定片刻后，用锯刀切成厚 2cm 的圆饼即可。

(五) 虎皮蛋卷的加工

1. 实验材料与设备

(1) 原辅材料：蛋黄 18 个、低面筋粉 100g、糖 100g、色拉油 20g。

(2) 主要仪器设备：搅拌棒、筛子、不锈钢容器、打蛋机、小铁皮模、刷子、烤盘、烤箱、电子秤、不锈钢盆、温度计等。

2. 实验内容

(1) 工艺流程

同“(一) 传统清蛋糕的加工”。

(2) 实验步骤

虎皮蛋卷的制作，需先制作普通蛋卷，工艺同上，再做外边的虎皮蛋卷皮即可，操作如下。

①打蛋浆：将蛋黄和糖粉倒人打蛋机中，搅拌 1 min。

②调糊：加入过筛后的低面筋粉于蛋黄液中，再慢速打 1 min，最后加油打均匀即可。

③烘烤：将倒入垫有白纸的烤盘中，涂抹均匀。送入上火为 270℃，下火为 200℃的烤箱中烤 4～5 min。

④成型：烤好冷却后从中间切断，翻过来，下面垫上白纸，在虎皮蛋糕的底部涂上一层麦琪琳，把普通蛋糕卷放在虎皮蛋糕一边，拉动下面的白纸将普通蛋糕卷卷入虎皮蛋糕中，定型后即可切断成 2cm 的圆饼。

(六) 油蛋糕的加工

油蛋糕的特点是内部含有油脂，不是依靠搅打充气，而依靠油脂使制品油润、松软。蛋糕加入油脂后，高蛋白、高热量，营养丰富，具有油脂风味，保质期长。

1. 实验材料与设备

(1) 原辅材料：人造奶油 1500g，蔗糖 150 g，鸡蛋 250 g（约 5 个），低面筋粉 200g，青梅 50 g，瓜条 50 g，葡萄干 25 g，瓜仁 10 g，鲜果丁 25 g，桃仁 25 g，泡打粉 5 g。

(2) 主要仪器设备：搅拌棒、筛子、不锈钢容器、打蛋机、小铁皮模、刷子、烤盘、烤箱、电子秤、不锈钢盆、温度计和恒温水浴锅等。

2. 实验内容

(1) 工艺流程

同“（一）传统清蛋糕的加工”。

(2) 实验步骤

①乳酪及奶油融化：将奶油、蔗糖放入恒温水浴锅内进行加热融化，边加热边搅拌均匀，打发到乳白色，无颗粒状物质存在。

②打蛋浆：将蛋黄和蔗糖粉一起倒人打蛋机中，搅拌 1 min，充分起发。

③调糊：加入过筛后的低面筋粉与发泡粉以及一些切碎的果料于蛋糊中，再慢速打 1 min，最后加油打搅均匀即可。

④烘烤：将调好的面糊倒入垫有纸杯的铁模中，上面撒上切碎的核桃仁，上炉烘烤。180℃烘烤 20～25min，即可出炉。

第三节　蛋　挞

蛋挞（Egg Tart），挞为英文“tart”之音译，蛋挞即以蛋浆为馅料的“tart”。蛋挞富含脂肪、蛋白质、碳水化合物及矿物质，如铁、硫、磷等，营养价值比较高。蛋挞不仅美味诱人而且热量高。一个蛋挞的热量相当于一碗米饭。此外，蛋挞中不饱和脂肪酸，饱和脂肪酸和总脂肪的含量都比较高，因此食用时应注意限量。

一、实验目的

了解并掌握蛋挞的加工原理和加工工艺。

二、实验原理

先用奶油、牛奶、炼乳、白糖等原辅材料做出蛋挞皮，将其放进小圆盆状的饼模中，再倒入由砂糖及鸡蛋混合而成的蛋浆，然后放入烤炉；烤出的蛋挞外层为松脆之挞皮，内层则为香甜的黄色凝固蛋浆。

三、加工实例

1. 实验材料与设备

（1）原辅材料：低筋面粉、高筋面粉、酥油、植物油、鲜奶油、牛奶、砂糖、鸡蛋和炼乳等。

（2）主要仪器设备：电子秤、量杯、不锈钢盆、面杖、切刀和冰箱等。

2. 实验内容

（1）工艺流程

原料配制→蛋挞皮原料混合→酥油处理→蛋挞皮制作→蛋挞皮整形→蛋挞水制作→灌模→烘烤→成品

（2）实验步骤

①原料的配制：以下配方是做30个左右的蛋挞用量。

挞皮材料：低筋面粉270g，高面筋粉30g，酥油45g，植物油190g和水150mL。

蛋挞水材料：鲜奶油210g，牛奶165g，低筋面粉15g，细砂糖63g，4个蛋黄和炼乳15g（可根据口味决定是否加入；加入后，蛋挞水的奶味会更香浓）。

②蛋挞皮原料的混合：高粉和低粉、酥油、水混合，揉成面团。水不要一次全倒进去，要逐渐添加，并用水调节面团的软硬程度，揉至面团表面光滑均匀即可。用保鲜膜包起面团，醒发20min左右。

③酥油的处理：用塑料膜包严酥油，再用面杖敲打，把酥油块打薄一点，这样酥油就有了良好的延展性；接下来用面杖把酥油擀薄，擀薄后的酥油软硬程度应该和面团硬度基本一致。处理完后，剥开塑料膜待用。

④蛋挞皮的制作

a. 首先在面板上撒些面粉，将醒发好的面团切成块，然后搓圆，再用面杖擀成长方形。擀的时候从四个角向外擀，这样容易把形状擀得比较均匀。面片擀好后，其宽度应与擀好的酥油薄片的宽度一致，长度是酥油薄片长度的三倍。把酥油放在面片中间。从面片的两侧折起来将酥油包住，然后将一端捏合住。

b. 从捏合的这一端用手掌由上至下按压面片，按压到下面的一头时，将这一头也捏合住。将面片擀长，像叠被子那样四折，用面杖轻轻敲打面片表面，再擀长，这是第一次四折。

c. 将四折好的面片开口朝外，再次用面杖轻轻敲打面片表面，擀开成长方形，然后再次四折，这是第二次四折。四折之后，用保鲜膜包严面片，醒发20min。

d. 将醒发好的面片开口向外，用面杖轻轻敲打，擀长成长方形，然后三折。

e. 把三折好的面片再擀开，擀成厚度为0.6cm、宽度为20cm、长度为35～40cm的面片。再用切刀切掉多余的边缘，进行整型。

f. 将面片从较长的这一边开始卷起来。将卷好的面卷包上保鲜膜，放在冰箱冷藏室里，醒发 30min。

g. 醒发好的面卷用刀切成厚度 1cm 左右的小片。

⑤将上面的小面片放在面粉中沾一下，然后沾有面粉的一面朝上，放在未涂油的挞模里，用两个大拇指将其捏成挞模形状。

⑥蛋挞水的制作：将鲜奶油、牛奶和砂糖放在小锅里，用小火加热，边加热边搅拌，至砂糖溶化时关火，放凉；然后加入蛋黄，搅拌均匀。可根据口味决定是否添加 15g 炼乳，放了炼乳之后，蛋挞水的奶味会更香浓。

⑦灌模：然后将蛋挞水灌入捏好的挞皮里，装 2/3 蛋挞，待烘烤。

⑧烘烤：放入烤箱烘烤，温度为 220℃左右，烤约 15min，表面金黄色即为成熟。

第四节 饼 干

饼干（Biscuit）是用面粉和水或牛奶等原料经混合后而烤制出来的，具有耐贮藏、易携带、口味多样等特点。饼干通常作为旅行、航海、登山时的储存食品，特别是在战争时期作为军人们的备用食品。当前的饼干品种正向休闲化和功能化食品方向发展，按其加工工艺的不同又可分为酥性饼干、曲奇饼干、薄脆饼干、夹心饼干、威化饼干等。

一、实验目的

加深理解饼干生产的基本原理及工艺过程；了解和掌握生产饼干用的机械的工作原理；掌握相关食品添加剂的作用及使用方法。

二、实验原理

本节中列举了三种主饼干：韧性饼干、酥性饼干和苏打饼干。

韧性饼干是由中等面筋的面粉在其蛋白质充分水化的条件下调制面团。经辊轧作用形成具有较强延伸性，适度的弹性，柔软而光滑，并且有一定的可塑性的面带。经成型、烘烤后得到产品。韧性饼干的表面较光洁，花纹呈平面凹纹，通常带有针孔，香味淡雅，质地较硬且松脆，其横断面层次比较清晰。

酥性饼干是以小麦粉、糖、油脂为主要原料，加入疏松剂和其他辅料，经冷粉制作工艺调粉，这种面团要求具有较大程度的可塑性和有限的黏弹性，使操作中的面皮有结合力，不粘辊筒和模型。再经辊压、辊印和烘烤等工艺制成具有良好的凹凸花纹，形态不收缩变形，断面结构呈现多孔状组织，口感酥脆的产品，烘烤后成品要有一定程度的胀发率。

苏打饼干指利用酵母菌与苏打相结合发酵而成的饼干，以酵母的发酵为主，多采用二次发酵法。第一次发酵采用高面筋的面粉，第二次发酵采用弱面筋的面粉。面团经过酵母菌的发酵，其中的淀粉和蛋白质部分地分解成为易被人体消化吸收的低分子营养物质，同时使制品具有发酵食品特有的香味；在酵母菌生长繁殖过程中产生的二氧化碳，在烘烤时其会使面团膨松，再加上油酥的起酥效果，可形成疏松的质地和清晰的层次结构。另一方面，由于苏打的作用，制品表面呈现出许多起泡点，又因制品含糖量极少，所以表面呈乳白色略带微黄的色泽，口感松脆。

三、加工实例

（一）韧性饼干的加工

1. 实验材料与设备

（1）原辅材料：中等面筋的面粉 4kg、蔗糖 600g、食用油 400mL、乳粉 200g、食盐 20g、香兰素 5g、碳酸氢钠 20g、碳酸氢氨 20g、水 800mL、抗氧化剂 2g。

（2）主要仪器设备：电子秤、台秤、饼干成型机、烤盘、烤箱、刮刀、石棉手套、刷子、钢盆、钢勺和水浴锅等。

2. 实验内容

（1）工艺流程

原料称量→糖浆调配→面团调制→静置→辊轧→成型→装盘→烘烤→冷却→包装→成品

（2）实验步骤

①糖浆的调配：将蔗糖用水充分溶解，然后在边搅拌边加入乳粉、食盐、香兰素、碳酸氢钠、碳酸氢铵等原料，配成均质溶液。

②面粉的调制：将 4kg 面粉放入和面机中，再分别放入调好的糖浆、400mL 食用油及适量的水，面团的温度 38～40℃；面团的含水量控制在 18%～24%。最终调至面团的面筋网络结构全部破坏，手握柔软适中，表面光滑油润，有一定可塑性但不粘手，用于拉伸时会出现较强的结合力，且拉而不断，伸而不缩，这标志着面团调制完成。

③静置：调制好的面团需要静置 10～20min，以减小内部张力，防止饼干收缩。

④辊轧：静置后的面团放在辊轧机上进行辊轧，最终使面皮带厚度达到 2.5～3.0mm。在辊轧过程中，注意每次辊轧时的压延比不应超过 3∶1，辊轧次数为 9 或 12 次，在辊轧过程中面带需要进行折叠，并旋转 90°，以便使面带内部所受到的压力均匀，至面带表面光泽形态完整。

⑤成型：将辊轧好的面带平铺在操作台上，用打孔拉辊在面带上打孔。然后使用饼干模具制成各种形状的饼干坯，或使用带花纹的切刀切成相同形状、相同大小的饼干坯。

⑥装盘：将成型后的饼干坯均匀地摆放在刷好油烤盘中，切忌摆放过紧，会出现受热不均现象。

⑦烘烤：采用低温长时间烘烤的方法，调整烤箱炉温为 180～220℃，烘烤8～10min。

⑧冷却：在室温下，使产品自然冷却至 38～40℃。

(二) 酥性饼干的加工

1. 实验材料与设备

(1) 原辅材料：普通配方面粉 5kg、蔗糖 1.5 kg、植物油 1 kg、淀粉 150 g、动物油（或起酥油）0.25kg、全脂奶粉 150 g、碳酸氢钠 30 g、磷脂 25 g、食用碳酸氢铵 30g、鸡蛋 150 g、柠檬酸 2 g、食盐 6 g、饼干膨松剂 3 g、BHA（丁基羟基茴香醚）0.8 g 和水 600 mL。

(2) 主要仪器设备：电子秤、台秤、饼干成型机、烤盘、烤箱、刮刀、石棉手套、刷子、钢盆、钢勺和水浴锅等。

2. 实验内容

(1) 工艺流程

原料称量→糖浆调配→动物油融化→辅料调配→面团调制→静置→成型→装盘→烘烤→冷却→包装→成品

(2) 实验步骤

①糖浆的调配：同“（一）韧性饼干的加工”。

②动物油的融化：将固体动物油放入钢盆中，放入水浴锅内融化，至无颗粒状物存在即可。

③辅料的调配：将融化好的动物油放入糖浆中，再打入鸡蛋后，充分搅拌成均匀糊状混合物。

④面团的调制：将 5 kg 面粉和 150g 淀粉放入和面机中，再将调好的糊状混合物放入，缓慢加入适量的水，尽量减少面筋的形成。面团的温度 22～28℃；最终调至面团的面筋网络结构全部破坏，手握柔软适中，有一定可塑性但不粘手，用手拉伸时，拉而不断，伸而不缩，这标志着面团调制完成。

⑤静置：调制好的面团需要静置 10～20min，以减小内部张力，防止饼干收缩。

⑥成型：静置后的面团，擀成面片，印制成型，放入饼干成型机的入料口内，再用辊印成型机印成一定形状的饼坯。

⑦装盘：将成型后的饼干坯均匀地摆放在刷好油的烤盘中，切忌摆放过紧，会出现受热不均现象。

⑧烘烤：烤温 220℃，烘烤 3～5 min，至饼干表面呈微红色为止。

⑨冷却：同韧性饼干的方法。

(三) 苏打饼干的加工

1. 实验材料与设备

(1) 原辅材料：高面筋面粉、弱面筋面粉、干酵母粉、猪油、食盐、小苏打、起酥油、磷脂、抗氧化剂、柠檬酸等。

（2）仪器设备：电子秤、台秤、饼干成型机、烤盘、烤箱、刮刀、石棉手套、刷子、钢盆、钢勺和水浴锅等。

2. 实验内容

（1）工艺流程

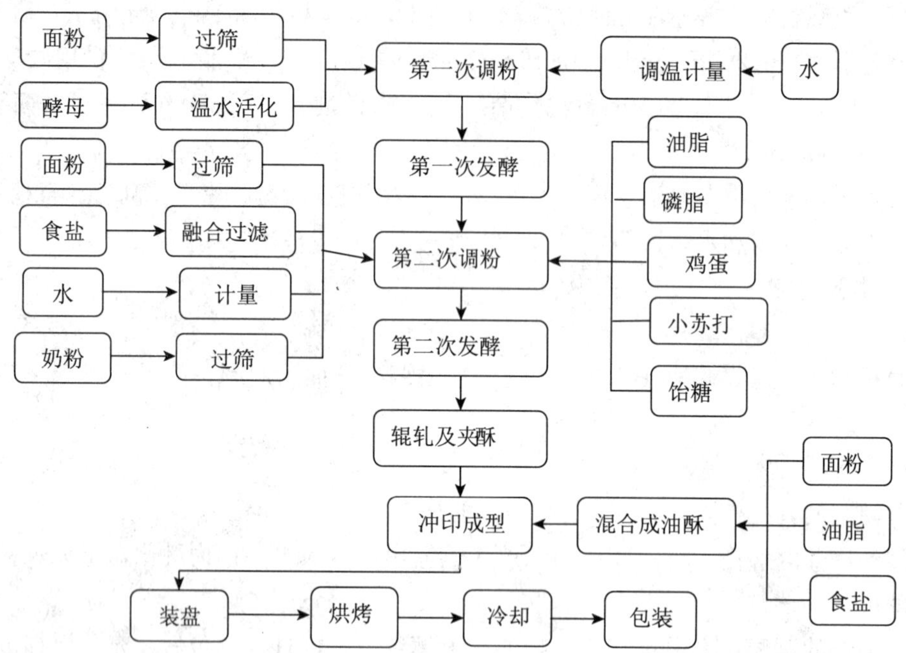

（2）实验步骤

①原料的预处理：将高面筋面粉和弱面筋面粉分别过筛；将干酵母粉加水制成悬浊液；油酥是以小麦粉（弱面筋面粉）10%，猪油 2.4%，食盐 1.2%混合调配而成的。

②第一次调粉：小麦粉（高面筋面粉与弱面筋面粉以 1∶3 比例）45%，鲜酵母 2%，饴糖 5%，加水 22%，放入和面机中进行调制，先低速搅拌 2min，再中速搅拌 3 min，面团温度为 28～30℃。

③第一次发酵：将第一次调制好的面团放入温度 30℃，相对湿度 80%的发酵柜中发酵 5～8h。发酵完成时面团的 pH 值下降为 4.5～5.0。

④第二次调粉：将原料按照小麦粉（弱面筋面粉）45%，食盐 0.4%，小苏打 0.6%，起酥油 15%，磷脂 1%，抗氧化剂 0.0025%，柠檬酸 0.005%的比例放入和面机内，加水 15%进行调粉，先低速搅拌 3min，再中速搅拌 3 min，面团温度 28～32℃。在调粉即将结束时，加入小苏打。

⑤第二次发酵：再一次将调制好的面团放入温度 30℃、相对湿度 80%的发酵柜中发酵 3～4h。

⑥辊轧及夹酥：发酵后的面团放在辊轧机上进行辊轧，最终使面皮带厚度达到 2.5～3.0mm。在此过程中，注意每次辊轧时的压延比不应超过 3∶1；夹酥后压延比一

般要求（2～2.5）：1。辊轧次数以 11～13 次为宜。在夹酥后，面带需要进行折叠，一般为 3 或 4 折，并旋转 90°，使面带内部所受到的压力均匀。

⑦冲印成型：将辊轧好的面带平铺在操作台上，用打孔拉辊在面带上打孔。然后使用饼干模具制成各种形状的饼干坯，或使用带花纹的切刀切成相同形状、相同大小的饼干坯。

⑧装盘：再将成型后的饼干坯均匀地摆放在烤盘中。

⑨烘烤：采用前期上火温度为 180～200℃，下火温度 210～230℃，然后逐渐增加上火温度，最后上火温度增加到 220℃，烘烤 4～6min。

⑩冷却：在室温下，使产品自然冷却至 38～40℃。

第五节 苏式月饼

提到月饼，人们就会想到中秋节。中秋文化对每位中国人来说都具有深远的意义，其内涵和主旨为“团圆、幸福、甜美、统一、和谐”，而月饼也就成为了这一文化内涵和主旨的载体。月饼按产地分有：京式、广式、苏式、台式、滇式、港式、潮式等。苏式月饼为江苏苏南地区的传统食品，具有皮层酥松，色泽美观，馅料肥而不腻等特点。

苏式月饼制作技艺实际上是古代人民的集体智慧结晶，源于唐朝，盛于宋朝，直至清乾隆三十八年稻香村的出现，这项技艺才开始真正被收集、整理、改良、创新、传播。苏式月饼选用原辅材料讲究，富有地方特色。历经两个多世纪，在稻香村和其他老字号店的共同努力下，得到了全面发展。

一、实验目的

掌握苏式月饼制作的原理与方法；学习热水面团的特点，掌握热水面团的调制方法；掌握大小包酥的手法；学会对苏式月饼质量进行分析与鉴别。

二、实验原理

苏式月饼的花色品种分甜、咸或烤、烙两类。甜月饼的制作工艺以烤为主，有玫瑰、百果、椒盐、豆沙等品种；咸月饼以烙为主，品种有火腿猪油、香葱猪油、鲜肉、虾仁等；其中清水玫瑰、精制百果、白麻椒盐、夹沙猪油是苏式月饼中的精品。苏式月饼选用原辅材料讲究，富有地方特色。

三、加工实例

1. 实验材料与设备

（1）原辅材料：面粉、动物油、饴糖、细砂糖、青、红丝、白芝麻仁、碎花生米、冬瓜条、白瓜仁、核桃仁、植物油、枣泥、莲蓉、金情饼、青梅、冰糖等。

(2) 主要仪器设备：和面机、烤箱、面板、印模、刮板、台秤、天平、刷子、电磁炉、锅、搅拌机、钢盆。

2. 实验内容

(1) 工艺流程

制水油面团→制油酥→制馅→分馅→包酥→制皮→包馅→成型、装饰→摆盘→烘烤→检验→成品

(2) 实验步骤

①制水油面团：面粉置于和面机上，将 200g 面粉中间凹陷成窝，然后将动物油 70g、饴糖 15g 和细砂糖 5g 置于其中。用电磁炉将水加热至 80℃，量出 100mL 的热水边搅拌边缓慢倒入面窝中，使动物油、饴糖和细砂糖充分溶解混匀，然后将面粉与中间的辅料团在和面机中低速搅拌 3min，高速 5～8min，使其揉拌成光洁柔软的面团，用无毒塑料袋盖住醒发 5～6h 备用。

②制油酥：将 200g 面粉摊置于和面机上，加入动物油 120g 低速搅拌，直至拌合成质地均匀的油面团为止。

③制馅：核挑仁 12g、白瓜籽仁 4g、碎花生米 24g，混合后放人锅中用中火炒香，取出冷却后放入搅拌机内轻微破碎后，放入钢盆内。8g 瓜条破碎成小粒，与细砂糖 100g、青丝 1.6g、红丝 1.6g、白芝麻仁 4g、葡萄干 12g、红玫瑰 20g、牛奶 8mL、饴糖 12g、花生油 32g 一起也放入钢盆中混合，再倒上熟面粉 116g，用力推擦，使其混拌均匀且具有一定黏着性，用手握可成团。

④分馅：将搅拌均匀的馅料按成品质量规格分成一份份的圆形馅。按成品每千克 8 份，然后将分好的馅摆放在盘里备用。

⑤包酥：用大包酥或小包酥的方法做成饼皮。

a. 大包酥工艺：将水油面团压成长方形片状，油酥放在上面再压平，皮四周向中间包，翻转，用面杖将其擀成 20cm×60cm 的薄片，纵切成两片，分别卷成两长卷，每卷弯曲，从中间切断，切成 5 等份，每份 63g。

b. 小包酥工艺：将水油面团搓成细长条，用切刀将其分成约 35g 的小面团，整齐有秩序地摆放在案板上，用罩布盖好备用；油酥面团分成约 28g 的小油酥团，再将其分别放入每个分切好的小油面团内；将包好的面团收口向上、光面向下置于案板上按扁，用面杖将其拼成薄片，由外向里将长薄片卷成圆筒形。

⑥制皮：将卷好的圆筒两端向上合拢，光面向下置于案板上，用掌跟将其按成中间稍厚、四周稍薄的圆形酥皮。

⑦包馅：左手托酥皮，皮的光面向下，这样包好后酥皮的光滑一面就成为饼坯的表面。右手将馅心放在酥皮中心，包馅的手法如前所述包油酥的手法。但要注意，收口时不能一下子收紧，否则会导致酥皮破裂。收口的方法是左手拇指稍稍往下按，食、

中、无名三指轻托皮底，配合右手“虎口”边转边把口收紧。收口处一定不能粘上油或粘有馅心、糖液等，否则收口捏不紧，烘烤时容易破口、露馅。包馅还要求皮与馅之间不能有空隙，以免烘烤后造成制品破口、中空。苏式月饼包好馅之后，一般还要取一小块方形毛边纸贴在封口上，用以防止烘烤时油、糖外溢。

⑧成型、装饰：将包好馅、封好口的饼坯封口向下置于案板上，用半个手掌贴住饼坯轻轻往下按压，将饼坯按压成约 1cm 厚的扁圆形生饼坯。在饼坯上面正中心盖上有" 百果月饼" 字样的红印章（红色宜用食用红色素调成）。

⑨摆盘：将成型装饰好的饼坯拿到烤盘上，封口向下摆放整齐，各饼坯间距要相等且不能小于饼坯的直径。拿饼坯入烤盘时要注意，手不要捏住饼边，这样会碰坏饼坯。正确的方法是拇指贴住饼面中心，食、中、无名三指轻托住底部拿起，放入烤盘。

⑩烘烤：摆好盘后，就可入炉烘烤。炉温可事先调好，一般上火可调至 230℃，下火可调至 200℃，不可过高，亦不可太低，过高容易烤焦，太低则容易跑糖露馅。一般烘烤 6～10min 后观察饼坯的形态，当饼面松酥似鼓面外凸，呈金黄或橙黄色，饼边壁松发呈乳黄色即可确定其已烤熟。

⑪检验：大小均匀，每千克 4 块，不跑糖，不露馅，香甜，棉软果料，玫瑰香味即为合格。

思考题

1. 面团醒发时，温度和湿度过高或过低对产品有何影响？
2. 面包坯在烘烤过程中会发生哪些微生物和生化变化？
3. 如何判断面包的发酵程度？
4. 面包的老化是什么？如何防止面包的老化？
5. 为什么打蛋时不能接触油、食盐？
6. 打蛋时间不能太长，为什么？
7. 为什么拌好的浆料应尽快装模，尽快烘烤？
8. 为何月饼皮在操作中容易渗油？
9. 为何月饼出炉后会塌陷？

第三章　乳品工艺学实验

第一节　固态酸乳制品

酸乳是乳酸菌发酵鲜牛奶而制成的固态乳制品之一，不仅口味酸甜细滑，而且营养丰富，深受人们喜爱。酸乳是一种“功能独特的营养品”，有人称为“21 世纪的食品”。与牛乳相比，酸乳中蛋白质和脂肪更容易被人体所消化和吸收；酸乳提高了钙和磷等矿物质的利用率及维生素 B、C 等的含量；乳酸能增加人们的食欲，促进消化；酸乳中还存在抗菌物质，可以抑制肠道中腐败菌的繁殖，减少其在肠道中产生的毒素，起到较好的保健作用；酸乳中的胆碱可降低血清的胆固醇含量，增强机体的免疫力，降低老年人心血管病的发病率。

一、实验目的

初步了解酸乳的加工程序，认识用来制作酸乳用的乳酸细菌的形态特征；掌握固态酸乳加工的基本工艺流程及方法。

二、实验原理

酸乳是在经过预处理后的鲜乳中接入含有培养的保加利亚乳杆菌和嗜热链球菌的发酵剂，在一定温度下经过一段时间的发酵，促使其生长，分解乳糖形成乳酸，使乳的 pH 值随之下降，使酪蛋白在等电点附近形成沉淀，然后在灌装容器中成为凝胶状态，同时具有乳酸菌的代谢产生大量的风味物质，从而制得固态酸乳。

三、加工实例

1. 实验材料与设备

（1）原辅材料：鲜乳、蔗糖、香精、淀粉、奶粉、柠檬酸。

（2）主要仪器设备：发酵罐、电磁炉、酸奶瓶及瓶盖、恒温培养箱、手提式高压灭菌器、灭菌带塞的试管、吸管、灭菌量筒、酒精灯、三角烧杯、脱脂棉、试管架、超净工作台。

2. 实验内容

（1）工艺流程

原料乳→净乳→标准化→预热→均质→杀菌→冷却→添加发酵剂→灌装→发酵→冷藏→检验→成品

（2）实验步骤

①净乳：生产酸乳的原料乳需高质量的鲜乳，要求酸度低于 18°T，杂菌数不高于 5×10^5cfu/mL，总干物质含量要高于 11.5%；不得使用病畜的乳，如乳房炎乳和残留抗菌素、杀菌剂、防腐剂的牛乳。在选好原料乳的基础上，开始净乳操作。先将乳粉用水按照 1∶8 比例冲调成复原乳，再与加热至 60℃牛乳混合，混合后再加入 6%～10%的蔗糖，待蔗糖溶解后用四层纱布过滤；再边搅拌边缓慢加入少量的柠檬酸，完成后将乳在 85℃下加热 30 min。

②标准化：是使原料乳的脂肪含量达到酸奶的指标。

③预热：用泵将物料泵入杀菌设备中，使其预热至 55～65℃，再送到均质机中完成均质。

④均质：在均质机中，物料在 15.0～20.0 MPa 压力下完成均质。

⑤杀菌：完成均质后，物料要在杀菌器中杀菌，主要目的是指杀灭原料乳中包括噬菌体在内的各种可能存在的微生物，以此确保乳酸菌的正常生长和繁殖。通过杀菌还可以钝化原料乳中抑制发酵菌生长的天然抑制物，使牛乳中的乳清蛋白变性防止其析出，已达到改善组织状态，提高黏稠度等目的。杀菌条件一般为 90～95℃，杀菌 5min。

⑥冷却：乳杀菌后，应立即将其温度降到 45℃左右，以便接种发酵剂。

⑦添加发酵剂：制作酸乳常用的发酵剂为含有嗜热链球菌和保加利亚乳杆菌的混合菌种。一般来说，该种发酵剂的产酸活力均在 0.7%～1.0%之间，在 41～42℃的温度下，接种量为 2%～4%，培养 2.5～4.0 h。当产酸活力低于 0.6%时，则不进入投产。对于短保质期普通酸奶的生产，发酵剂中球菌和杆菌的比例应调整为 1∶1 或 2∶1；对于保质期为 14～21d 的普通酸奶生产时，球菌和杆菌的比例应调整为 5∶1；对于制作果料酸奶而言，两种菌的比例可以调整到 10∶1，此时酸奶的香味可以不依赖于保加利亚乳杆菌的产香性能，可以通过添加水果来增加酸奶的香味。

⑧灌装：灌装的容器可以根据市场需要来选择，可以选用玻璃瓶或者塑料杯。在用玻璃瓶灌装前，必须对瓶进行蒸汽灭菌；对于一次性塑料杯，视其情况进行消毒。

⑨发酵：在控制发酵条件的情况下使原料乳发酵，制成质量良好一致的酸乳成品。

a. 培养温度：乳酸菌在一定温度才能良好生长。由于嗜热链球菌与保加利亚乳杆菌的混合菌种的培养最适温度是 40～43℃，所以大部分酸乳加工厂采用 41～42℃或 40～43℃进行培养。

b. 培养时间：制作酸乳如采取短时间培养，一般是 41～42℃下培养 3 h；制作酸乳在特殊情况下如采取长时间培养，则是在 30～37℃下，培养 8～12 h。

⑩冷藏：发酵好的凝固酸乳，应立即移入 0～4℃的冷库中进行冷藏，以达到迅速

抑制乳酸菌的生长的目的，以免其继续发酵而造成酸乳的酸度过高。同时，通过冷藏还可以使得酸乳中双乙酰的含量得到提高。

3. **注意事项**

（1）防止砂化出现：酸奶的砂化是指从外观看，酸奶出现粒状组织。

产生砂化的原因有：①发酵温度过高。②发酵剂（工作发酵剂）的接种量过大，常大于3%。③杀菌升温的时间过长。

（2）防止出现异常的风味：酸乳无芳香味、出现邪味、酸乳的酸甜度不适、原料乳的异臭。

引起原因：①保加利亚乳杆菌和嗜热乳杆菌的比例不适当。②生产过程中污染了杂菌。③加糖比例不适当。

（3）口感差：优质酸乳柔嫩、细滑、清香可口，但有些酸乳口感粗糙，有砂状感。

引起原因：生产酸乳时，采用了高酸度的乳或劣质的乳粉。

（4）防止乳清析出：乳清析出的原因有①原料乳的干物质含量过低。②生产过程中震动引起，另外是运输途中颠簸引起。③是由于缺钙引起蛋白质凝固变性不够。

（5）防止发酵不良：发酵不良的引起原因为原料乳中含有抗生素和磺胺类药物，以及病毒感染。

第二节　活性乳酸菌饮料

活性乳酸菌饮料制品是一种具有活性的乳酸菌饮料，也就是饮料中含有活的乳酸菌，简称活性乳。按要求，活性乳中活乳酸菌的数量不应少于100万cfu/mL。当人们饮用了这种饮料后，乳酸菌便沿着消化道到大肠。有活性乳酸菌在人体的大肠内迅速繁殖，并产生乳酸，乳酸可以有效抑制腐败菌和致病菌的繁殖和成活，但对人体无害。与发酵酸奶相比，活性乳酸饮料口感清爽且风味多变、成本较低；与调配型酸奶饮料相比，活性乳酸饮料酸甜适口具有发酵奶特有的风味和乳酸菌的保健功效。相对于其他酸奶制品，活性乳酸菌饮料有着巨大的市场潜力和发展优势。

一、实验目的

掌握活性乳酸饮料的制作过程；了解活性乳酸饮料的制作操作程序和加工原理。

二、实验原理

活性乳酸饮料是通常以牛乳或乳粉、果蔬菜汁或糖类等为原料，经杀菌、冷却、接种乳酸菌发酵剂发酵后稀释而成的一种发酵型的酸性含乳饮料。市面上销售的活性乳酸饮料加工普遍采用的方法是先将牛乳进行乳酸菌发酵制成酸乳，再根据配方加入糖、稳定剂、水等其他原辅料，经混合、标准化后直接灌装或经热处理后灌装而成的产品。这种饮料要求在2～10℃下贮存和销售，密封包装的活性乳保质期为15d。

三、加工实例

1. 实验材料与设备

（1）原辅材料：牛奶、蔗糖、发酵剂、稳定剂、香精、柠檬酸、乳酸、苹果酸等。

（2）主要仪器设备：均质机、恒温箱、搅拌器。

2. 实验内容

（1）工艺流程

牛乳预处理→均质→杀菌→接种发酵→冷却→破乳、物料混合→均质→灌装→杀菌

（2）实验步骤

①牛乳预处理：用来制作活性乳酸菌饮料的原料乳，须选择优质脱脂乳或低脂的复原乳，不得含有阻碍发酵的物质。发酵前，通过添加脱脂乳粉，或蒸发原料乳，或超滤，或添加酪蛋白粉或乳清粉等方法将调配料中的非脂乳同体的含量调整到8.5%左右。

②均质：均质可以使混合料液滴微细化，提高料液均匀度，抑制粒子的沉淀和增强稳定剂的稳定效果。乳酸菌饮料适宜的均质条件为温度60℃左右，20～25MPa的压力下均质。

③杀菌：在发酵调配后进行杀菌操作的主要目的在于延长饮料的保存期，经合理杀菌、无菌灌装后的饮料，其保存期可达3～6个月。同时，通过杀菌可以杀灭原料乳中所有致病菌和绝大多数杂菌，保证其食用安全，也为乳酸菌创造一个杂菌少，有利于其生长繁殖的外部条件。此外，杀菌还可以使乳中酶的活力钝化和抑菌物质钝化；使乳清蛋白变性，改善牛乳作为乳酸菌生长培养基的性能，提高乳中蛋白质与水的亲和力，从而改善酸奶的黏稠度。乳酸菌饮料属于高酸性食品，高温短时间巴氏杀菌即可得到商业灭菌，也可采用95～108℃，30s或110℃，4s更高的杀菌条件。根据实际情况，生产厂家对以上杀菌条件做了相应的调整；如塑料瓶包装的产品，一般灌装后采用95～98℃、5～10min的杀菌条件，然后进行冷却。

④接种发酵剂：活性乳酸菌饮料要求活的乳酸菌的含量达到1×10^{6} cfu/mL以上。欲保持较高活力的菌，发酵剂应选用耐酸性强的乳酸菌种，如嗜酸乳杆菌、干酪乳杆菌和乳链球菌等。为了弥补发酵本身的酸度不足，可补充柠檬酸。虽然柠檬酸可以提高酸乳的风味，但是添加过量也会导致活菌数下降，所以柠檬酸的使用量也要适当。添加柠檬酸的同时可以添加一些苹果酸，苹果酸对乳酸菌的抑制作用较小，同时又可改善柠檬酸的涩味。

⑤冷却：发酵过程结束后，需要将活性乳酸菌饮料的温度冷却至20℃。

⑥破碎凝乳、物料混合：凝乳破碎，可以采用边碎乳、边混入已杀菌的稳定剂、糖液等混合料的方式。一般乳酸菌饮料的配方中包括酸乳、糖、果汁、稳定剂、酸味剂、香精和色素等，而在保质期长的乳酸菌饮料中最常用的稳定剂是果胶，或羧甲基纤维素钠等其他稳定剂。

⑦均质：物料在均质机中，在15.0～20.0 MPa压力下完成均质。

⑧灌装：根据市场需要选择灌装的容器，选用玻璃瓶或者塑料杯。在玻璃瓶灌装前，必须对瓶进行蒸汽灭菌；对于一次性塑料杯，视其情况进行消毒。

（3）成品评价

①感官指标：色泽呈均匀一致的乳白色，或微黄色或相应的果类色泽。口感细腻、甜度适中、酸而不涩，具有该乳酸菌饮料应有的滋味和气味，无异味；组织状态呈乳浊状，均匀一致不分层，允许有少量沉淀，无气泡。

②理化指标：蛋白质量（质量分数）≥0.7%；总固体量（质量分数）≥11%；总糖量（以蔗糖计质量分数计）≥10%。酸度（°T）40 ～90；砷含量≤0.5 mg/kg；铅含量（质量分数）≤1. 0；铜含量≤5.0 mg/kg。食品添加剂量按GB 2760—1996《食品添加剂使用卫生标准》的规定。

③卫生指标：乳酸菌数（cfu/mL）≥1.0×10^4；大肠菌群数（MPN/100 mL）≤3；霉菌总数≤30；酵母数≤50；致病菌不得检出。

3. 注意事项

（1）均质必须与稳定剂配合使用，方能达到良好效果。原因在于，经均质后的酪蛋白微粒，因失去了静电荷、水化膜的保护，使粒子间的引力增强，增加了碰撞机会，容易聚成大颗粒而沉淀。

（2）添加稳定剂：常在乳酸菌饮料中添加亲水性和乳化性较高的稳定剂。这些稳定剂不仅能提高饮料的黏度，防止蛋白质粒子因重力作用下沉；更重要的是它本身是一种亲水性高分子化合物，在酸性条件下与酪蛋白结合形成胶体保护，防止其凝集沉淀。此外，由于牛乳中含有较多的钙，在pH值降到酪蛋白的等电点以下时以游离钙状态存在，Ca^{2+}与酪蛋白之间发生凝集而沉淀，可添加适当的磷酸盐使其与Ca^{2+}形成螯合物，起到稳定作用。

（3）添加蔗糖：添加13%蔗糖不仅使饮料酸中带甜，而且糖在酪蛋白表面形成被膜，可提高酪蛋白与其他分散介质的亲水性，并能提高饮料密度，增加黏稠度，有利于酪蛋白在悬浮液中的稳定。

（4）有机酸的添加：一般发酵生成的酸的酸度不能满足乳酸菌饮料的酸度要求，需添加柠檬酸、乳酸和苹果酸等有机酸类。同时这些有机酸也是引起饮料产生沉淀的因素之一，因此需在低温条件下缓慢添加，同时要需要搅拌。一般以喷雾形式加入酸液。

（5）搅拌温度：为了防止沉淀产生，还应注意控制好搅发酵乳时的温度。如高温时搅拌，凝块将收缩硬化，造成蛋白胶粒的沉淀。

第三节 奶 油

奶油制品是将牛奶中的脂肪成分经过浓缩而得到的半固体的产品，其主要种类有加盐或不加盐奶油、发酵或不发酵奶油几种。人们摄入奶油的机会较多，常在西式早餐或各式西餐中添加奶油。如咖啡、红茶等饮料以及西餐红菜汤里常添加奶油；在巧克力糖、西式糕点及冰激凌等食品的制作中也常添加奶油。此外，还有一种更浓的奶油，用打蛋器将它打松后，可以在蛋糕上挤成奶油花；也可以用于西式料理中，还可以起到提味、增香的作用；同时也能让点心变得更加松脆可口。随着人们对健康的重视程度越来越高，目前，奶油几乎将取替动物性油，成为消费主流。

一、实验目的

通过本节的学习，要了解并掌握稀奶油制备的方法，学会蝶片式奶油分离机使用方法。同时要了解离心分离机的构造及其工作原理，了解影响分离速度的主要因素；了解奶油分离的过程，掌握不同种类奶油的制作方法。

二、实验原理

稀奶油是用鲜乳分离而得，乳中脂肪的相对密度（水）为0.93，脱脂乳的相对密度（水）为1.034，根据它们之间的密度差采用蝶片式奶油分离机，可以将乳中脂肪和其他成分分开，再经过成熟、搅拌、压炼而制成的乳制品为奶油。

三、加工实例

1. 实验材料与设备

（1）原辅材料：食盐、小苏打（或碳酸钠、氢氧化钙）、发酵剂（乳链球菌丁二酮亚种、乳脂链球菌、乳酸链球菌、乳脂明串珠菌）、色素。

（2）主要仪器设备：蝶片式奶油分离机、高压灭菌器、电炉、容器、冰箱、纱布、台秤等。

2. 实验内容

（1）工艺流程

原料乳预处理→分离稀奶油→中和→杀菌→发酵→冷却→加色素→搅拌→排除酪乳→洗涤→加盐→压炼→包装

（2）实验步骤

①原料乳的初步处理：原料乳必须来自健康奶牛，其新鲜度、滋气味、组织状态、

脂肪含量（3.0%～3.5%）及密度等指标均符合要求。检验合格的乳，经过滤、净乳后立即冷却到2～4℃。

②乳脂分离：分离乳脂一般采用静置法和离心法。

a. 静置法：将牛乳倒入深罐或盆中，低温静置24～36h，脂肪球逐渐上浮到乳表面形成含脂率15%～20%的稀奶油。此法使稀奶油损失较多、需时间长、需要的容积大和生产能力低等缺点。

b. 离心法：根据乳脂肪与乳中其他成分密度的不同，利用重力作用或离心力的作用将密度不同的两部分分离。通常采用高速旋转的离心分离机，将牛乳分离成含脂率为35%～45%的稀奶油和含脂率非常低的脱脂乳。

③稀奶油的中和：一般使用的中和试剂为石灰或碳酸钠，用之前需将其配成溶液（石灰配成20%的乳液，碳酸钠配成10%溶液），不断搅拌的过程中缓慢喷洒中和试剂，搅拌0.5h取样测定酸度。

④杀菌：因杀菌的温度可以影响奶油的风味。根据设备条件、稀奶油产品酸度高低和保存期长短来确定杀菌的方法，可以采用低温长时灭菌或者高温短时间灭菌法杀菌。如稀奶油质量新鲜，酸度不高于16°T，可采用70℃下，保温30min；也可采用82～85℃，30s的条件；若稀奶油新鲜度差时，须适当延长保温时间；有时为强化奶油的坚果仁香味，可以将灭菌温度设置到92～95℃。

⑤发酵：灭菌后的稀奶油冷却到18～22℃，加入5%～8%的工作发酵剂。发酵剂的添加要随碘值的增加而增加，需边搅拌边缓慢添加，使其混合均匀；发酵温度保持在18～20℃，发酵2～6h，使得稀奶油酸度为31～36°T。而稀奶油酸度取决于其中脂肪的含量，脂肪含量越高，酸度越低。有时适当延长发酵时间至12h，这主要取决于发酵剂的活力和发酵温度。

⑥冷却：一般将发酵结束后的奶油温度迅速降至5℃左右，保存12h进行成熟。

⑦添加色素：奶油中最常添加天然植物色素是胭脂树红或称安那妥。奶油黄是3%的安那妥溶液溶于食用植物油中配置而成，稀奶油中的用量通常为0.01%～0.05%。除上述天然色素之外，还可使用合成色素，如β－胡萝卜素。色素通常在搅拌前添加，直接加到搅拌器中的稀奶油里。

⑧搅拌：在搅拌之前，应清洗搅拌器。搅拌器的清洗应使用85℃以上热水清洗消毒；或用1%碱水洗涤，再用热水洗净碱液。清洗完搅拌器之后，可以加入奶油进行搅拌。搅拌时，要求尽量减少脂肪损失，酪乳中脂肪含量不应超过0.3%；制成的奶油粒应有弹性、清洁完整、大小整齐。搅拌结束之后，经纱布或过滤器过滤，排出酪乳。

⑨洗涤：排除酪乳后，所得的奶油粒用冷水在搅拌机中进行洗涤。水量为稀奶油量的50%左右；水温需根据奶油的软硬程度而定，如奶油粒软，则用比稀奶油温度低1～3℃的水。一般水洗的水温在3～10℃的范围，必要时可进行多次，直到排出的水为清澈即可。

⑩加盐：奶油中添加盐可以增加风味，抑制微生物的繁殖，提高奶油的保质期。食盐在添加前，先在 120～130℃下烘焙 3～5 min，然后再过 30 目的筛子。将搅拌机内洗涤水排出 10～20min 后，可以对奶油进行压炼。由于压炼时，有部分食盐流失，因此食盐的添加量确定为 2.5％～3.0％。

⑪压炼：可以在搅拌机内进行也可以应用专用压炼机来完成压炼。此外，还可以在真空条件下压炼，使奶油中空气量减少。不论采用哪种方法，完成压炼的奶油含水量要控制在 16％以下，水滴必须达到极微小的分散状态，奶油切面上不允许有流出的水滴。

⑫奶油的包装：包装的规格有 25kg 以上大包装和 10g～5kg 的小包装。餐桌用奶油为了便于直接食用，需采用小包装。一般选用防油、不透光、气和水的包装材料，如硫酸纸、塑料夹层纸、复合薄膜等包装材料包装；也有用马口铁罐进行包装的。食品工业用奶油常采用大包装。

3. 注意事项

（1）稀奶油的酸度控制：稀奶油经发酵后乳酸增多，使稀奶油中起黏性作用的蛋白质的胶体性质逐渐变成不稳定，甚至凝固而使稀奶油的黏度降低，脂肪球容易相互碰撞，因此容易形成奶油粒。因此，制造奶油用的稀奶油酸度在 35.5°T 以下，以 30°T 为最适宜。

（2）影响搅拌的因素

①分离机性能。分离机中分离钵直径越大，分离效率越好；分离机转速越快，分离效率越好，一般分离钵转速设定在 4000～7 000 r/min。

②牛乳流入量。进乳量要比分离机所规定的流量稍低些为宜，一般按其最大生产能力（标明能力）低 10％～15％来控制流量。

③牛乳温度。一般要将进入分离机前的牛乳预热到 35～40℃。温度低时，乳的密度较大，使脂肪的上浮受到一定阻力，分离不完全；温度过高，蛋白质会变性。

④乳中杂质度含量。乳中杂质高时，分离钵内壁很易被污物堵塞，作用半径缩小，分离能力也就降低。因此，分离机使用一定时间要清洗一次，在分离前必须过滤原料乳，以减少乳中的杂质。此外，当乳酸度过高产生的凝块易黏在分离钵四壁，也会影响分离效果。

第四节　干酪制品

干酪是以乳、稀奶油、脱脂乳、酪乳或这些原料的混合物为原料，经凝乳、排除部分乳清而制成的新鲜或成熟的产品。天然干酪可分为硬质、半硬质和软质干酪三大类。干酪中含有丰富的蛋白质、脂肪、糖类、有机酸、常量矿物质元素（钙、磷、钠、钾、镁）和微量矿物质元素（铁、锌），以及维生素A原和水溶性维生素B_1、维生素B_2、维生素B_{12}、盐酸、泛酸、叶酸、生物素等多种营养成分。

一、实验目的

掌握几种常见干酪的制作原理与技术。

二、实验原理

乳在发酵剂的作用下会产生乳酸，促进凝乳酶的凝乳作用，促进凝块的收缩，使制品产生良好的弹性；同时乳酸菌可以产生分解相应的蛋白和脂肪的物质，使制品在成熟过程中产生相应的风味物质。

三、加工实例

（一）哥达（Gouda）干酪的加工

1. 实验材料与设备

（1）原辅材料：牛奶7.5 L、干酪发酵剂75 mL、33%氯化钙（$CaCl_2$）2.25mL、凝乳酶(1/10 000)65滴、18%～19%盐水等。

（2）主要仪器设备：干酪刀、干酪容器（可将锅放入水浴锅内代替）、干酪模具(1kg干酪用)、温度计、不锈钢直尺、勺子、不锈钢滤网等。

2. 实验内容

（1）工艺流程

原料乳→标准化→杀菌→冷却→添加发→调整酸度→加氯化钙→加色素→加凝乳酶→凝块切割→搅拌→加温→乳清排出→成型压榨→盐渍→上色挂蜡→成品

（2）实验步骤

①热处理：在65℃条件下，对原料乳消毒30min或72℃消毒15s，消毒完后，迅速冷却至最佳发酵温度30℃。

②干酪容器的装填：在30℃水浴条件下将乳倾注在干酪容器中，并使干酪容器始终处于这个温度下。

③加入发酵剂：加入活化好的发酵剂，并搅拌。购买的粉末状干酪发酵剂必须经活化后才能使用，活化条件为温度22℃，活化18h；活化后发酵剂的酸度应为0.8%左右。

④加入$CaCl_2$：加入发酵剂后再加入浓度为33%的$CaCl_2$溶液（添加量为100L原料乳中添加30mL）并搅拌。

⑤凝乳酶的添加：加入发酵剂30 min后，加入65滴凝乳酶。在滴入过程中不断搅动，直至65滴加完后停止搅动。

⑥凝乳块搅拌和切割：乳在水浴中再静置30min后，检验凝乳块是否形成。如果

凝乳成功就可以开始切割，否则可以再等一段时间，直至凝乳块形成。开始顺着容器壁切下去，然后再向凝乳块中间切下去，接着向不同方向切，切割时动作要轻，切割过程在大约 10 min 内完成，直到 0.5～1 cm^3 小凝乳块形成。

⑦乳清分离：切割后开始小心搅动，同时从干酪槽中去除乳清，直到物料体积变为最初的 1/2。

⑧凝乳块洗涤：洗涤是为了降低乳酸浓度，并获得合适的搅拌温度。洗涤持续 20 min，如果时间过长，会造成过多乳糖和凝乳酶的流失。乳清分离后，在不断搅动情况下，将其放入 60～65℃的热水中，直至凝乳块的温度升为 33℃，使物料体积还原为原来的容量，然后再持续搅动 10 min 后，盖干酪槽，将其放入 36℃水浴中持续 30 min。

⑨干酪压滤器装填：用手将凝乳块装入干酪模具，使凝乳块达到模具高度的 2 倍，然后合上模具。

⑩压榨成型：通常一次装好一个 1kg 的模具，将模具放在干酪压练机上，持续压练 0.5h，然后将干酪从模具中取出，翻转，再放回模具中，继续压练 3.5h。压榨时保证干酪上压强为 1kg/cm^2。

⑪盐腌：压练成型后，将干酪从压练机中取出，放入浓度 18%～20%盐水中，在 13～14℃的温度下浸泡 24h。

⑫成熟：将浸泡盐的干酪放在温度 12℃，相对湿度为 85%的发酵间中的木制隔板上，持续成熟 4 周以上。发酵开始约 1 周内每日翻转干酪 1 次，并进行整理。1～2 周后用专用树脂涂抹，以防表面龟裂。

（二）农家干酪的加工

1. 实验材料与设备

（1）原辅材料：牛奶 7.5 L，干酪发酵剂 75 mL，1/10 000 的凝乳酶 65 滴，剁碎的蒜、大葱、洋葱或红辣椒，五香粉、孜然粉、麻辣粉等香料，也可以混入一些莳萝籽、香菜籽或黑胡椒粉，盐等。

（2）主要仪器设备：干酪刀、干酪容器（可将锅放入水浴锅内代替）、温度计、勺子、干酪布。

2. 实验内容

（1）工艺流程

同“（一）哥达干酪的加工”。

（2）实验步骤

①热处理：原料乳在 65℃条件下，消毒 30min；或 72℃条件下消毒 15s。完成消毒后，迅速冷至发酵温度 22℃。

②加入发酵剂、凝乳酶：将乳倾注在干酪容器中，加入活化好的发酵剂并搅拌。购买的粉末状干酪发酵剂必须经活化后才能使用，活化温度为 22℃，同时加入 6 滴凝乳酶，边加入边搅拌均匀。

③发酵：然后将上述混合材料放入22℃的发酵箱中，发酵18h。

④凝乳块切割和搅拌：凝乳块形成后，就可以开始切割，开始顺着容器壁切下去，然后再向凝乳块中间切下去，接着向不同方向切，切割时动作要轻，切割过程在大约10 min内完成，直到0.5～1 cm^3小凝乳块形成。

⑤乳清分离：切割后开始小心搅动，同时从干酪槽中去除乳清，直到物料体积变为最小。

⑥排干乳清：将凝乳块装入干酪布中吊挂起来，直至乳清不再沥出。

⑦调味：将干酪取出，按口味加入各种调味料，可夹入主食面包、烧饼食用。

（三）软质羊奶干酪的加工

1. 实验材料与设备

（1）原辅材料：羊奶7.5L、干酪发酵剂75mL、凝乳酶（1/10 000）6滴、剁碎的蒜、大葱、洋葱或红辣椒；五香粉、孜然粉、麻辣粉等香料，也可以混入一些莳萝籽、香菜籽或黑胡椒粉；盐等。

（2）主要仪器设备：干酪刀、干酪容器（可将锅放入水浴锅内代替）、温度计、勺子、干酪模具（若没有，可在塑料杯上打上规则的洞，乳清能排出即可）。

2. 实验内容

（1）工艺流程

同“（一）哥达干酪的加工”。

（2）实验步骤

①成熟与凝乳：将巴氏消毒后的全脂羊奶冷却至22℃，加入1%嗜中温乳酪发酵剂，搅拌均匀。在量杯中放入5汤匙凉开水，滴入6滴凝乳酶搅匀。盖上盖子将羊奶置于22℃下18h，直到形成凝乳块。

②排除乳清：用干酪刀将凝乳块切割成1cm^3立方小块，将凝乳块舀入羊奶奶酪模具中，模具满后放到便于排水的地方，让乳清沥出。

③食用：2d后由于乳清排出，奶酪下降至2.5cm高度并形成坚实的块状物。这时奶酪可以直接品尝，也可以装入塑料袋放入冰箱贮存两周后食用。

④加入调味料的奶酪：将凝乳块装入模具时，装一层凝乳块，撒一层调味料最后可得到一些有特殊风味的羊奶奶酪。

（四）羊奶奶酪（Feta）的加工

Feta是一种起源于希腊，用绵羊奶或山羊奶制做的咸味较重的奶酪。它们常被切成小块用于装饰新鲜沙拉。

1. 实验材料与设备

（1）原辅材料：羊奶3.8 L、干酪发酵剂57 mL、按活力程度添加凝乳酶、盐等。

（2）仪器设备：干酪刀、干酪容器（可将锅放入水浴锅内代替）、温度计、勺子、干酪布。

2. 实验内容

(1) 工艺流程

同“(一) 哥达干酪的加工”。

(2) 实验步骤

①静置：将羊奶低温巴氏消毒并冷却到30℃条件下操作，添加57 mL羊奶奶酪发酵剂，搅拌均匀，静置1h。

②凝乳：稀释凝乳酶并放入1/4杯凉开水中，稀释好后加入羊奶中搅匀，并盖上盖子静置1h。

③切割凝乳块：将凝乳块切割成1.25 cm^3见方的块，静置10 min，然后徐徐搅拌20 min。

④沥干：将凝块倒入铺有滤布的滤器中，将滤布四周绑起吊挂4h沥干水分。

⑤腌制：取下布袋打开，取出奶酪切成2.5 cm^3的块，按照口味将少许盐均匀撒在奶酪上。然后将奶酪放入带盖的碗中在7℃冰箱中老化4～5d。如果要求风味浓郁的奶酪，奶酪可浸于盐水(64 g盐，加入1.9 L水混匀)中，在7℃冰箱中放30d。

(五) 融化干酪的加工

将同一种类或不同种类的2种以上的天然干酪，经粉碎、加乳化剂、加热搅拌、充分乳化、浇灌包装而制成的产品，叫做融化干酪或称为加工干酪。

1. 实验材料与设备

(1) 原辅材料：任意两种干酪。

(2) 主要仪器设备：干酪刀、干酪容器(可将锅放入水浴锅内代替)、温度计、勺子、干酪布、切碎机、混合机、粉碎机、磨碎机、熔融釜。

2. 实验内容

(1) 工艺流程

原料选择→原料预处理→切割→粉碎→加水→加乳化剂→加色素→加热融化→浇灌包装→静置冷却→成熟→成品

(2) 实验步骤

①原料干酪的选择：一般选择细菌成熟的硬质干酪如荷兰干酪、契达干酪和荷兰圆形干酪等。为满足制品的风味及组织状态，成熟7～8个月风味浓的干酪应占20%～30%。为了保持组织滑润，则成熟2～3个月的干酪占20%～30%，搭配中间成熟度的干酪50%，使平均成熟度在4～5个月之间，含水分35%～38%，可溶性氮0.6%左右。过熟的干酪，由于有氨基酸或乳酸钙结晶析出，不宜作原料。有霉菌污染、气体膨胀、异味等缺陷的干酪也不能使用。

②原料干酪的预处理：去掉干酪的包装材料削去表皮，清拭表面等。

③切碎与粉碎：用切碎机将原料干酪切成小块状，用混合机混合，然后用粉碎机粉碎成长为4～5 cm的面条状，最后用磨碎机处理。此项操作多在熔融釜中进行。

④熔融、乳化：在熔融釜中加入适量的水，通常为原料干酪质量的5%～10%，成品的含水量为40%～55%，按配料要求加入适量的调味料、色素等，然后加入预处理粉碎后的原料干酪。当温度达到50℃左右，加入1%～3%的乳化剂，如磷酸钠、柠檬酸钠、偏磷酸钠和酒石酸钠等。这些乳化剂可以单用，也可以混用。最后将温度升至60～70℃，保温20～30 min，使原料干酪完全融化。如果需要可调整酸度，使成品的pH值为5.6～5.8，不得低于5.3。在进行乳化操作时，应加快釜内搅拌器的搅拌速度，使乳化更完全。乳化终了时，应检测水分、pH值、风味等，然后抽真空进行脱气。

⑤充填、包装：经过乳化的干酪应趁热进行填充包装；包装材料多使用玻璃纸或涂塑性蜡玻璃纸、铝箔、偏氯乙烯薄膜等；包装的量、形状和包装材料的选择，应考虑到食用、携带、运输方便。

⑥储藏：包装后的成品融化干酪，应静置10℃以下的冷藏库中定型和储藏。

3. 注意事项

(1) 质地干燥的原因：凝乳块在较高温度下“热烫”引起干酪中水分排出过多导致制品干燥，凝乳切割过小、加温搅拌时温度过高、酸度过高、处理时间较长及原料含脂率低等都能引起制品干燥。

(2) 组织疏松：即凝乳中存在裂隙。酸度不足、乳清残留于凝乳块中、压榨时间短或成熟前期温度过高等均能引起此种缺陷。

(3) 多脂性：指脂肪过量存在于凝乳块表面或其中。因大多是由于操作温度过高，凝块处理不当（如堆积过高）而使脂肪压出。

(4) 斑纹：由操作不当引起。特别在切割和热烫工艺中由于操作过于剧烈或过于缓慢引起。

(5) 发汗：干酪在成熟过程中渗出液体。可能是干酪内部的游离液体多及内部压力过大所致，多见于酸度过高的干酪。

(6) 金属性黑变：由铁、铅等金属与干酪成分生成黑色硫化物，根据干酪质地的状态不同而呈绿、灰和褐色等色调。

(7) 苦味生成：干酪的苦味是极为常见的质量缺陷，酵母或非发酵剂都可引起干酪苦味。极微弱的苦味属于契达干酪（Cheddar cheese）的风味成分之一，这是由特定的蛋白胨、肽所引起。另外，乳高温杀菌、原料乳的酸度高、凝乳酶添加量大以及成熟温度高均可能产生苦味。

第五节　乳　粉

乳粉制品是用冷冻或加热的方法，除去乳中几乎全部的水分，干燥后而制成的粉末，通常称为乳粉。乳粉制品加工的目的是在保留鲜乳的本质及营养成分的基础上，增加乳的保存性、减轻体积和重量及便于运输。乳粉中几乎保持了鲜奶的全部营养成分，而且冲调容易，使用方便，可以调节产奶的淡旺季节。

一、实验目的

了解并掌握乳粉的加工原理及工艺流程，了解乳粉的配制原则。

二、实验原理

浓缩乳在高压或离心力的作用下，通过雾化器向干燥室内喷淋成包含无数的 10～200 μm 大小的雾状细滴。雾滴的形成，加大了受热表面积，可加速水分的蒸发速度。所以当雾滴与同时鼓入的热空气接触，水分便在瞬间蒸发除去；经 15～30s 的时间干燥，便可得到干燥的乳粉。

三、加工实例

1. 实验材料与设备

精密电子天平、均质机、净乳机、浓缩装置、喷雾干燥塔和混料罐等。

2. 实验内容

（1）工艺流程

乳的收集与验收→配料→杀菌→均质→浓缩→喷雾干燥→出粉→冷却→筛粉→检验→包装→成品

（2）实验步骤

①原料乳的验收及预处理：根据规定的指标，对原料乳及时进行质量检验，按质量分别处理。对鲜乳先进行嗅觉、味觉、外观、尘埃等的感官鉴定；正常乳为乳白色或微带黄色，不得含有肉眼可见物，不得有红、绿等异色物，不能有苦、涩、咸的滋味和饲料的青贮、霉变等异味。另外，还须分批采样做相对密度测定、酒精试验、酸度测定和乳脂率的测定。最后，要准确称量鉴定合格的鲜乳。正常鲜乳的理化指标和卫生指标见表 3-1。

表 3-1　正常鲜乳的理化指标和卫生指标表

项　目	指　标
密度（20℃/4℃），≥	1.028～1.032
脂肪/（%），≥	3.1
酸度/°T，≤	20
蛋白质/（%），≥	2.95
杂质度/（mg/L），≤	4
细菌总数/（CFU/mL），≤	2×10^3

②配料：生产乳粉时，除了少数几个品种，如全脂乳粉、脱脂乳粉外，其余品种都要经过配料这道工序。按产品要求来决定配料比例。

③均质：均质的条件为：压力一般控制在 14～21 MPa，温度控制在 60℃为宜。而如果采用二级均质时，第一级均质压力为 14～21 MPa，第二级均质压力为 3.5 MPa 左右。

④杀菌：对于不同的乳粉产品，根据本身的特性选择合适的杀菌方法。目前，最常采用高温短时间灭菌法。

⑤真空浓缩：牛乳经杀菌后立即泵入真空蒸发器进行减压（真空）浓缩，除去乳中 65%的水分，然后进入干燥塔中进行喷雾干燥，以利于产品质量和降低成本。一般真空度为 21～8 kPa，温度为 50～60 ℃。单效蒸发时间为 40 min，多效是连续进行的。一般要求原料乳浓缩至原体积的 1/4，乳中干物质达到 45%左右。

a. 全脂乳粉为 11.5～13 °Be，相应乳固体含量为 38%～42%。

b. 脱脂乳粉为 20～22 °Be，相应乳固体含量为 35%～40%。

c. 全脂甜乳粉为 15～20°Be，相应乳固体含量为 45%～50%；大颗粒奶粉可相应提高浓度。

⑥喷雾干燥：浓缩乳中仍然含有较多的水分，必须经喷雾干燥后才能得到乳粉。目前国内外广泛采用压力式喷雾干燥和离心式喷雾干燥两种。在高压或离心力的作用下，浓缩乳经过雾化器雾化后在干燥室内喷出，形成雾滴。此刻的雾化为无数直径约为 10～200 μm 的微细乳滴，大大增加了浓缩乳表面积。这些形成的微细乳滴与鼓入的热风接触，其水分便在 0.01～0.04 s 的瞬间内蒸发完毕，雾滴被干燥成细小的球形颗粒，单个或数个粘连飘落到干燥室底部，而水蒸汽被热风带走，从干燥室的排风口抽出。整个干燥过程仅需 15～30 s。

⑦冷却：冷却是在粉箱中室温下过夜，然后过 20～30 目的筛子后即可包装，在设有二次干燥设备中，乳粉经二次干燥后进入冷却床被冷却到 40℃以下，再经过粉筛送入奶粉仓，待包装。

⑧计量包装：工业用粉采用 25 kg 的大袋包装，家庭采用 1 kg 以下小包装。小包装一般为马口铁罐或塑料袋包装，保质期为 3～18 个月，充入氮气可延长保质期。

3. 注意事项

（1）注意防止酸败味，即脂肪分解味的产生。败酸味的产生是由于乳中解脂酶对脂肪的作用，使乳粉中的脂肪水解而产生游离的挥发性脂肪酸。

（2）防止哈喇味，即氧化味的产生。哈喇味的产生是由于不饱和脂肪酸氧化转变成醛酮类物质产生的，如空气、光线、重金属（特别是铜）、过氧化物酶和乳粉中的水分及游离脂肪酸含量都可能与哈喇味的产生有关。

（3）防止乳粉棕色化：水分在 5%以上的乳粉贮藏时，会发生羰一氨基反应使得乳粉棕色化，如温度高会加速这一变化。

（4）防止吸潮：吸潮是乳粉打开包装后会逐渐吸收水分，当水分超过 5%以上时，细菌开始繁殖，而使乳粉变质。

（5）防止乳粉的溶解性差：一般乳粉颗粒达 150 μm 左右时冲调复原性最好；小于 75 μm 时，冲调复原性较差。乳粉的复原性与乳粉的质量、乳粉加工方法、操作条件以及成品水分的含量、成品保藏时间和保藏条件（如温度、湿度）等均有关系。

第六节　乳清粉

乳清制品是生产干酪或干酪素时的副产品，总固体乳清占原料乳总干物质的一半左右，其主要成分有乳糖、乳清蛋白、矿物质等。乳清蛋白是指酸性条件（pH 为 4.6）下沉淀酪蛋白后，乳清中剩余蛋白质的统称，约占乳总蛋白的 20%。乳清蛋白主要有β-乳球蛋白、α-乳清蛋白、血清白蛋白和免疫球蛋白 4 类蛋白，其含量约占总乳清蛋白的 95%以上。此外，乳清蛋白还包含一些微量的蛋白质、胨等；牛乳中具有很高营养价值的维生素和矿物质也都存在于乳清当中。

乳清又分为甜乳清和酸乳清两类。甜乳清是指从生产硬质干酪、半硬质干酪、软干酪和凝乳酶干酪素获得的乳清副产品，其 pH 值为 5.9～6.6；酸乳清是指从盐酸法沉淀制造干酪素而得到的乳清，其 pH 值为 4.3～4.6。

一、实验目的

学习并掌握通过等电沉淀法分离牛乳中酪蛋白而得到乳清粉的基本原理及操作步骤。

二、实验原理

蛋白质分子在等电点时以两性离子形式存在，正负电荷相等，其分子净电荷为零。此时，蛋白质分子颗粒在溶液中因没有相同电荷的相互排斥，分子相互之间的作用力减弱，其颗粒极易碰撞、凝聚而产生沉淀。所以处于等电点的蛋白质，其溶解度最小，最易沉淀。因此，利用酸使得酪蛋白胶体外的负电荷被中和，使其达到等电点，加之中性酪蛋白溶解度最小，以沉淀形式析出。此法不会造成蛋白质变性，一般用于乳清分离的粗提纯阶段。

三、加工实例

1. 实验材料与设备

（1）原辅材料：浓缩乳清蛋白粉、1 mol/L 的 HCL 溶液。

（2）主要仪器设备：精密电子天平、便携式 pH 计、高速冷冻离心机、透析膜、净乳机、结晶罐、喷雾干燥塔和电动搅拌器。

2. 实验内容

（1）工艺流程

乳清预处理→乳糖预结晶→喷雾干燥（滚筒干燥）→冷却→筛粉→检验→包装→成品

（2）实验步骤

①乳清的预处理：主要除去乳清中的酪蛋白微粒，然后再除去脂肪和乳清中的残渣。首先，用浓度为 1 mol/L 的盐酸溶液调节浓缩的乳清粉（质量分数一般为 10%）的酸度，使溶液的 pH 为 4.6，使酪蛋白开始沉淀。完成沉淀后，以 5 000 r/min，离心 20 min，收集主要为乳清蛋白的上清液。为了提高纯度，可以重复上述步骤 3 次。将得到的上清液，再利用净乳机去除其中所包含的大部分脂肪和细菌细胞。

②乳糖的预结晶：在结晶罐中，温度为 20℃左右下，保温 3～4h，搅拌速度控制在 10 r/min 左右，目的是使乳糖晶体析出。

③喷雾干燥（或滚筒干燥）：具体的方法，同上节乳粉的制作。

④冷却：在粉箱中室温下过夜。

⑤筛粉：将冷却后的乳粉过 20～30 目的筛子。

⑥检验：正常的乳清粉其色泽呈现为白色或浅黄色，有奶香味。

3. 注意事项

分离酪蛋白时，需边搅拌，边测 pH，同时观察沉淀。搅拌开始可以稍快，接近等电点时，应缓慢搅拌，使得酪蛋白充分沉淀。不搅拌时酪蛋白与酸接触不充分，溶液中有酸度梯度存在，上层与酸接触沉淀形成结块，下层未与酸接触酪蛋白不能完全沉淀，但搅拌过于剧烈时会使形成的酪蛋白凝块破碎不易分离。因此需要边滴边缓慢搅拌，有利于酪蛋白与酸充分接触，酪蛋白沉淀比较完全，除去效果比较好。

第七节　干酪素

干酪素是乳中的酪蛋白在凝乳酶或酸的作用下，生成的凝固物经干燥后制成的。干酪素大致可以分为两类，即酸性干酪素和凝乳酶干酪素。酸性干酪素中，由于沉淀时所用的酸不同，又可分为乳酸干酪素、盐酸干酪素和硫酸干酪素等。利用酸乳清沉淀酪蛋白时，所得到的沉淀物也称乳酸干酪素。干酪素可以用作生化试剂，也可以用作涂料的基料，木、纸和布的粘合剂和食品用添加剂等。

一、实验目的

了解并掌握干酪素的加工原理、加工方法及注意事项等。

二、实验原理

乳在凝乳酶、酸、酒精作用下或加热至140℃以上时，干酪素可从乳中凝固沉淀出来，经干燥后即为成品。工业上使用的干酪素，大多属于酸性干酪素。酸性干酪素是在酸性条件下使磷酸盐和蛋白质直接结合的钙游离出来，从而使蛋白质沉淀。酶法生产干酪素时，酶先使酪蛋白转化为副酪蛋白，副酪蛋白在钙盐存在的情况下，与钙离子形成网状结构而沉淀。酶法干酪素的生产一般以皱胃酶为主，但皱胃酶因来源有限，价格昂贵，因此亦可用动物性蛋白酶（如胃蛋白酶）、植物性蛋白酶（如木瓜酶和无花果蛋白酶）、微生物蛋白酶（如微小毛霉凝乳酶）等来代替，尤其是微生物凝乳酶的发展更为迅速，可望成为皱胃酶的代用品。

三、加工实例

（一）乳配发酵干酪素的加工

1. 实验材料与设备

（1）原辅材料：原料乳、盐酸（30%～38%）、皱胃酶、发酵剂（乳酸细菌）等。

（2）主要仪器设备：电磁炉、温度计、pH 计、水浴锅、凝乳罐、滤布、筛子、粉碎机、干燥机、金属网、量筒、搅拌棒等。

2. 实验内容

（1）工艺流程

原料乳脱脂→发酵→加热搅拌→排除乳清→洗涤→压榨→粉碎→干燥→粉碎→分级→成品

（2）实验步骤

①原料乳脱脂：原料乳脱脂，指将牛乳加热至 32～33℃，用分离机进行分离脂肪，脱脂乳的含脂率应在 0.05%以下。

②发酵：在脱脂乳中加入发酵剂，开始发酵。发酵剂发酵的温度应控制在 33～34℃，发酵剂的添加量为 2%～4%。当酸度达到 pH 值为 4.6 或滴定酸度 0.45%～0.50%时，即可停止发酵。通常如果发酵剂的活力高，几小时即可达到要求。

③加热搅拌：边搅拌边将乳液升温到 50℃左右，以便乳清析出。

④排除乳清：用滤框等工具将凝乳颗粒从乳清中捞出来，倒入带孔的模子中来排除乳清。

⑤洗涤：加入与原料脱脂乳等量的温水进行搅拌洗涤。放出第一次的洗涤水后再用约一半量的冷水搅拌洗涤两次，然后用布过滤。

⑥压榨：将得到的凝块放在压榨机上，持续压榨 0.5 h，然后将其从模具中取出并翻转，再放回模具中，压强为 1 kg/cm^2，压榨 3.5 h。

⑦粉碎：将脱水后的干酪素，用粉碎机粉碎成一定大小的颗粒或置于筛孔为

0.9 mm的筛板上用刮板使干酪素通过筛孔而粉碎。

⑧干燥：将粉碎的干酪素铺于布框或金属网（孔径0.25～0.18mm）上，用火或阳光进行干燥。如用火力干燥时温度不应超过55℃，时间不应超过6 h。

⑨粉碎分级：干燥后的干酪素需进行粉碎，并用筛子分成粒径为0.62 mm、0.28 mm、0.16mm等级别。

（二）加酸干酪素的加工

1. 实验材料与设备

（1）原辅材料：脱脂乳、盐酸（30%～38%）、皱胃酶、发酵剂（乳酸细菌）等。

（2）主要仪器设备：电磁炉、温度计、pH计、水浴锅、凝乳罐、滤布、筛子、粉碎机、干燥机、金属网、量筒、搅拌棒。

2. 实验内容

（1）工艺流程

原料乳脱脂→加热→加酸凝固→洗涤→压榨→粉碎→干燥→粉碎分级

（2）实验步骤

①原料乳脱脂：同上一操作步骤。

②加热：将新鲜的原料脱脂乳加热至34～35℃，由于加热温度与加酸后可形成的颗粒状态有很大关系，所以必须加以注意。若酸度为16～18°T脱脂乳，可加热至35℃；酸度为22～24°T，加热温度为34℃。如温度超过36℃时则形成粗大的颗粒，温度低于33℃时形成软而细的颗粒。

③加酸凝固：是关键步骤，将30%～38%浓盐酸先用水稀释8～10倍。在搅拌的同时缓慢匀速加入稀释后的盐酸，或在凝乳槽的底部装以带有很多小孔的管子，将稀盐酸从管内以喷雾状加入则更佳。加酸时需注意不要使脱脂乳形成大量泡沫。当pH值达到4.6～4.8时，应放慢加酸速度，凝块开始沉淀时停止加酸，可排出一半的乳清。然后再加酸至pH值4.2（乳清酸度为0.5%）。此时，颗粒坚实，而颗粒间却松散。但必须注意加酸切勿过多，以免蛋白质溶解。

④洗涤、压榨、粉碎、干燥、粉碎分级：同“（一）乳配发酵干酪素的加工”。

（三）酶法干酪素

1. 实验材料与设备

（1）原辅材料：原料乳、盐酸（30%～38%）、皱胃酶、发酵剂（乳酸细菌）等。

（2）主要仪器设备：电磁炉、温度计、pH计、水浴锅、凝乳罐、滤布、筛子、粉碎机、干燥机、金属网、量筒、搅拌棒。

2. 实验内容

（1）工艺流程

原料乳脱脂→预处理→加热→加酶凝固→排除乳清→洗涤、脱水、粉碎→干燥→成品

（2）实验步骤

①脱脂乳预处理：原料乳脱脂是指将牛乳加热至32～33℃时，用分离机进行分离，脱脂乳的含脂率应在要求脂肪1.0%以下。

②加热：与酸法干酪素处理是相同的。

③加酶凝固：因酶的种类、活力不同，凝乳酶的添加量也要变化。生产中一般要求能在15～20 min凝固即可，而且必须边搅拌边加酶，以防颗粒形成不均匀。

④以下的步骤与酸性干酪素的制法是一致的。

第八节 麦乳精

“麦乳精”是一种用水冲调的饮品，原名“乐口福”。于20世纪30年代诞生，它过去曾当作礼品互相赠送。麦乳精营养比较丰富、颗粒疏松、溶解性好、冲饮便利，既能热饮又能冷饮，是家庭及旅行中，四季皆宜的饮用食品。有些麦乳精制品中还添加了各种维生素、磷、钙等成分，有时也添加少量的磷酸氢钠和柠檬酸。麦乳精的稀释度约为15%干物质，每100mL冲调液具有270～300J发热量，与消毒牛奶相近似。

一、实验目的

熟练掌握麦乳精的加工原料及工艺要求。

二、实验原理

麦乳精是一种速溶性、含乳营养丰富的固体饮料。它采用牛奶（或奶粉、炼乳）、奶油、麦精、蛋粉为主体，并添加蔗糖、葡萄糖、可可粉等原料，经过调配、乳化、杀菌、脱气浓缩、真空干燥、粉碎和包装等工艺过程而成为一种具有酥松、轻脆、多孔状的碎粒和部分细粉的产品。

三、加工实例

1. 实验材料与设备

（1）原辅材料：乳、乳粉、甜炼乳、奶油、蛋粉或蛋黄粉、可可粉、麦精或麦芽糖、饴糖、葡萄糖、小苏打、柠檬酸及香精等。

（2）主要仪器设备：夹层锅、搅拌器、pH计、均质机、真空脱气锅、铝盘、粉碎机、筛子、电子天平、真空干燥机。

2. 实验内容

（1）工艺流程

混合糖浆制备→中和→配制混合料→均质→脱气→干燥→轧粒→粉碎→过筛→检

验→包装→成品

（2）实验步骤

①混合糖浆的制备：将蔗糖、麦精（或麦芽糖、饴糖）和葡萄糖放入夹层锅内，加适量水。向锅的夹层中通热蒸汽，在不断地搅拌下，将糖溶化并加热至90～95℃，保温5～10 min，目的是使糖中存在的微生物杀灭，然后加入可可粉等配料，充分混合均匀制成可可糖浆。

②中和：原料中酸法生产的麦芽糖等糖类含有乳酸及其他有机酸，为防止这类糖作为乳类原料加入时，引起乳蛋白质凝固。当在糖浆冷至70℃左右时加入小苏打对酸进行中和。

③配制混合料：按配方规定量，将炼乳、奶粉、奶油和蛋黄粉混合后，过孔径约0.28 mm的筛子，加适量水，搅拌混匀。

④加柠檬酸：在上述配制混合料中，边搅拌边缓慢加入适量柠檬酸，最好采用喷洒的方法。

⑤均质：使混合浆料各成分均匀分散，增加制品的稳定性与均一性，一般均质压力不低于4.9MPa，温度55～60℃。

⑥脱气：在浆料配制过程中，会混入大量空气，为防止浆料在干燥时溢出烘盘，造成浪费，同时为了提高干燥速度，均质后要进行脱气处理。脱气在真空脱气锅内进行，绝压低于16.67 kPa，蒸汽压24 kPa，使料液内无气泡上翻时为止。如采用真空干燥法，应先将均质脱气后的混合料分盘，每盘约3 kg，然后置于真空干燥机内烘干，绝对压力为5.998～3.333 kPa（开始时低，后期高），干燥温度70℃以下，蒸汽压150～200 kPa，约2 h完成，干燥后冷却至35℃以下出盘。如采用喷雾干燥应先真空浓缩。

⑦轧粒（粉碎）、过筛、包装、检验粉碎、包装应严格遵守卫生操作规程。因麦乳精易吸潮，包装室内温度应保持20℃，相对湿度40%～50%。

3. 注意事项

（1）甜炼乳：为色淡黄，无杂质沉淀，无异味及酸败味，不得有凝块和霉斑，脂肪8.5%以上，水分28%以下，蛋白质7%～9%，含蔗糖40%～44%，酸度48°T以下，微生物指标合乎要求。

（2）奶粉：为淡黄色，气味新鲜，无受潮、发霉、变色及不正常气味，含脂肪不低于26%，水分2.5%，蛋白质不少于26%，微生物指标符合特级品标准。

（3）奶油：含水分16%以下，无特殊异味或臭味（哈喇味），奶油中杂菌数不超过50 000 cfu/g，0.1 g奶油中无大肠杆菌。

（4）全蛋粉或蛋黄粉：淡黄或黄色，气味正常，溶解度好。全蛋粉水分不超过4.5%，脂肪40%以上，杂菌数不超过500 000 cfu/g，0.1 g中无大肠杆菌。

（5）可可粉：深棕色，有天然可可香味，无发霉及异常气味。无吸潮现象，水分

3%以下，脂肪18%～20%，细度能通过20目左右的筛子。杂菌数不超过10 000cfu/g，0.1g中无大肠杆菌。

（6）麦精或麦芽糖、饴糖：无发酵、长霉、杂物及焦苦等异味，有麦芽风味，干物质不低于75%，基本呈透明状态。

（7）葡萄糖：白色，无臭，无杂质。

（8）蔗糖：洁净无杂质，纯度99.6%以上，水分4%以下。

（9）小苏打（碳酸氢钠）：食品级，符合国家卫生标准。

（10）柠檬酸、香精：食品级，符合国家卫生标准。

第九节 冰激凌制品

国内的冰激凌制品主要由脂肪、蔗糖和蛋白质这3种成分组成，其中脂肪占7%～16%，蔗糖占14%～20%，蛋白质占3%～4%。冰激凌所含脂肪主要来自于牛奶和鸡蛋，有较多的卵磷脂，可释放出胆碱，对增进人的记忆力有帮助。冰激凌中所含糖类主要来自于牛奶中的乳糖和各种果汁、果浆中的果糖以及蔗糖组成。其他的成分如有机酸、丹宁和各种维生素，可以作为人体所需的营养物质。冰激凌味道宜人，细腻滑润，凉甜可口，色泽多样，不仅可帮助人体降温解暑，提供水分，还可为人体补充一些营养，因此在炎热季节里备受青睐。

一、实验目的

掌握冰激凌加工技术与质量评价方法。

二、实验原理

冰激凌是以饮用水、牛奶、奶粉、奶油（或植物油脂）和蔗糖等为主要原料，加入适量的稳定剂、增稠剂、乳化剂、色素、香精等食品添加剂，经混合、灭菌、均质、老化、凝冻和硬化等工艺而制成的体积膨胀的冷冻食品。

三、加工实例

1. 实验材料与设备

（1）原辅材料：牛乳0.5 L、蔗糖150 g、鸡蛋黄4个、稀奶油0.5 L、香草粉。

（2）仪器设备：冰激凌搅拌器、冰激凌冷凝器、冰激凌杯、冰柜、电磁炉、温度计、钢锅、钢勺、钢盆、过滤器、电子秤、打蛋器。

2. 实验内容

（1）工艺流程

原料预处理→原料配制与混合→杀菌→均质→冷却→老化→凝冻→灌装成型→硬化→成品冷藏

（2）实验步骤

①原料预处理：因冰激凌质量的好坏与原辅料质量好坏有直接的关系，所以各种原辅料必须严格按照质量要求进行检验，合格后才可以使用。

②原料配制与混合：按照规定产品配方进行配料。原料的配制与混合要做到如下要求：

a. 原料混合的顺序宜从浓度低的液体原料开始，如从牛乳开始，其次为炼乳、稀奶油等液体原料，再次为砂糖、乳粉、乳化剂、稳定剂等固体原料，最后以水来做容量调整。先搅拌鸡蛋黄，再将其按照鸡蛋与牛乳比例为 1∶4 混入，以免蛋白质变性凝成絮状。同时将稀奶油、糖、香草粉加入。

b. 混合溶解时的温度为 40～50℃。

③杀菌：通过杀菌可以杀灭混合料中一切病原菌和绝大多数的非病原菌，保证产品的安全性及卫生指标，延长保质期。杀菌分间歇式杀菌和连续式杀菌两种，通常间歇式杀菌的杀菌温度为 75～77℃，时间 20～30min；连续式杀菌的杀菌温度为 83～85℃，时间为 15s。

④均质：均质可以使乳脂肪球变小，冰激凌组织细腻；改善混合料起泡性，可使形体松软润滑，具有良好的稳定性和持久性。一般均质较适宜的温度为 65～70℃，压力为 14.7～17.6MPa。

⑤冷却：混合料均质后的温度在 60℃以上，此温度下容易造成混合料中的脂肪粒分离，需要将其迅速冷却至 0～5℃输入到老化缸（冷热缸）进行老化。

⑥老化：老化是将经均质、冷却后的混合料置于老化缸中，在 2～4℃的低温下使混合料在物理上成熟的过程，亦称为“成熟”或“熟化”。其实质是脂肪、蛋白质和稳定剂的水合作用，使黏度增加，气泡细致、均匀分散，赋予其细腻的质地，同时提高其储藏稳定性。一般说来，老化温度控制在 2～4℃，时间为 6～12h 为佳。为提高老化效率，也可将老化分两步进行：

a. 将混合料冷却至 15～18℃，保温 2～3h；

b. 再将其冷却到 2～4℃，保温 3～4h。这可大大提高老化速度，缩短老化时间。

⑦凝冻：在－6～－2℃的低温下，混合料液中的水分会结冰，但由于不断搅拌，水分只能形成 4～10μm 的均匀小结晶，与此同时，均匀混入许多细小的气泡，提高产品的膨胀率。

⑧灌装成型：凝冻后的冰激凌必须立即成型灌装和硬化。冰激凌的形状有纸杯、蛋筒、浇模成型、巧克力涂层冰激凌、异形冰激凌切割线等多种成型灌装机。

⑨硬化：将经成型灌装机灌装和包装后的冰激凌迅速置于－25℃以下的温度，经过一定时间的速冻，产品温度保持在－18℃以下，使其组织状态固定、硬度增加的过

程称为硬化。方法：在温度为－25～－23℃的速冻库中，冷冻10～12h；或在温度为－40～－35℃速冻隧道中，冷冻30～50 min；或在温度为－27～－25℃盐水硬化设备中冷冻20～30 min。

⑩贮藏：将冰激凌贮藏于温度为－20℃，相对湿度为85%～90%的冰柜中。

3. 注意事项

（1）鲜乳要过100目的筛过滤，而蔗糖加热溶解成糖浆，需要过160目的筛过滤。

（2）乳粉应先加温水溶解、过滤和均质，再与其他原料混合。

（3）人造黄油、硬化油等应加热融化或切成小块。

（4）乳化剂、稳定剂与其5倍以上的蔗糖先拌匀。

（5）明胶、琼脂等稳定剂先用冷水起发，再加热使其溶解。

（6）淀粉要用8～10倍的水溶解制成浆液，过100目筛。

第十节　雪　糕

雪糕是把冰激凌混合料经搅拌后，再经雪糕机制造出来的产品，类似质地松软的棒冰，其所含成分以牛乳为主。雪糕的营养价值很高，且易于消化，因此不仅是夏季消暑的饮品，同时也是一种营养食品。

一、实验目的

了解并掌握雪糕的制作工艺，同时能够熟练操作及维护各种仪器。

二、实验原理

雪糕是以稀奶油为基本原料，其中加入牛乳、水、甜味剂、酸味剂、香精、色素、稳定剂等辅料，经冰结而成。雪糕的总固形物和脂肪含量较冰激凌低。

三、加工实例（罗洛雪糕）

1. 实验材料与设备

（1）原辅材料：牛乳、奶油（植物油）、炼乳、全蛋粉、葡萄糖浆、蛋白糖、乳清粉、鸡蛋、稳定剂、乳化剂、香精和色素等。

（2）主要仪器设备：搅拌器、精密电子天平、分析天平、夹层锅、均质机、冷却器、冷却槽、自动转动式雪糕冷冻机、灌装机、离心泵、插棍架、取出器、巧克力涂布器、恒温加热罐、清洗机、包装机和冰柜。

2. 实验内容

（1）工艺流程

原料预处理→原料配制与混合→杀菌→均质→冷却→老化→凝冻→插棍→去霜→脱模→巧克力涂布→包装→成品冷藏

（2）实验步骤

①雪糕的原料预处理、原料配制与混合、杀菌、均质、冷却、老化等操作技术与冰激凌的操作步骤和要求一致。

②凝冻：用凝冻机，对配料进行凝冻处理。物料进入凝冻机前，要对凝冻机进行清洗与消毒，然后加入50%～60%凝冻机容积的料液量，膨化雪糕要进行轻度凝冻（膨胀率为30%～50%），控制好凝冻时间，出料温度控制在－3℃，而且料液不能过于浓厚，否则会影响浇模的质量。

③插棍：木棍必须准确地插入雪糕的中央，而且要插直。这不仅保证产品外观，并且保证下道工序有效地取出雪糕。插棍装置使用成捆的插棍，由人工把它放在插棍架上。在连续冷冻机上每行都有一个插棍架，插棍分配器可以根据各种棍的长度和材料来调整。每行的插棍都均匀分散，如果其中一行被堵塞，其他行仍可正常分配。

④去霜：冷冻过程一完成，雪糕的外层必须去霜，以使雪糕能从模子取出。连续雪糕冷却机中的雪糕的去霜是通过用温度约25℃的盐水喷射模子的下侧来进行的，盐水可用电加热元件或用蒸汽加热。若用热水去霜，有可能冲稀冷冻系统中盐水的浓度。

⑤脱模：去霜以后，可将雪糕取出。取出装置，为单独地将雪糕取出来，每行一个夹子能牢固地夹住插棍，并把雪糕从模子中拔出。这些夹子安装在一个取出装置臂上，取出臂安装在雪糕机的一侧，如果用较大的雪糕机则安在两侧。

⑥巧克力涂布：在恒温加热巧克力罐加热巧克力，使其变成液体，同时为确保巧克力均匀，装有一台巧克力循环泵。

⑦包装：以卷筒材料为例。其宽度调节至特定的雪糕宽度。纸从卷筒被送入成型器，该成型器把纸制成筒状，雪糕被放入纸筒中，并用与雪糕冷冻机和包装机同步的记数器定位。包装纸由一组传动辊筒向前推动。传动辊筒的后面，装有封合辊筒。在采用聚乙烯涂布纸时，封合辊筒装有加热元件，加热至150～170℃的温度，进行纵向封口。如同纵向封合一样，横向封合也由内装的加热元件加热，并装有裁切已包装好的雪糕切刀，切断之后，装入纸箱，由传送带送到冷库中。

⑧冷藏：雪糕应保存在－20℃低温，相对湿度一般为85%～90%的冷藏库内。

第十一节　雪泥制品

雪泥（Ice frost）制品是一种松软型冷饮，在炎热的夏季可以作为消暑降温的饮品，给人们带来凉爽。

一、实验目的

了解并掌握雪泥的加工原理及操作方法。

二、实验原理

雪泥又称冰霜，是用饮用水、蔗糖等为主要原料，添加增稠剂、香料等，经混合、灭菌、凝冻等工艺制成的一种松软冰雪状的冷冻饮品。它含油脂量极少，甚至不含油脂，糖含量较高，组织较粗糙。

三、加工实例

1. 实验材料与设备

（1）原辅材料：牛乳、乳粉、蔗糖或阿斯巴甜（甜味剂）、柠檬酸（酸味剂）、果汁（或可可粉）、玉米淀粉、麦精、麦芽糊精、明胶、香精和色素等。

（2）主要仪器设备：搅拌器、冷凝器、冰柜、电磁炉、温度计、钢锅、钢勺、钢盆、过滤器、电子秤和榨汁机等。

2. 实验内容

（1）工艺流程

原料预处理→原料配制与混合→杀菌→添加色素→冷却→添加香精及果汁或果肉→包装→成品冷藏

（2）实验步骤

①原料预处理及配制、混合：与冰激凌的操作方法相同，见本章第九节四（2）①～②。

②杀菌：混合料需经杀菌，才能进行后继操作。杀菌既保证了混合料卫生，又使淀粉充分糊化且使其黏度增加。杀菌条件：温度为80～85℃，保温10～15 min即可。

③添加色素：事先将色素配制成1%～10%的溶液，在混合料液保温时均匀且缓慢加入配好的色素溶液，而且需边加入边搅拌，切不可直接将色素倒入。

④冷却：混合料液在冷却设备中迅速降温冷却至2～5℃。冷却温度愈低，则冰霜的凝冻时间愈短。但料液的温度不能低于−2℃，否则温度过低会造成料液输送困难。

⑤添加香精及果汁或果肉：冷却后，立即采用边搅拌边缓慢加入香精及经杀菌后的果汁。如果生产果肉冰霜，要先对果肉进行杀菌处理，并将果肉冷却到2～5℃时，方可添加到凝冻机中。

⑥包装：凝冻后的雪泥通过冰激凌灌注机或杯子灌装机灌注，包装形式为冰砖或杯型。

⑦储藏：包装好的冰霜产品应及时送−20～−18℃的冷库内储藏。

思考题

1. 在发酵酸乳过程中为什么能引起凝乳?
2. 酸奶发酵生产中常见的质量缺陷及有效的控制办法有哪些?
3. 活性乳酸饮料加工过程中关键点是什么，应如何控制?
4. 奶油生产中中和的目的是什么?
5. 压炼的目的是什么?
6. 简述干酪的概念、种类和营养价值。
7. 试述影响凝乳酶作用的因素有哪些?
8. 加快干酪成熟的方法有哪些?
9. 乳粉中会发生哪些质量问题?
10. 乳清粉的具体应用有哪些?
11. 冰激凌的主要缺陷及产生原因有哪些?
12. 冰激凌、膨化雪糕对生产原料组成有何要求?
13. 影响冰激凌、雪糕膨胀率的因素主要有哪些?

第四章　肉品工艺学实验

第一节　德州扒鸡

德州扒鸡又称德州五香脱骨扒鸡，是山东德州的著名地方特产，由于制作时扒火慢焖达到“热中一抖骨肉分”的程度，因此也称为“德州五香脱骨扒鸡”。德州扒鸡因其具有色泽金黄、鸡皮光亮、肉质肥嫩、香气扑鼻、五香脱骨、味道鲜美等特点，倍受人们青睐，素有“天下第一鸡”之美誉。德州扒鸡的造型为全鸡呈卧体，两腿盘起、爪入鸡膛、双翅经脖颈由嘴中交叉而出，十分美观。

一、实验目的

熟悉德州扒鸡的加工工艺流程，掌握该产品的制作方法，熟悉各个工序的技术要点，了解有关常用设备。

二、实验原理

SB/T 10611—2011《扒鸡》中扒鸡的定义为“原料鸡经造型、糖浆或蜂蜜浇灌或涂抹、植物油炸、配以辅料，煮、煨、焖而成的产品”。德州扒鸡作为一种中式酱卤类肉制品，加工过程中主要涉及的工艺为煮制。煮制是采用水、蒸汽等加热方式处理原料肉，对其进行热加工的过程。煮制的目的是使原料肉及其辅助材料发生一系列的变化，使产品达到熟制，更易被消化吸收，并形成产品独特的色、香、味、形，微生物在此过程中也被杀灭，因此提高了产品的贮藏性能。

煮制过程中，肌肉蛋白质受热发生凝固，产生了与生肉不同的硬度、齿感、弹力等物理特性变化，使产品形态得以固定；凝固的蛋白质保水性降低，蛋白质的酸性基团减少，且发生了分子结构的变化，易于受胰蛋白酶的分解作用，更易被消化吸收。

同时，加热导致肉中水溶性成分变化，从肉中渗出的汁液也含有大量的水溶性浸出物，如易分解的胺类、羰基化合物、低级脂肪酸等，赋予了煮制肉的特征风味。加热过程也使脂肪熔化流出，释放了一些与脂肪相关的挥发性化合物，发生了脂肪的水解、氧化等反应，加之呈游离状态的氨基酸、肽、次黄嘌呤核苷酸等水溶性成分、香料以及糖等成分相关的一系列反应，赋予了产品独特的风味。

在酱卤肉制品生产中，火候掌握十分重要，其原则为“以急火求韧，以慢火求烂，先急后慢求味美”，这样生产出来的成品味道好且不过烂。因此，火候掌握是酱卤肉制品加工的一个关键。

三、加工实例

1. 实验材料与设备

（1）原辅材料：按总质量为 100 kg 的白条鸡计算，酱油 2000 g、食盐 1750g、生姜 125 g、白芷 62.5 g、桂皮 62.5 g、八角 50 g、山奈 37.5 g、草豆蔻 25 g、小茴香 25 g、肉蔻 25 g、草果 25 g、陈皮 25 g、花椒 25 g、丁香 12.5 g、砂仁 5 g。

（2）主要仪器设备：冷藏柜、宰杀刀、煤气灶、油炸锅、蒸煮锅、铁箅、钩子、漏勺、塑料盆。

2. 实验内容

（1）工艺流程

原料选择→宰杀→去内脏、整形→涂色、过油→焖煮→出锅→成品

（2）实验步骤

①原料选择：选择卫生检验合格、重量为 750 g 以上的活鸡。

②宰杀：用利刃将活鸡宰杀，放净血后入 65℃左右的热水中浸透，煺尽全身羽毛及腿爪等处的老皮。

③去内脏、整形：在鸡臀部开口，摘取内脏后冲洗干净，沥净血水，然后将鸡双腿盘起，双爪从臀部折回放腹内，两翅从嘴内交叉伸出，将再头部往腹部塞回一点，使头部抬起，令其形似“鸭浮水面”，再晾干表皮水分。

④涂色、过油：将造型完毕的鸡全身涂抹一层糖色（或蜂蜜水），再逐个入沸油锅中炸制，炸至鸡身呈金黄色即可捞出，不要炸过火。

⑤焖煮：锅底先放一层铁箅，将炸过的鸡按老嫩依次放入锅内排好，加上配好的调料，倒上老汤，上面压上铁箅，烧沸后改小火慢慢焖煮。焖煮时间：雏鸡为 6～8 h，多年鸡为 8～12 h（可先用大火煮 1～2 h 后再改小火）。

⑥出锅：用钩子钩住鸡头部，徐徐上提，再用漏勺适时接扣，保持鸡体完整，出锅后即为成品，出品率为毛鸡的 50%左右。

（3）成品评价

产品感官指标：色泽金黄，肉质粉白，皮透微红，肉嫩软烂，油而不腻，鲜香味美，色形俱佳，风味独特。

3. 注意事项

（1）配方中的加盐量，可依季节和调汤多少而灵活掌握。调料应分别碾碎，再装入纱袋内入锅。

（2）原料鸡选择时，以中秋节后的鸡为佳，这时的当年鸡体重为 1 kg 以上，肉质肥嫩，味道鲜美，是加工扒鸡的理想原料。

（3）焖煮前，在锅底放一铁箅的目的是防止长时间加热过程中出现糊锅；煮制过程中，随着鸡肉变熟体积变小，上面的铁箅也不断下沉，锅表面会出现一层浓油，由于油层封锅，鸡肉易熟烂，滋味不散失，使成品味道极佳。

（4）因扒鸡焖煮时间较长，容易破皮掉头，出锅时要减小火力，使锅内保持冒气而不泛泡的状态。

（5）出锅时，捞取动作要轻，钩子、漏勺要拿稳、端平，看准下钩位置，钩子要正好钩住鸡头部，徐徐上提，再用漏勺适时接扣，方能保持鸡体完整。

第二节　清蒸牛肉罐头

清蒸牛肉罐头是我国传统的罐头出口产品，它是以牛肉为原料经去皮等加工处理、生装罐、加调味料、密封、杀菌制成的清蒸类肉罐头制品。清蒸类罐头是肉类罐头中生产过程比较简单的一种，其基本特点是最大程度地保持肉类的原有风味。制作时，将处理后的原料直接装罐，再在罐内加入食盐、胡椒、洋葱、月桂叶等调味料。原、辅材料装罐后，经排气、密封、杀菌，制得清蒸牛肉罐头产品。

一、实验目的

掌握清蒸类肉罐头制品的加工工艺流程与操作要点，掌握相关设备的使用方法，能够进行该类制品的加工。

二、实验原理

罐藏食品是将处理好的原料连同辅料（盐水、调味料等）装入密封容器内，以隔绝外界的空气和微生物，再经高温处理，使其内容物达到“商业无菌”的状态，并继续维持该密封状态，消除了引起食品变质的主要原因，借以获得在室温下长期贮存的食品保藏方法。罐头“商业无菌”是指罐头经适度热杀菌后，不含有腐败菌和致病性微生物，也不含有常温下能繁殖的非致病性微生物的状态。

清蒸牛肉罐头是一种制作工艺简单、风味独特、携带方便的罐头制品，其加工工艺的重点是热杀菌，热杀菌的目的有三：一是杀死一切可导致罐内食品腐败的腐败菌和产毒致病的微生物，二是钝化可引起产品品质变化的各种酶类，三是对原料进行调煮，形成清蒸类罐头制品独特的风味、质地等品质。微生物是影响清蒸牛肉罐头品质与安全性的关键因素。生产上总是选择耐热性最强、最常见、最有代表性的腐败菌或致病菌作为产品的杀菌对象菌。一般认为，肉类罐头杀菌中主要对象菌为厌氧条件下能生长且产毒的肉毒梭状芽孢杆菌，一般规定为每一万亿罐中可以检出一罐有此对象菌即为商业无菌。

罐头热杀菌过程中，控制其杀菌条件的主要因素为温度、时间和反压力，在罐头生产中常以“杀菌公式”的形式来表示，即把杀菌温度、时间及冷却时压住罐头防止“涨听”的反压力排列为公式的形式。本实验中，清蒸牛肉罐头的杀菌过程为：

$$\frac{15\text{min}-75\text{min}-20\text{min}}{121℃}$$

上式表示杀菌温度为121℃，由初始温度升至121℃时所需的时间（即升温时间）为15 min，保持121℃的恒温杀菌时间为75 min，杀菌结束后由121℃降至40℃以下时所用的时间（即降温时间）为20 min。

三、加工实例

1. 实验材料与设备

（1）原辅材料：以8117＃罐型为例，每罐净质量为550 g，其中牛肉480 g、熟牛油44 g、精盐6 g、洋葱20 g，白胡椒粉0.25 g，月桂叶0.5～1片。

（2）主要仪器设备：冷藏柜、加热灶、台秤、砧板、刀具、盆、蒸煮锅、杀菌锅。

2. 实验内容

（1）工艺流程

原料解冻→修整→切块→复检→装罐→排气、密封→杀菌、冷却→吹干、入库

（2）实验步骤

①原料解冻：原料需经卫生检验合格。若以冷冻牛肉为原料，将其置于解冻架上解冻，解冻间温度控制为16～18℃，相对湿度为85％～90％，解冻时间控制在18 h以内，解冻结束时最高室温应不超过20℃，解冻后牛肉中心温度不超过13℃，其肉色应鲜红、有光泽，脂肪呈乳白色或微黄色，不允许留存冰结晶。若为鲜品原料的排酸，温度应控制为15℃，时间控制为72 h以上。

②修整：将原料肉去除毛污、杂质，去皮、去骨，清洗干净，并仔细剔除掉肉表面带有的粗组织膜、淋巴、粗血管、淤血、碎骨、软骨、大块脂肪及其他杂质。

③切块：将修整好的牛肉，按部位将牛腩肉、牛胸肉切成长、宽各为6.5 cm的肉块，腱子肉切成4 cm左右的肉块，其他部位切成5 cm的肉块，每一肉块质量控制在120～160 g。洋葱清洗后切为洋葱圈或绞细。

④复检：切好的肉块需逐块进行复检，按肥瘦分开，以便搭配装罐。

⑤装罐：装罐前将空罐清洗消毒，将切好的肉块定量装于罐中，控制在3～5块/罐，块型大小应尽量均匀，在添秤时控制小块不超过一块。按配方在罐中加入牛油、精盐、洋葱、胡椒及月桂叶。

⑥排气、密封：加热排气，先经预封，罐内中心温度不低于65℃。

⑦杀菌、冷却：密封后立即杀菌，杀菌温度121℃，杀菌时间90 min，杀菌后立即冷却到40℃以下。

（3）成品评价

清蒸牛肉罐头具有原料特有风味，色泽正常，肉块完整，无夹杂物，具体感官要求可参考 GB/T 13514—1992《清蒸牛肉罐头》，见表 4－1。

表 4－1　GB/T 13514—1992 中对清蒸牛肉罐头制品的感官要求

项　目	优级品	一级品	合格品
色　泽	肉色正常，在加热状态下，汤汁呈淡黄色至黄色，允许轻微混浊、沉淀	肉色较正常，在加热状态下，汤汁呈黄色呈浅褐色，允许稍有沉淀及混浊	肉色尚正常，在加热状态下，汤汁呈黄褐色至棕褐色，允许有沉淀及混浊
组织形态	肉质软硬适度，在汤汁溶化状态下，小心自罐内取出肉块时，不允许碎裂。550g 每罐装 3～5 块，块形大小大致均匀，允许添称小块不超过 1 块，不允许有粗组织膜	肉质软硬较适度，在汤汁溶化状态下，小心自罐内取出肉块时，允许个别肉块有碎裂。550g 每罐装 3～5 块，块形大小较均匀，允许添称小块不超过 2 块，不允许有粗组织膜	肉质软硬尚适度，在汤汁溶化状态下，小心自罐内取出肉块时，允许有碎裂现象，每罐装 3～7 块，块形大小尚均匀，允许添称小块不超过 2 块，发现个别肉块有粗组织膜
滋味、气味	具有清蒸牛肉罐头应有的滋味和气味，无异味		

3. 注意事项

（1）原料选择时需注意，应首先选用健康状况良好的活牛，经屠宰后检验合格，去除头、蹄、内脏、皮、骨、淋巴、腺体等非肌肉部分后，经过冷却排酸的新鲜肉或冷冻肉。未经排酸的肉、外观不良、有异味的肉、冷冻/解冻超过两次的肉均不可使用。

（2）切块时注意大小尽量均匀，以减少碎肉的产生。

（3）月桂叶应夹在肉层中间，不能放在罐内底部，避免月桂叶与底盖接触易产生硫化铁。

（4）精盐和洋葱应定量装罐，不宜采用拌料装罐方法，以避免产生腌肉味和配料拌和不均匀现象。

（5）添称肉应夹在大块肉中间，注意装罐量、顶隙度，防止物理性胀罐。

（6）尽量使用涂料罐，防止空罐机械伤而产生的硫化铁污染。若使用素铁罐，素铁罐应进行钝化处理。

第三节　风干牛肉

风干牛肉也为称风干牛肉干、手撕牛肉干，是内蒙古特产，由草原黄牛肉经腌制、风干、油炸等步骤制成，具有耐咀嚼性好、味道香浓、久存不变质的特点。内蒙古自治区地方标准DB 15/432—2006《风干牛肉》中，对风干牛肉的定义为“用符合卫生要求的瘦牛肉为原料，经修割、切块、腌制、风干、炸制或烤制等工艺制成的具有民族传统特点的肉制品”。风干牛肉源于蒙古铁骑的军粮，携带方便，且营养丰富，含有人体所需的多种矿物质和氨基酸，自古以来素有“成吉思汗行军粮”之美誉。草原牧民自古就有凉晒牛肉的习俗，风干牛肉也是牧民招待贵客的食品。

现代工艺生产的风干牛肉，选择草原优质新鲜排酸黄牛肉为原料，在保留传统手工艺基础上，结合现代工艺配料、腌制、风干等工序制作而成，是居家、旅游、办公的饮食佳品。据分析，每100 g风干牛肉产品中，能量为3432 kJ，含有蛋白质84.02 g、脂肪38.03 g、碳水化合物35.35 g、胆固醇296 mg、维生素A12 μg、硫胺素0.17 mg、核黄素0.57 mg、烟酸24.68 mg、维生素E16.5 mg、钙33.66 mg、磷866.1 mg、钾860.42 mg、钠1414.52 mg、镁88.16 mg、铁15.48 mg、锌16.7 mg、硒20.36 μg、铜0.51 mg、锰0.81 mg。

一、实验目的

掌握风干牛肉制品的加工工艺流程与操作要点，掌握相关设备的使用方法，能够进行该类制品的加工。

二、实验原理

肉的风干即在自然条件或人工控制条件下，通过加速空气流动，促使肉中水分蒸发的一种工艺过程。通过对产品水分含量的降低，使产品具有质量轻、体积小、食用方便、风味独特、便于保存和携带的特点。

风干既是一种保存手段，又是一种加工方法。风干牛肉的工业化生产均采用控制温度、湿度和风速等条件下的人工风干，风干过程中肉中水分的流失情况不仅决定风干肉的最终含水量、水分活度与出品率，也对产品的质构、口感和卫生品质产生重要影响。风干是通过脱去肉中的一部分水分，使微生物的生长繁殖和酶的活性受到抑制，从而达到延长贮藏时间的目的。众所周知，水分是微生物生长繁殖必需的营养物质之一，肉品中可被微生物和酶利用的那部分水，称为有效水分。在食品加工上，用水分活度（Aw）来表示有效水分的多少。水分活度即为食品中水分的蒸汽压（p）与纯水在相同温度时的蒸汽压（p_0）之比值。微生物的生长繁殖与水分活度值有密切联系，水分活度值决定微生物生长所需要水的下限值。通常，多数细菌在Aw为0.9以下即停止生长，多数霉菌在Aw为0.8以下停止生长，Aw为0.6以下时，微生物不能生长繁殖。本实验中，对牛肉进行风干处理，即为通过干制降低Aw的过程，风干肉制品的Aw多为0.60～0.67，因此被看作是低Aw的安全食品，如此低的Aw可以抑制风干肉制品中绝大多数微生物的生长。

空气流速是影响风干肉制品品质的重要因素之一，空气流速快，可及时将聚积在肉表面附近的饱和湿空气带走，以免阻止其内部水分进一步蒸发，使得肉制品干燥速率愈快；干燥介质（流动空气）的湿度也可影响风干肉制品的品质，干燥介质愈干燥，肉品干燥速度也愈快，这是由于越干燥的空气，其接纳、吸收蒸发水分的能力越强。

风干肉制品的外包装一般采用塑料薄膜以隔绝水分，低温或常温下避光贮藏，有时也在包装袋内放置干燥剂，主要是为了防止脂肪氧化和酶的作用。

三、加工实例

1. 实验材料与设备

（1）原辅材料：以原味风干牛肉为例，原料：黄牛后腿肉、植物油；辅料：以修整好的牛肉条 100kg 计，食用盐 1kg、绵白糖 0.1kg、味精 0.1kg、老抽 0.15kg、鸡精 0.10kg。

（2）主要仪器设备：冷柜、吊钩、烟熏炉、油炸锅、暖风机、滚揉机、蒸煮锅、杀菌锅、台秤、砧板、刀具、盆等。

2. 实验内容

（1）工艺流程

原料解冻→修整→切条→腌制→吊挂→风干→切制→蒸煮→油炸→包装→杀菌→成品

（2）实验步骤

①原料解冻：选择检疫合格的冷冻黄牛后腿肉作为加工风干牛肉的原料，也可按选择已按部位分割好的冷却排酸牛肉，可选择的部位主要有米龙、大黄瓜条、小黄瓜条、霖肉等精瘦肉较多的部位。若选择冷冻肉为原料，应先将原料肉解冻，控制解冻温度为 4～10℃，湿度为 95%～100%，解冻至肉内无冰心。

②修整：洗去原料肉表面的浮毛、血污，并将原料肉表面的脂肪、筋膜、淤血和大血管等全部剔除，注意在剔除过程中不能伤精肉，使原料肉外观成为无脂肪、无筋膜的精瘦肉。

③切条：切割时可戴上切割用的钢丝手套，先沿水平方向用刀，将原料肉切成厚度为 2 cm 的厚肉片，再继续重复水平切割。若原料肉形状不规则，则切到最后一刀时不要断开，保留 2～3 cm 不再切割，使上下两片原料肉可连为一体。

将已经切成片状的原料肉平铺在案板上，下刀时，应平行于肌肉纤维的纹理方向下刀，即顺丝切制成 2 cm×2 cm 的长肉条（霖肉和臀肉可切为 1.8 cm×1.8 cm）。此步刀法可采用两刀一断开或三刀一断开：当肉片较长时，第一刀可在距原料肉边缘 2～3 cm 处时不切割，使原料肉相连，第二刀时才全部断开；当肉片较短时，可相连切割两刀，至第三刀再切断。总之，使切成条状的原料肉长度基本统一为 50 cm 左右，方便风干时吊挂。将切好的肉条码放整齐，放入专用容器内。

④腌制：准确称取所需各辅料，按 2%的加水量加水稀释，均匀搅拌后，将溶解好

的辅料缓慢倒入盛放原料肉的容器内，可边倒边搅拌，使其与原料肉进行均匀混合，注意保证调料与原料肉充分接触。若物料量较大时，也可以将原料肉与溶解好的辅料分三次送入滚揉机内，边加肉边加辅料，慢速间歇滚揉 10 min（根据物料量自行调整滚揉参数）。将混合好的物料以松散的自然态放在容器内，封好保鲜膜，在 0～4℃下腌制 12～18 h。

⑤吊挂：用挂肉钩将腌好的肉条连起，控制长度为 1.5m 左右，将肉条依次悬挂在风干架上，肉条间距约为 10 cm，使肉条无滴水、不触地、不紧挨、不折叠。

⑥风干：打开暖风机和排潮风机，将风干室肉温度控制为 25～30℃，湿度低于 50%，同时注意避免原料肉被阳光直射。经风干 24～48 h 后（根据风干条件，风干时间有可能不相同），肉条重量降为风干前的 40%左右时，可以将肉下架。风干好的肉外面形成巧克力色、略感坚硬的保护膜，肉里有弹性，切开断面颜色一致。

⑦切制：将下架的半成品进行二次切制，取中部切成 8～10 cm 长条，此为优等品。剩下部分按形状、品质进行分类摆放，一类长度为 5 cm 左右，另一类为 3 cm 以下的三角块。

⑧蒸煮：设置烟熏炉为蒸煮单工艺，温度为 95～100℃，蒸煮 25 min，并继续不出炉热焖时间 20 min，再开炉排风，肉条出炉摊晾。

⑨油炸：炸制油温为 185～190℃，调整好浸炸速度，使油炸时间控制为 60～90 s，淋掉肉干表面的植物油。将肉条置于筛子上单层摊晾，使肉干的最终中心温度降至 20℃。

⑩包装：调整好真空包装机的工作参数，将牛肉干放在真空包装机的模具里进行包装，填装肉条时，每个槽内不超过 2 块肉，做到美观饱满。

⑪杀菌：将包装好的牛肉干放进杀菌锅内进行灭菌，灭菌温度为 95℃，灭菌时间为 30 min，完成杀菌后，出锅并迅速在冷水锅内冷却 30 min，使产品中心温度降至 20℃，擦袋，去掉产品表面水分，得到成品。

（3）成品评价

风干牛肉应具有该产品应有的特色风味，肉丝可撕动，入口有嚼劲，具体感官要求可参考 DB 15/ 432—2006。

3. 注意事项

（1）切成粗长条后连起吊挂是内蒙古风干牛肉的特色工艺，因此切条时需严格按照实验步骤中所述的方法与要求进行操作，以获得长度适宜、品质均一风干肉半成品。

（2）肉条吊挂时，连刀处连接经常会比较大（即粗于标准条形），可用刀向内切一下，再轻轻用手捋顺，使其恢复自然状态。

（3）DB 15/432—2006 中，对风干牛肉水分、蛋白质含量有明确规定，且此两项指标为强制性指标，因此应在风干、摊晾等步骤对水分含量进行跟踪测定，以保证产品满足标准要求，必要时可在摊晾前再增加一次干燥处理。

（4）产品应贮存于阴凉、干燥、通风的环境中，严禁露天堆放、日晒、雨淋或靠近热源等。

第四节　发酵羊肉香肠

发酵香肠是以正常屠宰的健康猪肉或牛、羊肉为主要原料，经绞碎或粗斩，添加糖、盐、发酵剂、香辛料和（亚）硝酸钠等辅助材料，混合后灌入可食性肠衣中，经发酵、干燥、成熟等工艺制成的肠类肉制品。由于发酵过程中，微生物和酶的作用使得肉中蛋白质、脂肪和碳水化合物等底物降解，形成了此类制品特有的发酵香味。著名的发酵香肠产品有意大利的色拉米香肠、美国的熏香肠、德国的图林根香肠和黎巴嫩肠等。

发酵香肠的生产工艺较为复杂、条件要求较为严格，且产品质量受周围环境的影响较大，品质不易控制，因而经常使用混合发酵剂来生产香肠，以提高其品质。混合发酵剂中的微生物主要包括各种乳酸菌、片球菌和微球菌等。

羊肉是我国三大主要食用肉类之一，其肉质细嫩、味道鲜美，含有丰富的营养。每 100 g 羊肉含有蛋白质 13.3 g，脂肪 34.6 g，碳水化合物 0.7 g，钙 11 mg，磷 129 mg，铁 2.0 mg，还含有维生素 B 族、维生素 A、烟酸等。祖国医学认为，羊肉性热、味甘，有补虚益气、温中暖下、益肾助火、养胆明目、利脾健胃等保健功能，其食用、药用价值自古以来就享有较高的评价。但是，由于羊肉具有较强烈的膻味，使得它并未受很多人的喜爱。本实验采用发酵工艺，将羊肉制成发酵香肠，以减弱其膻味，并获得具有独特风味、质地与口感的长保质期肉制品。

一、实验目的

要求了解发酵香肠的加工原理与操作流程，并熟练掌握其加工方法。

二、实验原理

根据发酵程度，发酵肉制品可分为低酸性发酵肉制品与高酸性发酵肉制品，其划分依据为成品的 pH 值。发酵程度是决定发酵肉制品品质的最主要因素，传统上认为低酸性发酵肉制品的 pH 值为 5.5 或大于 5.5。与中国香肠的高温干燥不同，欧州的传统发酵香肠通常是低温发酵与干燥，这种处理手段抑制杂菌的效果，有时可与盐浓度达到一定水平时相媲美。欧式的低酸性发酵干燥肉制品有两个显著特点：一是发酵干燥时间长，二是不添加碳水化合物或温度控制较低，产品的最终 pH 值在 5.5 以上，且通常 pH 值为 5.8～6.2。

与低酸性发酵制品不同，大多数高酸性发酵肉制品采用发酵剂接种，发酵剂中有能发酵碳水化合物而产酸的菌种，使成品的 pH 值降至 5.4 以下。本实验中采用的即为发酵剂接种工艺的高酸性发酵肉制品。高酸性发酵肉制品发酵过程中主要发生了以下变化：

①由碳水化合物降解形成的乳酸，使 pH 值降至 5.4 以下，抑制了大多数不良微生物。

②由于使用了发酵剂，失重通常比低酸性发酵肉制品低，失重 15%～20%足以达到 aw 要求。

③低 pH 值和低 Aw 使初始菌群被选择淘汰，这与低酸性发酵肉制品类似，但高酸性发酵肉制品中由于 pH 值较低，葡萄球菌受到抑制。

④蛋白酶降解肌肉蛋白，故肌原纤维蛋白和肌浆蛋白数量下降，肽、氨基酸及氨浓度增加，使 pH 值略微升高。

⑤某些发酵剂和肉类微生物具有水解脂肪的能力，使脂肪被水解形成脂肪酸，改善成品风味。在成熟期间虽然酸量增加，但并无酸败现象。

⑥亚硝酸盐残留量低。

三、加工实例

1. 实验材料与设备

（1）原辅材料：以 1 kg 原料肉计，新鲜羊后腿肉 780 g、猪背脂 220 g、食盐 25 g、蔗糖 5 g、葡萄糖 5 g、胡椒粉 5 g、姜粉 5 g、味精 1 g、硝酸钠 0.1 g、亚硝酸钠 0.07 g、抗坏血酸钠 0.5g、发酵剂（戊糖乳杆菌、戊糖片球菌和肉糖葡萄球菌按 2∶3∶1 的配比制成的混合发酵剂）20 g。

（2）主要仪器设备：砧板、刀具、天平、台秤、不锈钢盆、恒温恒湿发酵箱、冰箱、灌肠机、烟熏炉、温度计。

2. 实验内容

（1）工艺流程

原料肉选择、预处理→绞肉→调味（发酵剂）→腌制→灌装→发酵→干燥→成熟→成品

（2）实验步骤

①原料肉的选择与预处理：选择刚刚屠宰的羊肉，除去硬筋、腱、粗血管等结缔组织，以及软骨、淤血、淋巴等，并检查是否有小块碎骨和杂质残留。

②绞肉：将整理后的精肉块用 2～3mm 孔径筛板的绞肉机绞碎，猪背脂切成小丁，此步骤注意控制原料的温度不能高于 0～4℃。

③调味：按配方加入各种调味料、添加剂，并混匀。

④接种：使用灭菌的生理盐水将菌泥悬浮，调整菌泥的浓度，控制菌体浓度在 10^7 cfu/g左右。将肉与发酵剂充分混匀。

⑤腌制：将肉馅放在腌制盘内，一层层压紧，在 4～10℃下腌制 48～72 h，在腌制期间，硝酸盐由片球菌、葡萄球菌等硝酸盐还原菌转化为亚硝酸盐，产生典型的腌制红色和腌制肉的风味。

⑥灌装：灌制前先将肠衣用温水浸泡，再用清水反复冲洗并检查是否有漏洞。使用灌肠机灌制，将肉馅装入灌肠机内，再将肠衣套在灌肠机的灌筒上，开动灌肠机将肉馅灌入肠衣内，每隔 25 cm 远用棉线打结。

⑦发酵：将灌装好的香肠吊挂在发酵间内开始发酵，控制发酵间温度为 30℃，相对湿度 95%～98%，发酵时间 20～35 h，使 pH 值降低到 4.8～4.9 时停止发酵。需要注意的是，发酵是为发酵菌提供适宜生长的温度、湿度及生长时间，以便产生乳酸及其他代谢产物，但是发酵也可能会导致腐败菌和致病菌生长，因此发酵条件应按照发酵剂提供商的建议而定。

⑧干燥与成熟：发酵结束后，可对产品进行干燥，干燥分为两个阶段：控制干燥室的空气流速在 0.05～0.10 m/s，温度为 14～15℃，相对湿度在 85%～90%，干燥 1.5 d；温度为 14～15℃，相对湿度在 75%～80%，干燥 2 d。在干燥室内发酵羊肉香肠每天的干耗应控制在 0.7%以内。继续控制温度为 13～14℃，相对湿度在 65%～70%，成熟 2 d。

⑨包装：使用真空包装机，将发酵香肠进行真空包装，得到成品。

（3）成品评价

包装无破损，羊肉香肠无腐臭、异味、酸败味，切面呈均匀的蔷薇红色，无空洞。肠体有弹性，切片完整，能够切薄片，切片可以折叠，切面无密集气孔且没有直径大于 3 mm 的气孔，无汁液渗出，无异物。

3. 注意事项

（1）原料的选择

要求选择刚屠宰的羊肉作为原料肉，这是由于此原料肉的初始污染菌数少。产品在生产过程中，要在一定的时期内置于适当温度下供微生物生长，而若采用初始菌数较高的原料肉，即使使用了发酵剂，也会由于原料肉中较高的微生物含量而造成有害微生物的生长，从而使产品失去风味甚至造成产品腐败变质。

水分含量也是选择原料时的重要考查指标。任何影响水量的因素都会影响微生物的活性。肉的水分含量越高，发酵的速度就越快。瘦肉占的比例越大，脂肪占的比例越少，其水分含量则越高，pH 值下降也就越快。若采用水分含量较少的冻干肉，则会延缓了初始的发酵速度。

肉的初始 pH 值影响后续发酵时间和最终 pH 值，pH 值较高的肉需要更多的酸才能达到最终 pH 值。体系中缓冲物质含量越高，缓冲力越大，pH 值下降速度越慢，肉总的发酵时间延长，较低的 pH，不仅仅是保存和风味方面的需要，对产品干燥也起促进作用，这是由于肉的 pH 越接近其等电点，失水也就越快。因此许多厂家要求 pH 较低的原料肉。

（2）绞肉

绞肉时必须控制原料的温度不能高于 0～4℃。这是由于当肉与机器摩擦可导致温度升高，使肌肉蛋白变性、凝固。

第五节　速冻台湾风味烤香肠

速冻台湾风味烤香肠是指以冷却排酸猪肉为主要原料，绞切、腌制处理后，添加香料、辅料搅拌，经灌肠、扎节、吊挂、干燥、蒸煮、冷却、真空包装，再急速冻结至－25℃以下，于冷冻状态下（－18℃以下）储藏，食用前需要滚动电烤或煎烤使其熟制的香肠制品。台湾风味烤香肠因其香味浓郁、色泽鲜润、口感脆爽、口味甜润，并具有特殊的香辛料风味，深受儿童、女士等主要消费群体的喜爱。

传统台湾风味烤香肠是以猪肉为主要原料，但为迎合清真口味需要以及降低成本的考虑，现在工业化生产的产品中通常含有鸡肉或牛肉，其味道可能略有变化，但其配方中适当含量的脂肪不能被取代。本产品制作的主要工艺为灌制，现在通常在商场、餐厅、超市和其它人口流动密集的场所，采用滚动烤肠机现场烤制后售卖，也可家中油煎、微波或蒸制后食用，食用方法简易方便，是任何时候均可食用的休闲肉类食品。由于该产品在贮存、运输、流通过程中均保持在－18℃以下，品质稳定、货架期长、易于保存，且安全卫生也易于控制，因此，近年来台湾风味烤香肠的生产销售势头遍及全国各地，前景十分广阔。

一、实验目的

掌握速冻台湾烤香肠的特点、制作原理与工艺，并着重理解其在生产中需要重点控制的工艺要点。

二、实验原理

台湾风味烤香肠的加工原理与其他香肠类产品相似，即肉中蛋白质的乳化与热胶凝过程。香肠加工中，使用斩拌机对肉进行斩拌有利于乳化状态肉糜的形成，其中，肉中的蛋白质即为一种乳化剂，其作用是使脂肪、水两相的界面张力降低，形成稳定的两相混合物。肉类乳化定义为由脂肪粒子和瘦肉组成的分散体系，其中脂肪球是分散相，可溶性蛋白质、水、细胞分子和各种调味料组成连续相。形成乳化肉糜体系时，盐溶蛋白、肌纤维蛋白与碎片、结缔组织及碎片等对乳化体系的形成或稳定起作用。通常，增加肌肉的斩拌时间，可以增加脂肪球上所吸附的蛋白层的厚度，可增强乳化稳定性。各种肌肉蛋白质中，肌球蛋白的含量最高，其乳化性也最好。

肌肉蛋白质主要分有盐溶性蛋白质、水溶性蛋白质和不溶性蛋白质。其中盐溶性蛋白质是一类能溶于中性盐溶液，并在加热后可形成具有弹性凝胶的蛋白质，主要由肌球蛋白、肌动蛋白和肌动球蛋白组成。当在低温且有盐的条件下对瘦肉进行斩拌时，可使盐溶性蛋白质充分提取、溶出，再将脂肪含量较高的肥肉加入继续斩拌，完成乳化过程。当继续对此半成品进行蒸煮时，肌球蛋白在受热至58～68℃时可发生凝固，其尾部α-螺旋结构的展开以及疏水区的相互作用，进而在分子间产生架桥，形成三维的网状结构，形成凝胶。

在实际的香肠类乳化肉糜体系中，即包括有肌球蛋白含量较多的肌原纤维，也包括富含胶原蛋白的结缔组织，还包括周围包裹着前两者的脂肪球（如图4－1所示）。当对此半成品加热时，其加热速率对乳化肉糜的品质具有非常大的影响，若加热过快或温度过高，脂肪球表面的蛋白质胶凝并包裹住脂肪球，但继续加热，脂肪球受热膨胀，而包裹于其表面的蛋白质膜则有收缩趋势，继续下去则使凝固的蛋白质膜被撑破，内部脂肪流出，使肠体表面过于油腻或产生油斑。

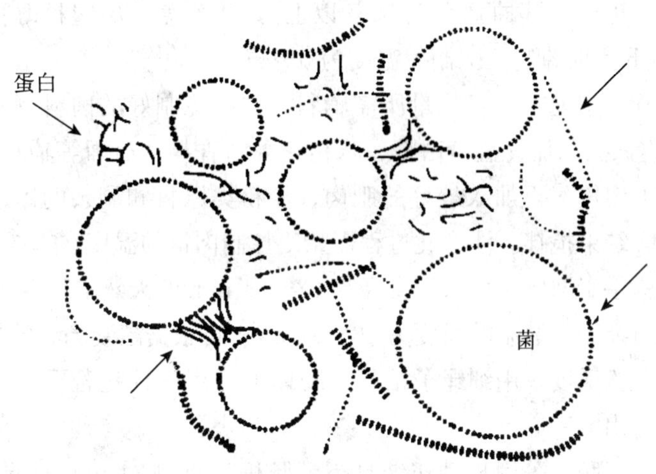

图4－1　肉类蛋白质对脂肪的乳化作用

三、加工实例

1. 实验材料与设备

（1）原辅材料：以100 kg原料肉为例，猪前腿肉85 kg、猪肥膘15 kg、食盐2.5 kg、P201复合磷酸盐750 g、白砂糖10 kg、味精650 g、D-异抗坏血酸钠80 g、卡拉胶600 g、大豆分离蛋白0.5 kg、猪肉香精精油120 g、香肠香料500 g、马铃薯淀粉10 kg、玉米变性淀粉6 kg、红曲红（100色价）适量、冰水50 kg。

（2）主要仪器设备：绞肉机、搅拌机、灌装机、烟熏炉、真空包装机、速冻机（库）等。

2. 实验内容

(1) 工艺流程

原料选择→修整→绞肉→腌制→配料、搅拌→灌肠→干燥→蒸煮→预冷→真空包装→速冻→品检、包装、冷藏→食用

(2) 实验步骤

①原料选择与修整：选择来自非疫区的、符合卫生要求的冷却（冷冻）猪肉、鸡胸肉和适量的猪肥膘为原料。合格的原料肉要及时进行修整，修去残留淋巴、软骨、碎骨、多余脂肪、筋腱和风干氧化层等，原料肉中心温度控制在−2～4℃。

②绞肉：使用绞肉机对原料肉进行绞制。先选用直径6 mm的绞肉机筛板，绞肉操作前，要检查金属筛板与刀刃是否吻合。建议在冷冻状态下（−4℃）将原料肉分别绞碎，即先将原料肉预冷，绞制前原料肉中心温度控制在−4～0℃，绞制后温度控制为0～6℃，温度高时必须进行降温。

③腌制：将原料肉中按比例添加食盐、亚硝酸钠、复合磷酸盐和冰水，搅拌混合均匀，压实肉馅（也可将其抽真空至80%以上），并覆盖一层塑料薄膜，放于低温库中，存放16～24 h完成腌制，腌制库温度为0～4℃。

④配料、搅拌：按配方准确称量所需辅料，先将腌制好的肉料倒入搅拌机里，搅拌5～10 min，再依次添加食盐、白糖、味精、香肠香料、白酒等辅料和适量的冰水，充分搅拌成粘稠的肉馅，再加入绞好的肥肉、淀粉类原料和剩余的冰水，继续搅拌至肉馅发粘、发亮，结束搅拌。注意此过程需始终控制肉馅的温度在10℃以下。

⑤灌肠：若为手工灌肠，可采用直径为22～24 mm的天然羊肠衣或20～24 mm的胶原蛋白肠衣进行灌制，灌制的长度为10～12 cm，可根据灌装肠衣的长度来控制肠体的重量，灌肠要紧松适度，用细绳子结扎，肠体上可用细针扎若干个小孔，便于加热时水分和空气的排出。

若为机械自动灌肠，采用自动扭结真空灌肠机，使用24 mm胶原蛋白肠衣灌装，灌装长度13 cm左右，单根重量60 g（相同质量的肠体大小与灌装质量有关），以300支/min为灌装速度上限，灌装机真空度要为97%以上，灌装好的产品应饱满、充实。扎节要均匀，牢固，吊挂时要摆放均匀，肠体之间不得挤靠、重叠，避免产品相互贴在一起，确保干燥通风顺畅。

⑥干燥、蒸煮：将摆放好的香肠送入烟熏炉干燥、蒸煮，以60 g产品为例，干燥温度设置为60℃，干燥时间20 min，干燥后即可蒸煮，可设为两段式蒸煮，一段设置温度为70℃，蒸煮20 min，二段设置温度为75℃，再蒸煮20 min，蒸煮结束后，排出蒸汽。

⑦预冷：香肠出炉后在通风处冷却至接近室温后，立即送入预冷室预冷，预冷温度要求0～4℃，使产品中心温度降至15℃以下。若不具备条件的，可在0～7℃的冷却间等温度比较低的干燥环境中进行冷却。冷却时间不超过4 h。

⑧真空包装：剪节，使肠体两端的肠衣残留长度以 0～2 mm 为宜。采用冷冻真空包装袋，分两层放置，每层 25 根，每袋 50 根，真空度控制在 70%～85%，真空时间 20 s 以上，保证封口平整结实，包装后产品不散开。

⑨速冻：包装好的产品最好在 4 h 内进行速冻，将产品送入－33～－28℃的速冻机或急冻库中，使香肠中心温度迅速降至－10℃以下，出库。

⑩品检、包装与冷藏：对产品的数量、重量、形状、色泽、味道等指标进行检验后，将合格产品定量装箱，封箱前在每箱产品内放置与香肠支数相同的烧烤专用竹签。装箱后的产品及时送入－18℃以下的冷藏库中储藏，产品温度－18℃以下，贮存期为 6 个月左右。

⑪食用方法：烤肠机温度达 120℃～150℃后放入香肠，烤制 20～30 min，烤熟后立即出售或在 90～100℃条件下保温待售；也可以采用微波炉、油煎、蒸制等加热方式烹饪后食用。

（3）成品评价

台湾风味烤香肠产品具体质量标准见表 4－2。

表 4－2　台湾风味烤香肠产品质量标准

项　目	标准
形　状	肠体外形饱满，粗细均匀一致，无破损。
长　度	产品长度均一，相差不超过 5 mm，产品两端齐整、美观。
色　泽	外观红润，均匀、有光泽，肉颗粒明显。
质　地	有弹性，无孔洞，弹性、切片性良好。
风　味	咸淡适中，香味浓郁，无异味。
包　装	摆放整齐，日期规范，封口平整严密，热合无皱折，贴标规范。
烤制要求	烤箱温度以 120～150℃烤制时，至 10 min 左右时开始出油，20～30 min 时烤熟，产品出油均匀、红亮，颜色均匀，膨胀均匀；4 h 后，产品收缩变形不明显为正常。
卫生指标	细菌总数小于 20 000 个/g；大肠杆菌群：阴性；无致病菌。

3. 注意事项

（1）腌制时，要求料斗内肉馅表面平整，并用塑料薄膜覆盖肉表面，用手拍紧使薄膜，使其与肉面贴合紧密，避免残留空气氧化肥膘。

（2）搅拌步骤需保证白糖、蛋白、胡椒粉等易结块的物料混合均匀，避免产生结块；辅料等可先与水混匀后再加入搅拌锅，以保证搅拌效果。但注意加料时要紧凑，以防搅拌过度，破坏肉颗粒。

（3）干燥、蒸煮参数与产品的规格、形状有关，具体可根据烟熏炉性能及出炉产品情况，适当调整干燥时间，若有表面产生油斑现象的产品，可适当延长前干燥时间。

（4）产品从冷却炉出来至开始真空包装，中间时间间隔不宜过长，最多为 4 h。

（5）在剪节后，包装或速冻之前，若香肠产品烤制时出油程度不能满足外观光泽的要求，则需均匀涂抹一层色拉油后，再进行包装或速冻。涂抹方法为将剪节后的香肠倒入干净卫生的案子（案子大小、堆放产品量以翻拌时产品不溢出案子为准），用酒精喷壶把色拉油喷洒到产品上面，并从下向上翻拌产品，使其充分混合，以保证每支香肠上都均匀地涂抹到色拉油。

（6）若使用急冻库速冻香肠产品，需将单包或每袋产品松散地放进筐子里速冻，不允许装箱后再速冻，否则会导致产品颜色发暗、变质等问题。

思考题

1. 德州扒鸡有何特点？
2. 德州扒鸡加工对原料选择有何要求？
3. 如何控制德州扒鸡的焖煮工序？
4. 加工清蒸牛肉罐头对原料选择有何要求？
5. 清蒸牛肉罐头加工时对装罐有何要求？
6. 如何控制清蒸牛肉罐头的杀菌工序？
7. 发酵羊肉香肠中，为什么要对原料肉的质量进行严格控制？杂菌等因素为什么会影响发酵香肠的品质？
8. 发酵香肠制品中，添加的食盐、糖类、香辛料等对发酵过程有何作用？
9. 干燥时为什么要控制空气流速、空气湿度等条件？
10. 风干牛肉的工艺特点是什么？
11. 为什么台湾风味烤香肠配料中需加入一定量的猪肥膘？
12. 为什么台湾风味烤香肠产品在烤制时可能发生爆裂现象？

第五章　蛋品工艺学实验

第一节　干蛋制品

干蛋制品是指以鲜鸡蛋或者其他禽蛋为原料，经脱水或干燥等工艺流程后制成的蛋制品，包括干蛋白片和干蛋粉两大类。其中干蛋白片富含蛋白质、维生素和微量元素，其成品具有预防与消除水肿、维持人体胶体渗透压、提高免疫力、降血压、促进骨骼等组织或器官发育等功效；而干蛋粉富含卵磷脂，其成品具有增强记忆力、减缓智力衰退等功效。干蛋制品因富含的蛋白质和磷脂类物质、体积小、便于贮运和运输，因此被广泛的应用于食品加工工业，我国主要生产全蛋粉和蛋黄粉。

一、实验目的

通过本项实验的学习，了解并掌握干蛋制品的制作原理与工艺，并进一步熟悉其加工特点及工艺要求和加工注意事项。

二、实验原理

干蛋制品是在人工条件下尽量去除鸡蛋或其他禽蛋的蛋液中的水分或使其保留较少的水分而制成的制品。干蛋制品有干蛋白片和干蛋粉两类，而干蛋粉又分为全蛋粉、蛋白粉和蛋黄粉三种，其中种类不同加工的工艺流程也不一致。干蛋白片是将鸡蛋或者其他禽蛋的蛋白分离出来，经过搅拌过滤、发酵、干燥等工艺制成的蛋制品；而蛋粉是将全蛋液、蛋白蛋液或者蛋黄蛋液经过搅拌、过滤、杀菌和喷雾干燥等工艺后得到的粉末状制品。

三、加工实验

1. 实验材料与设备

（1）原辅材料：鸡蛋、氨水。

（2）主要仪器设备：照蛋器、离心过滤装置、搅拌器、发酵罐、干燥箱、温度计、藤架、筛子、毛刷、酸度计、pH 计、烘盘、刮板、纱布等。

2. 实验内容

（1）工艺流程

原料蛋初检→清洗→杀菌→晾干→照蛋→打蛋→预冷→脱糖→过滤、杀菌→干燥→包装→成品贮存

（2）实验步骤

①原料蛋初检：对将用来作为的原料的蛋进行初步检查，将有破损的蛋或严重污染的蛋剔除。

②清洗：用毛刷清洗附着在蛋表面的杂物和微生物，尽量清洗干净，尤其大部分的肠道细菌。

③杀菌：将蛋放在漂白粉制备的消毒溶液中浸泡 5min 后取出，再放入 60 ℃的温水中浸泡 1～3 min，将蛋的表面的含氯的漂白粉溶液去除。

④晾干：因蛋外细菌可能随水分渗透进入蛋内而影响蛋液的安全与质量，所以清洗后的蛋将要及时晾干，确保蛋液的品质。

⑤照蛋：用照蛋器在灯光下对蛋逐一照检，剔除不能加工的劣质蛋，以确保产品的质量。

⑥打蛋：就是将蛋壳打破，取出蛋液的过程。打蛋又分为打全蛋和打分蛋两种。打全蛋是将蛋壳打开后不分离蛋黄和蛋白，直接混装在一个容器内；打分蛋是蛋壳打开后，再用打蛋器将蛋白和蛋黄分开，再分别放入两个容器中。打蛋是加工蛋制品的工艺中最为关键的一步。

⑦预冷：将经过搅拌均匀的蛋液，用蛋液泵打人预冷罐中，在罐中降温，这一过程称之为预冷，其目的是抑制蛋液中微生物的繁殖。

⑧脱糖：由于全蛋、蛋白或蛋黄都含有葡萄糖，其含量分别为 0.3%、0.4%和 0.2%左右。如果不将蛋液中的葡萄糖去除直接将蛋液干燥，葡萄糖分子结构中的醛基会与蛋白质分子结构中的氨基在储藏的期间发生美拉德反应，使产品褐变，同时也会使溶解度下降和变味。因此，对蛋液，尤其是蛋白液进行干燥前，必须除去葡萄糖，这就是所谓的脱糖。

脱糖方法有自然发酵法、细菌发酵法、酵母菌发酵法、酶法等，以下逐一介绍。

a. 自然发酵法脱糖：此法仅适用于蛋白，是在适宜的温度下，依靠蛋白液中所存有的发酵细菌，主要是乳酸菌对葡萄糖进行发酵生成乳酸等，从而达到脱糖的目的。此法的缺点是脱糖过程不易控制。

b. 细菌发酵法脱糖：此法也仅实用于蛋白中糖的发酵，是利用已知的纯培养的发酵剂对蛋白中的葡萄糖进行发酵，达到脱糖的目的。发酵剂所使用的细菌有产气杆茵、乳酸链球菌、粪链球菌、弗氏埃希氏菌、阴沟产气杆菌等细菌。27℃时，添加发酵剂后约 3.5 d 就可以去除蛋白中的葡萄糖。

c. 酵母菌发酵法脱糖：该法既可用于蛋白，也可用于全蛋液和蛋黄液中糖的发酵。常用的酵母有面包酵母和圆酵母。发酵过程仅产生醇和二氢化碳，不产酸，只需发酵数小时。对蛋黄液或全蛋液进行酵母发酵时，如果其粘度过高通过加水稀释降低粘度后再加入酵母发酵。

d. 酶法脱糖：该法也可以适用对于蛋白液、全蛋液和蛋黄液的发酵。通过生化反应，利用葡萄糖氧化酶及过氧化氢酶把蛋液中葡萄糖氧化成葡萄糖酸和水而达到脱糖的目的。反应要求发酵温度采用30℃或10～15℃两种，pH值在6.7～7.2之间效果最好。

⑨过滤、杀菌：蛋液脱糖后，需用40目的过滤器过滤，然后移入杀菌装置中进行冷杀菌操作。冷杀菌技术不仅可以杀灭微生物，而且不会影响食品的感观质量，处理过的蛋液的黏度、色泽、起泡性、泡沫稳定性、乳化能力等均没有明显变化，这是常规杀菌技术所不能比拟的，因此广泛应用于食品工业种的杀菌过程。现介绍两种冷杀菌方法：

a. 超高压杀菌法：将包装好的蛋液放入食用油、甘油、油包水的乳液等流体介质中，500 MPa，处理20 min，能够将蛋液中99.9%细菌杀死。

b. 高压脉冲电场杀菌：在电场强度为40kV/cm条件下，处理蛋液1 660μs，使得液蛋中的大肠杆菌数量为降到4.9 cfu/g、沙门氏菌为降到5.4 cfu/g、金黄色葡萄球菌为降到3.8 cfu/g以下。

⑩干燥：对除糖、杀菌后的蛋液即进行干燥处理。处理方法有：

a. 浅盘式干燥：将脱糖、杀菌后的蛋白放入不锈钢浅盘中，再将浅盘放入干燥箱内，利用54℃以下的热风长时间干燥。蛋液的厚度为1.5 mm时，需干燥3h左右；而蛋白的厚度为3 mm时则需要20h左右干燥。

b. 喷雾干燥法：该法是利用离心力，通过雾化器将脱糖、杀菌后的蛋液喷成分散的无数极细的直径为10～50μm的雾滴，从而扩大了蛋液的表面积。雾滴与热风接触，进行热交换，增加了水分蒸发速度，使微细的雾滴瞬间干燥变成粉末，以球形颗粒状降落于干燥室底部，水蒸气被热风带走，全部干燥过程仅为15～30s即可。

以上是所有干蛋制品的实验过程，但是干蛋白片还需要在干燥后完成以下两步操作流程：

第一步：晾白：也就是进一步烘干初步干燥的蛋白片，将含水量为24%的干蛋白片降到16%以下。条件：40～50℃，烘干4～5h。

第二步：拣选与焐藏：将完成烘干后的长度为2cm左右的蛋白片放入托盘内，用干净白布盖好，使其温度降到室温，再倒入木桶中，用干净的白纱布盖好，室温放置48～72h，使其水分达到平衡、均匀，这一过程完成了焐藏。

⑪包装与贮藏：对完成所有步骤的干蛋制品进行真空包装，包装好后贮藏起来。

3. 注意事项

（1）打蛋时，要注意减少对蛋液的污染，如部分蛋壳的混入；或是打分蛋时，尽量把蛋白和蛋黄分开，不能互相混杂，这都会影响产品的质量和出品率。

（2）打出的蛋液要及时收集，并转入冷库进行冷却降温，切勿在打蛋车间积压，导致蛋液中微生物大量繁殖，降低产品的质量。

第二节　盐蛋制品

盐蛋又称咸蛋、味蛋，主要用食盐腌制而成，是我国传统加工蛋制品之一。盐蛋制品的加工，历史悠久，早在1600多年前我国就有用盐水贮藏蛋的记载。目前国内咸蛋加工生产极为普遍，遍及全国各地，其中以江苏的高邮咸蛋最为出名。盐蛋是我国禽类产品出口的主要商品之一，除供应国内市场外，还出口外销到美国、日本、东南亚等国家及我国的港、澳、台地区。

一、实验目的

通过本实验的学习，了解盐蛋加工中各种原辅料的选择和使用方法；要求掌握氯化钠在咸蛋加工中的作用原理及盐蛋的加工工艺。

二、实验原理

盐蛋生产的原理主要是用盐水浸泡鸭蛋或者其他禽蛋，使得盐分通过蛋壳和蛋壳膜向蛋的内部进行渗透和扩散的过程。一方面，蛋内因盐分升高而产生的高的渗透压使细菌细胞体的水分渗出，会造成细菌的质壁分离，因此细菌不能再进行生命活动，甚至死亡。盐分的渗透和扩散速度与溶液的浓度和温度有关；浓度越高，渗透压越大；温度每增加1℃，渗透压就会增加0.3%～0.35%。另一方面，食盐可以降低蛋内蛋白酶的活性和细菌产生蛋白酶的能力，从而延缓了蛋的腐败变质速度。同时食盐电离成正负离子与蛋白质、卵磷脂等作用而改变蛋白、蛋黄的胶体状态，使蛋白变稀，蛋黄变硬，蛋黄中的脂肪游离聚集（出油）。食盐不仅能够增加蛋的保藏性，而且可以增加蛋的风味。

三、加工实例

1. 实验材料与设备

（1）原辅材料：鲜鸭蛋或其他禽蛋、食盐、黄泥、净水、稻草灰。

（2）主要仪器设备：缸、台秤、电子天平、照蛋器、钢盆、木棒、筛子、竹片等。

2. 实验内容

（1）工艺流程

原料选择→原料配制→配料打浆→提浆、裹灰→装缸密封→成熟与贮存

（2）实验步骤

①原料选择：

a. 原料蛋：选择用来作为原料的鸭蛋或其他禽蛋必须感官和照蛋器的灯光透视检查，选出的新鲜、蛋壳完整、大小均匀、壳色一致的鸭 蛋或其他禽蛋。

b. 食盐：选择用来作为原料的食用盐，应选择色白、味咸、无苦涩味、氯化纳含量高为96%以上的干燥食用盐。

c. 稻草灰：选择用来作为原料的稻草灰，应选用干燥、无杂质、无异味、质地均匀细腻的稻草灰。

d. 黄泥：用来作为原料的黄泥，要选用那些尽量含腐殖质少、干燥、无杂质的黄泥。

e. 水：选用清洁的自来水即可。

②原料配制：每1000枚鲜蛋，用食盐7kg，干黄土1.5kg，清水15～16kg。

③配料打浆：打浆前先将食盐放入清水中并充分搅拌使其溶解，然后将盐水倒入打浆机（或搅拌机）中，再将过筛后稻草灰和干黄土分批加入，再用木棒进行搅拌均匀，使混合物成浓浆状，稻草灰浆液搅拌是否达到标准，可以用手指来检验灰浆。方法是将手指插入灰浆再取出，手上残留的灰浆应黑色发亮、不流、不起水、无小块、成团下沉，放入盘内无气泡现象。配置好的灰浆，放置一夜即可使用。

④提浆、裹灰：将选好的原料蛋在灰浆中翻转一次，使蛋壳表面均匀沾上一层约2mm厚的灰浆，然后再将蛋置于干燥的稻草灰中，裹上约为2mm厚度的稻草灰。裹的灰厚度要适宜，若太厚，会降低蛋壳外灰浆中的水分，影响腌制成熟时间；若太薄，会出现蛋与蛋的黏连。蛋裹灰后，再将其表面的灰料用手压实、捏紧，使其表面平整、均匀一致。

⑤装缸密封：经裹灰、捏灰后的蛋应尽快装缸，在装缸时，必须轻拿轻放，叠放应牢固、整齐，防止操作不当使蛋外的灰料脱落或将蛋打破而影响产品的质量。装缸完成后，用盖封住缸口，转入成熟室堆放。

⑥成熟与贮存：腌蛋的成热时间因季节和盐量而异，当气温较高时，食盐在蛋中的渗透速度快，腌制咸蛋的时间短。一般在夏季咸蛋的成熟期为20～30d，在春秋季节为40～50d。咸蛋成熟后，应在25℃下保存，一般贮存期为2～3个月。

3. 注意事项

（1）蛋上裹的稻草灰，要松紧适宜，厚薄均匀，无凹凸不平。

（2）成品的盐蛋应蛋壳应完整无裂纹，无破损，表面清洁，气室应低于7mm。

（3）腌制的盐蛋的煮熟之后，蛋白为纯白色，无斑点，细嫩；蛋黄变圆且黏度增加，色泽朱红（或橙黄），煮熟后黄中起油或有油流出。煮熟之后的盐蛋应咸味适中，无异味。

第三节　卤蛋制品

卤蛋是用各种调料或肉汁加工而成的熟制蛋，是熟食店所经营的禽蛋制品中的一个大众化蛋制品，其受到多数人的喜爱。

一、实验目的

通过本实验的学习，掌握卤蛋制品的加工原理与工艺，并进一步了解其加工特点和工艺要求及注意事项等。

二、实验原理

卤蛋制品是以鲜禽蛋为原料，利用辅料的调味、产香、增色和防腐等功能，在加热条件下使蛋白、蛋黄凝固，改变产品外观颜色，香味浓郁，具有独特的色、香、味。因用辅料的不同，卤制蛋有五香卤蛋，是用五香卤料加工的蛋；有桂花卤蛋，是用桂花卤料加工的蛋；有鸡肉卤蛋，是用鸡肉汁加工的蛋；有猪肉卤蛋，即用猪肉汁加工的蛋；还有熏卤蛋，是指对卤蛋进行熏烤而得到的蛋制品等。

三、加工实例

1. 实验材料与设备

(1) 原辅材料：鸡蛋、食盐、砂糖、味精、酱油（老抽）、香辛料（花椒、小茴香、桂皮、八角、甘草等）。

(2) 主要仪器设备：照蛋器、电子秤、电磁炉、不锈钢锅、钢勺、纱布、筛子、真空包装机械、高温灭菌锅等。

2. 实验内容

(1) 工艺流程

原料选择→清洗→蒸煮→去皮→调味、卤制→干燥→包装→成品贮存

(2) 实验步骤

①原料选择：每次选20～30个新鲜鸡蛋，要求蛋壳清洁、无破裂；鸡蛋打开后蛋黄凸起、完整，蛋白澄清透明、稀稠分明、无异味，内容物不得有血块及其他组织异物。

②清洗：剔除不满足上述条件的鸡蛋后；然后将剩余的蛋用清水冲洗。

③蒸煮：把洗干净的鸡蛋放入待煮的冷水中，使得水面高于鸡蛋层5 cm，不足5 cm需要添加水；然后文火加热水直至水沸腾，水沸腾后5min（要求蛋白凝固即可），把鸡蛋捞出放入冷水中快速降温（目的是容易去皮操作）；车间生产时可选用流动自来

水冲洗降温，去皮效果会更好。

④去皮：去除鸡蛋壳，同时也要去除蛋白上的薄膜。其目的是使得后续调味卤制和上色均匀度更好。

⑤调味、卤制：

a. 先按照以下配方称取各种调味料：

五香配方：水 200kg、盐 6kg、砂糖 9kg、味精 0.6kg、酱油（老抽）4kg、花椒 0.6kg、大料 0.3kg、桂皮 0.3kg、丁香 0.1kg、肉豆蔻 0.1kg、草果 0.1kg。

麻辣配方：水 200kg、盐 6kg、砂糖 8kg、味精 0.6kg、酱油（老抽）4kg、花椒 1.8kg、辣椒 1.8kg、大料 0.5kg、桂皮 0.5kg。

b. 称好后，将各种香辛料（五香配方或麻辣配方）装入纱布袋内，放入盛有清水的不锈钢锅里，用文火加热，汤沸腾后撇去泡沫，调成小火，保持水沸腾 4min，直至调料的味道溶出来即可作为料汤使用。

c. 在煮好的料汤中按配方加入食盐、味精、白糖、酱油及剥皮后的鸡蛋进行卤制，小火煮制 1h，然后关火，将鸡蛋连同汤汁一起倒入容器内，放入 4～10℃，卤制 24h。

⑥干燥：将卤好的鸡蛋捞出，放入筛子里，然后将其一同放在 65℃的烘箱内 2h。

⑦包装：真空包装机械的设置要求，即真空度设置在 0.1MPa，抽成真空时间在 10s 以内，120℃左右温度封边，时间 5s（以尼龙材质的包装袋为例）。包装好的卤蛋，要求封的边平整、无烫伤、漏气等现象。

⑧成品贮存：检验后，卤蛋色泽酱黄，咸淡适中，芳香浓郁，回味无穷，口感好，25℃下可保存 60d 左右。

第四节　松花蛋

松花蛋又名皮蛋、变蛋、彩蛋和碱蛋，是我国著名的蛋制品特产之一，因这种蛋制品成熟后，其蛋白呈现出棕褐色或绿褐色凝胶体，很有弹性，其凝胶体内有松针状形状而得名松花蛋。松花蛋又因其蛋黄呈深浅不同的墨绿、草绿、茶色的凝固体，色彩多样，变化多端，所以又称为彩蛋，变蛋。松花蛋营养价值丰富，风味特殊，食用简便，久存不坏，解决了淡旺季蛋制品生产和供需之间的矛盾，做到常年有蛋供应。

一、实验目的

通过本实验的学习，掌握松花蛋加工的原理与工艺，并进一步了解其加工特点和工艺要求。

二、实验原理

将纯碱、生石灰、植物灰、黄泥、茶叶、食盐、氧化铅和水等几类物质按一定比例混合后配置成一种液状混合物，将鸭蛋或其他禽蛋放入其中，在一定的温度下纯碱与生石灰、水作用生成的氢氧化钠及其他辅料共同作用于蛋，经一定时间使蛋内的蛋白和蛋黄发生一系列变化而形成松花蛋。禽蛋的蛋白质和料液中的 NaOH 发生反应而凝固；蛋白质中的氨基与糖中的羰基在碱性环境中产生美拉德反应使蛋白质形成棕褐色；蛋白质所产生的硫化氢和蛋黄中的金属离子结合使蛋黄产生各种颜色；另外，茶叶也对颜色的变化起到协同作用。

（1）蛋白及蛋黄的凝固：蛋白质遇碱发生变性而凝固。其凝固过程表现为化清、凝固、变色和成熟四个阶段。

（2）颜色的形成：游离态糖的醛基与蛋白质水解的氨基酸在碱性条件下发生美拉德反应，呈茶色、棕褐色、玳瑁色、茶红色。蛋黄在碱的作用下，含硫氨基酸分解产生硫化氢。硫化氢与蛋黄中的色素结合而呈墨绿色，与铁（茶叶中和蛋黄中均含有）化合呈硫化铁为黑绿色，与铅结合呈硫化铅为青黑色。茶叶中的茶红素、茶褐素给蛋黄带来了古铜色或茶色。

（3）风味的形成：在碱性条件下鲜蛋中的蛋白质经酶分解而呈氨基酸，故松花蛋有鲜味；蛋白质分解产物氨和硫化氢，轻微的 NH_3、H_2S 为产品的特征味道；氨基酸分解产生酮酸而有微苦味；与食盐混合故成品有碱味。

（4）松花的形成：氢氧化镁和水形成的纤维状的晶体在蛋白部分呈松花状排列所形成的形状。

（5）溏心的形成：铅与硫两种元素形成难溶的物质——硫化铅，堵塞蛋壳及蛋壳膜上的气孔，从而阻止 NaOH 过量向蛋内渗透，使得蛋黄中的 NaOH 浓度较低，进而使得蛋黄为液态。

三、加工实例

1. 实验材料与设备

（1）原辅材料：鲜鸭蛋或鲜鸡蛋、生石灰、纯碱、茶叶、红茶末、食盐、硫酸铜、硫酸锌、酚酞、盐酸、烧碱、氯化钡、液体石蜡、固体石蜡、黄土、稻壳、植物灰等。

（2）主要仪器设备：电子天平、酸式滴定管、滴定架、三角烧瓶、量筒、胶手套、刮泥刀、陶缸、台秤或杆称、照蛋器等。

2. 实验内容

（1）工艺流程

原料选择→料液配制→熬料或冲料→料液测定→装缸→灌料泡蛋→质检→出缸→洗、晾蛋→质检分级→包蛋→成品

（2）实验步骤

①原料选择：逐个严格的挑选用来加工松花蛋的原料蛋。

a. 鲜蛋：对用来加工松花蛋的原料蛋，用灯光进行透视，选择气室不超过 9mm，

整个蛋内容物呈均匀一致的微红色，蛋黄不见或略见暗影，胚珠无发育现象的新鲜鸭蛋或其他禽蛋；剔除那些破损蛋、热伤蛋、裂纹蛋、沙壳蛋、油壳蛋等均不宜用于加工松花蛋。

b. 生石灰：要求色白、质量轻、块大、质纯，有效氧化钙的含量不得低于75%。

c. 纯碱（Na_2CO_3）：纯碱要求色白、粉细，碳酸钠的含量在96%以上，不宜用普通黄色的“老碱”，若用存放过久的“老碱”，应先在锅中灼热处理，以除去水分和二氧化碳。

d. 茶叶：选用新鲜红茶或茶末为佳。

e. 硫酸铜或硫酸锌：选用食品级（或纯）的硫酸铜或硫酸锌。

f. 其他：取深层、无异味的黄土。取后晒干、敲碎过筛备用；稻壳要求金黄色、干净，无霉变。

②料液配制：准确称取以上原辅材料：每10kg鸭蛋，碳酸钠0.8kg，生石灰3kg，食盐0.6kg，茶叶0.4kg，硫酸铜（锌）20g，水11kg。

③熬料或冲料：配料的制作有熬料和冲料有两种方法。

a. 熬料方法：先将纯碱、红茶末放入缸中，再将沸水倒入缸中，充分搅拌使其全部溶解；分批次投放生石灰，一次不能投入太多，以防沸水溅出伤人，待自溶后搅拌；取少量上层溶液，溶解氯化锌（或氧化铅），然后倒入料液中；加入食盐，搅拌均匀，充分冷却，然后用纱布过滤（捞出渣屑，料液应保持清洁），备用。

b. 冲料方法：先把纯碱、茶叶放在缸底，后将定量的开水倒入缸内，随即放入黄丹粉，经搅拌溶解后，边搅拌边缓慢投放石灰（不可一次放入太多），最后放入食盐，充分搅拌，使之均匀，冷却后待用。

④料液测定：测料液的碱度，调节碱度使得NaOH含量为4%～5%左右。碱度测定方法：

a. 简易方法：用培养皿取一定的料液，将新鲜的蛋白适宜滴入其中，经过15min左右，如果蛋白不凝固，证明料液中的氢氧化钠（NaOH）溶液浓度过低，应再补加一定量的氢氧化钠；若经15min后有乳白的沉淀产生即凝固，并在1h左右蛋白稀化，说明已达到标准可以进行下面的步骤。若经0.5h之内稀化则说明料液中的碱过高，加水稀释后备用。

b. 传统滴定法：用刻度吸管吸取澄清料液4mL，放入250mL的三角瓶中；加水100mL，加10%氯化钡溶液10mL后混匀，静置10min；加入10g/L的酚酞为指示剂，用1mol/L的盐酸标准溶液滴定，溶液由红色变成无色为终点。消耗盐酸的毫升数相当于NaOH的百分含量。

⑤装缸：把挑选合格的鲜鸭蛋轻轻放入腌制用的容器内，一层一层横放摆实，切忌直立，原料蛋应轻拿轻放。蛋装好后，缸面放一些竹片压住，以防蛋漂浮到料液的表面。

⑥灌料泡蛋：将晾至20～25℃的料液充分搅拌，缓慢注入缸中，直至鸭蛋全部被

料液淹没为止，上盖缸盖。缸上可注明日期、数量等信息方便检查。

⑦质检：在腌制开始到皮蛋成熟，这一阶段需要勤观察，勤检验，如温度的变化、汤料的多少等，并随时记录，以便提早发现问题及时解决。一般要进行以下三次检查。

第一次在装缸后的第7天。用照蛋器观察蛋白出现阴暗色、蛋黄为黑搭壳，这说明凝固良好；如果打开鸡蛋，颜色未变如鲜蛋，说明添加辅料不足，需补充；如果蛋大部分发黑，说明辅料添加过大，须提前出缸。

第二次在装缸后第15天。可以打蛋壳检验，这时蛋白应该出现凝固，表面光洁，全部变色，呈现褐中带青，蛋黄也已变成了褐绿色。

第三次在装缸后第20天。仍采取打蛋壳检验，产品应该出现蛋白凝固、光洁、不黏壳，整体呈墨绿色和棕褐色，蛋黄呈绿褐色，中间为黄色溏心。但如果出现蛋白有烂头或黏壳，说明料性过大，须提早出缸。如发现蛋白软化、不坚实，说明料性不足，推迟出缸时间。

⑧出缸：经浸泡21～25d即可成熟，需及时出缸。

⑨洗蛋和晾蛋：出缸后先剔出破损的坏蛋，然后洗净皮蛋表面的碱液和污物，最后晾干。

⑩质检分级：晾干后的皮蛋必须及时进行质量检验。检验方法主要以感官检验为主，即采用“一看、二掂、三摇、四照”的方法进行检验。

一看：观察松花蛋的壳色和完整程度，剔除蛋壳有黑斑过多和裂纹蛋。

二掂：将松花蛋在手中上、下掂动数次，有轻微弹性为优，否者要淘汰。

三摇：用手捏住松花蛋的两端，放在耳边摇动，听不出响声为合格蛋，如果有水流撞击声为“水响蛋”；若听到一端有水声说明是烂头蛋。

四照：用光透视，如果蛋大部分为墨绿色，锐头呈棕色，且稳定不流动为合格蛋；如果蛋内有水泡阴影为“水响蛋”；如蛋内全为黄褐色，并有轻微晃动为不成熟蛋；如蛋的锐头通红为“碱伤蛋”。

⑪包蛋：先将过筛后的黄土加水混合均匀，然后将检验合格的皮蛋及时涂泥包糠，进行保鲜；或采用涂膜（上蜡）方法：将蜡融化，把蛋放在蜡锅里滚动使蛋全部沾上，然后捞出干后即可。将全部上好蜡的蛋装在蛋夹上放在常温、干燥通风处即可。

3. 注意事项

（1）在浸泡过程中若发现蛋壳外露，应及时补加料液。

（2）在浸泡的最初2周内，不得移动浸泡容器，以免影响蛋的凝固。应控制室温在20～25℃，要求勤观察、勤检查，防止碱性过大而伤蛋。

第五节　糟蛋制品

糟蛋是鲜鸭蛋经糟（用糯米饭做培养基，用酒曲做菌种酿制成的物质）糟渍而成的蛋制品。糟蛋按照加工方法的不同，可分为生蛋糟蛋和熟蛋糟蛋；按照成品是否包有蛋壳，又分为硬壳糟蛋和软壳糟蛋。硬壳糟蛋一般是生蛋糟渍，软壳糟蛋可以是熟蛋糟渍也可以是生蛋糟渍。在糟制过程中鸭蛋内的蛋白质分解为多种氨基酸，并产生鲜味，此鲜味与醇香、脂香融合为一体，形成一种复杂的鲜美滋味。因经过独特加工工艺，糟蛋的主要营养成份含量均明显高于其他蛋类；其中蛋白质比新鲜鸭蛋高出1.1倍，钙、铁高分别高出4.7倍和0.5倍，维生素B_3比咸鸭蛋高5～6倍。糟蛋因其营养成分齐全而称为全营养食品冠中之冠的营养食品。所以，食用糟蛋既可以体验回味无穷的美味，又具有营养滋补之功效。我国最为出名的糟蛋有浙江平湖、四川宜宾、河南陕县等地产的糟蛋。

一、实验目的

通过本实验的学习，要求理解糟蛋的加工原理，掌握各种糟蛋的加工工艺、操作要点及质量控制要求。

二、实验原理

糯米在酒曲做菌种的酿制过程中，由微生物将淀粉分解成糖类，糖类再经酵母菌发酵产生乙醇，同时部分醇又可以进一步氧化生成乙酸。酒糟中存在的这些酸、醇、糖和添加的食盐，通过渗透和扩散作用进入蛋内，使蛋白和蛋黄变性凝固，从而使成品蛋的蛋白呈乳白色、胶冻状，蛋黄呈橘红色、半凝固状、有浓郁的醇香味和微甜味。蛋壳中的碳酸钙在受糟中乙酸的作用下溶解，蛋壳变软；渗入蛋内的食盐可使蛋的内容物脱水，促进蛋白质凝固，也有调味作用，还可使蛋黄中的脂肪游离，使蛋黄脱水起沙。鲜蛋在长时间糟渍时，糟中有机物渗入蛋内，使成品变得膨大而饱满，质量增加。同时蛋中微生物尤其是致病菌均被杀死，所以糟蛋可生食。

三、加工实例

（一）浙江平湖糟蛋的加工

1. 实验材料与设备

（1）原辅材料：鲜鸭蛋120枚、优质糯米11 kg、食盐1.5 kg、甜酒药200 g、白酒药（绍酒药）100 g。

（2）主要仪器设备：电子天平、台秤、缸或坛、蒸锅、恒温箱、温度计、照蛋器、竹片等。

2. 实验内容

（1）工艺流程

原料选择→原料配制→酿酒制糟→洗蛋→击蛋破壳→装缸糟制→封缸→检验→成熟→成品

（2）实验步骤

①原料配制：选择符合原材料质量标准的鸭蛋、糯米、食盐等并按配方称重。

②酿酒制糟：

a. 浸米：将称取好的糯米淘净后放入缸内，加入冷水浸泡。依据气温高低不同，浸泡时间也不尽相同。一般气温在12℃，浸泡24 h即可。气温每上升2℃，可减少浸泡1 h。气温每下降2℃，延长浸泡1 h。因此，20℃以上时需要20 h，10℃以下需要28 h。

b. 蒸饭：将泡好的糯米从缸中捞出，用冷水冲洗1次，倒入木桶内，四周铺平。在蒸米前，先将锅底水烧开，再将木桶放在蒸锅上，待蒸汽从锅内透过糯米上升后，用锅盖盖好。蒸10 min左右，用炊帚蘸热水散淋在米饭上，以使上层米饭膨胀均匀，同时也可以防止顶层米因水分蒸发而米粒水分不足，米粒不涨，出现僵饭。再盖好盖子，继续蒸15 min后用木棒将米搅拌一次，再蒸5 min，使米饭全部蒸透。蒸饭的程度以出饭率150%左右为宜，要求饭粒松散、无白心、透明而不烂、熟而不黏。

c. 淋饭：将蒸好饭的木桶置于淋饭架上，用冷水浇淋使米饭冷却到28～30℃。但温度不宜太低，以免影响菌种的生长和发育。

d. 拌酒药及酿糟：将淋水后的饭沥去水分，再倒入缸中，撒上预先研成细末的白酒药和甜酒药，搅拌均匀，拍平、拍紧，表面再撒一层酒药，中间挖一直径30cm的圆洞。然后放入35℃恒温箱内发酵。经20～30 h，即可酿出液体，汇集于圆洞内。当洞内液体有3～4 cm深时，要降低温度，防止酒糟热伤、发红、产生苦味。当洞中液体集满时，每隔6 h，将洞内的液体用勺泼在糟面上，使糟充分酿制。经7d后，把酒糟拌和灌入坛内，静置14d。当变化完成，性质稳定时，方可用于制造糟蛋。

③洗蛋：在糟制前1～2d，将挑选好的蛋清洗干净后，置通风阴凉处晾干。

④击蛋破壳：将蛋放在手掌中，另一只手拿竹片，对准蛋的纵向从钝头轻轻一击；然后将蛋旋转半周，在锐头再击一下。该步骤的目的在于糟渍过程中使醇、酸、糖等物质易于渗入蛋内，并使蛋壳易于脱落，蛋身膨大。对蛋敲打时，用力轻重要适当，做到壳破而膜不破。

⑤装缸糟制：蛋在装缸前，先检查缸是否完好。缸用清水洗干净后，蒸汽消毒。在消毒后的缸底铺满并摊平酿制成熟的酒糟，将击破蛋壳的蛋放入。放蛋是，要蛋大头朝上插入糟内，蛋间隙不宜过大，以蛋四周均有糟，且能旋转自如为宜。第一层蛋排好后再放酒糟，放上第二层蛋，随后都是一层酒糟一层蛋，直至120枚蛋装完。最后用酒糟摊平盖面，并均匀地撒上1.5 kg食盐。

⑥封缸：用两张刷有猪血的牛皮纸封口，外面再用竹篓包住牛皮纸，用绳子扎紧。其目的是防止乙醇和乙酸挥发及细菌的侵入。密封后，蛋缸要标明日期、蛋数和级别，以便检验。

⑦检验：蛋从入坛至成熟需5个月左右，要求逐月检查质量状况。

第 1 个月：与鲜蛋基本相似，蛋壳裂缝较明显。

第 2 个月：蛋壳裂缝明显加大，石灰质硬壳同内蛋壳膜及蛋白膜逐渐分离，蛋黄逐渐凝结，且外层稍有膨胀。

第 3 个月：蛋壳与内蛋壳膜及蛋白膜都分离，蛋黄已全部凝结。

第 4 个月：蛋壳与壳下膜脱开 1/3，蛋白呈乳白色，蛋黄带微红色。

第 5 个月：蛋壳大部分已经脱落，蛋白呈乳白色胶胨状，蛋黄呈橘红色的柔软状态，此时标志着糟蛋已经完全成熟了。

⑧成熟：糟蛋的成熟期为 4 个半月到 5 个月。5 个月时蛋壳大部分脱落，或虽有部分附着，只要轻轻一剥即脱落。蛋白成乳白胶冻状，蛋黄呈橘红色的半凝固状，此时说明蛋已糟渍成熟。

3. 注意事项

（1）蛋：用来加工糟蛋的主要原料是鲜鸭蛋，有些地区也用鲜鸡蛋。首先外观应选择新鲜、干净、干燥、无粪垢的蛋，在加工之前再通过照蛋、敲蛋等步骤，对鲜蛋进行逐个检验和挑选，剔除破损蛋、裂纹蛋、散黄蛋、热伤蛋、贴壳蛋等各种劣质蛋以保证糟蛋的质量。还要按蛋重或大小进行分级，以便按级进行投料加工，保证其成熟期一致。

（2）糯米：作为加工糟蛋的主要原料，应该选择米粒大小均匀、洁白、饱满、含淀粉（尤其支链淀粉）多，含脂肪及蛋白质少，无异味的糯米。如糯米中脂肪和含氮物含量高，酿制出来的酒糟质量较差。如糟渍 100 枚鸭蛋，通常需糯米 8～10 kg。

（3）酒药：酒药是酿酒用的菌种，是将多种菌种（主要有毛霉、根霉、酵母菌及其他菌种）在用辣蓼草粉、芦黍草粉等制成的特殊培养基上培养，进而培育成的一种发酵剂和糖化剂。常用的酒药有：

①绍药，酿制著名的绍兴酒所用的菌种，糯米粉加辣蓼粉及芦黍粉及辣蓼汁调制而成的一种发酵剂。用此酒药酿制而成的酒糟香味较浓，但酒性过强。生产糟蛋时单一使用可缩短成熟时间，但产品辣味浓，滋味和气味差。

②甜药，是用面粉或米粉等混合经发酵后制成的发酵剂。用此发酵剂制成的糟，酒性弱、低醇，单独使用成熟时间长，但味甜，所以不能单独使用。

③糠药，是用芦黍粉、辣蓼草粉等混合经发酵后制成的。味略甜、酒性温和、性能处于绍药和甜药之间。

（4）水：pH 值接近 7，透明的、无色、无味的洁净水。不能含有硝酸盐、氨氮类物质及大肠菌群等。有机物含量小于 5 mg/L，固形物含量小于 100 mg/L。

（二）叙府糟蛋的加工（四川宜宾糟蛋）

1. 实验材料与设备

（1）原辅材料：鲜鸭蛋 150 枚、甜酒糟 7kg、68°白酒 1 L、红糖 1 kg、陈皮 25 g、食盐 1. 5 kg、花椒 25 g。

(2) 主要仪器设备：电子天平、台秤、缸或坛、蒸锅、恒温箱、温度计、照蛋器、竹片等。

2. 实验内容

(1) 工艺流程

原料选择→原料配制→酿酒制糟→装缸→翻坛去壳→白酒浸泡→加料装坛→再翻坛

(2) 实验步骤

①原料选择：与前者相同。

②原料配制：按原材料的质量要求称取鸭蛋、甜酒糟、白酒等原料。

③酿酒制糟：陈皮、花椒除外，其余同前者。

④装缸：以上配料混合均匀后，将酒糟均匀铺于缸底，将击破壳的鸭蛋大头向上，竖立放在糟中；然后一层酒糟一层蛋，最后将剩余的甜酒糟平铺上顶层，用塑料膜密封坛口，在室温下存放。

⑤翻坛去壳：在室温下糟渍 3 个月左右，将蛋翻出，逐枚剥去蛋壳，保留壳内膜。这时的蛋已成为无壳的软壳蛋。

⑥白酒浸泡：将剥去壳的蛋放入缸内，加入高度白酒，浸泡 1～2 d。这时蛋白与蛋黄全部凝固，蛋壳膜略微膨胀，但不破裂。对破裂者，作次品处理。

⑦加料装坛：先将用白酒浸过的蛋，逐枚取出，再在原有的酒糟中再加入红糖 1 kg，食盐 0.5 kg，陈皮 25 g，花椒 25 g，熬糖 1 kg（红糖 1 kg，加适量的水，熬成拉丝状，冷却后即成），充分搅拌均匀。按以上装坛方法，将取出的蛋装入坛内。最后加盖密封，储藏于干燥而阴凉的仓库内。

⑧再翻坛：储存 3～4 个月时，须再次翻坛，使糟蛋均匀糟渍。同时，剔除次劣糟蛋。糟蛋翻坛后，仍应浸渍在糟料内，加盖密封，储于库内。从加工开始直至糟蛋成熟，需 10～12 个月。成熟后的糟蛋蛋质软嫩，蛋膜不破，色泽红黄，气味芳香，可存放 2～3 年。

3. 注意事项

(1) 目前加工糟蛋多采用绍药和甜药混合糟料，用量和比例应预先进行小型试验后再确定。

(2) 酒药的添加还应根据气温的高低而适当增减用药量。

第六节　蛋黄酱制品

蛋黄酱含有丰富的碳水化合物、蛋白质和脂肪等营养成分，其原料一半以上来源于食用油，其次则是蛋黄，另加少许糖、食盐和醋，所含热量在所有沙拉酱中最高。

蛋黄酱富含有亚油酸、磷脂、维生素 A、D、E 等物质，对儿童的生长发育、提高智力、保护视力会起到良好的作用。另外，蛋黄酱还有排泄血清胆固醇和降低胆固醇的作用，对老年人也很适宜，特别是对动脉硬化、肝病等都有显著疗效。

一、实验目的

通过本实验的学习，掌握蛋黄酱的加工原理与工艺过程及操作注意事项。

二、实验原理

蛋黄酱是以精炼植物油、食醋、鸡蛋黄为基本成分，通过乳化而成的半流体食品，具有清香爽口、回味浓厚的特点。蛋黄酱是一种水包油（O/W）型乳状液，在该乳化体系中，油脂以 2～4 μm 的微细粒子状分散于醋中，蛋黄中的磷脂和蛋白质结合而成的卵磷蛋白发挥主要的乳化作用，形成稳定的乳化液。因此，为获得质量稳定的蛋黄酱产品，乳化是其生产的技术关键，在乳化剂的作用下，经过高速搅拌机的搅拌和胶体磨的均质，使分散相微粒化，均匀地分散于连续相中，得到稳定的蛋黄酱乳状液。

三、加工实例

1. 实验材料与设备

（1）原辅材料：蛋黄 150g、精炼植物油 790g、食用白醋（醋酸 4.5%）20mL、蔗糖 20g、食盐 10g、奶油香精 1 mL、山梨酸 2g、柠檬酸 2g、芥末粉 5g。

（2）实验设备：电子秤、不锈钢盆、混料罐、恒温水浴锅、打蛋机、胶体磨、塑料封口机、温度计等。

2. 实验内容

（1）工艺流程

蛋的清洗与消毒→取蛋液→灭菌→混合搅拌→均质→包装

（2）实验步骤

①蛋的清洗与消毒、取蛋液：将新鲜的鸡蛋先用清水洗净，再用过氧乙酸对外壳消毒后将蛋液打入已消毒的不锈钢盆内。若只用蛋黄，可以除去蛋清，取蛋黄打成匀浆。

②灭菌：将盛有蛋黄液的钢盆放入加热至 60℃ 的水浴锅内，在此温度下保持 3min，以杀灭沙门氏菌，再冷却至室温待用。如果温度超过 70℃，则会出现蛋白质变性的现象。

③混合搅拌：先加入一定量的食盐后，然后搅拌 5min；再加入一定量的蔗糖，继续搅拌，直至盐和糖充分的溶解；然后将香辛料一次性加入并搅拌 5min，使其也均匀分散到其中；最后再缓慢搅拌下加入植物油，加油时切不可过快，加入 2/3 的植物油

后，这时再徐徐加入醋，最后再将剩余的 1/3 植物油加入，这时应调整搅拌速度，使加入的植物油尽快均匀分散，否则随着植物油的加入，混合液的黏度增大，在过度的搅拌下会破坏乳化系统。

④均质：蛋黄酱是一种多成分的复杂体系，为了使产品组织均匀一致，质地细腻，滋、气味混合均匀，以及进一步增强乳化效果，用胶体磨进行均质，胶体磨转速控制在 3600r/min 左右。

⑤包装：将均质后的蛋黄酱装于洗净烘干的玻璃瓶中或铝箔袋中。

3. 注意事项

(1) 原料选择：植物油最好选择无色、无味的色拉油。鸡蛋选择新鲜的，香辛料要选质量优等，纯正的。

(2) 在物料混合时注意反应物添加的顺序和溶入的方式不同。

(3) 将蛋黄酱如果直接用从冷库中取出凉蛋，则蛋黄中卵磷脂不能发挥乳化作用。一般以 16～18℃条件下贮存的蛋品质较好，如果温度高于 30℃，蛋黄粒变成硬性物质，降低蛋黄酱质量。

第七节　冰蛋制品

冰蛋制品又称为冷冻蛋制品，是鲜蛋去壳后的蛋液经一系加工工艺，最后冷冻而成的蛋制品，可分为巴氏杀菌冰鸡全蛋、冰鸡蛋黄和冰鸡蛋白三类。冰蛋用途广泛，主要用于面包、饼干、中西式点心、冰激凌、糖果等食品工业，冰蛋可以调节产蛋淡旺季市场对蛋的需求矛盾。随着我国蛋禽产量的不断增加和冷藏技术的进步，冰蛋制品的产量也有较大幅度的增长，冰蛋制品已成为我国出口创汇的主要蛋制品之一。

一、实验目的

通过本实验的学习，掌握冰蛋制品的加工原理与工艺，并进一步了解其加工特点和工艺要求。

二、实验原理

巴氏杀菌冰鸡全蛋是以鲜鸡蛋经打蛋、过滤、巴氏低温杀菌、冷冻制成的蛋制品；冰鸡蛋黄是以鲜鸡蛋的蛋黄，经加工处理、冷冻制成的蛋制品；冰鸡蛋白是以鲜鸡蛋的蛋白，经加工处理、冷冻制成的蛋制品。同时，制作冰蛋过程中常加入许多其他物质，如食盐、蔗糖等，以改善含蛋黄制品的胶化现象。此外，也有添加甘油、糖浆、食用胶、偏磷酸钠离等。

三、加工实例

1. 实验材料与设备

（1）原辅材料：鸡蛋、甘油、糖浆、食用胶和偏磷酸钠等。

（2）主要仪器设备：蛋液注入器、过滤槽内、搅拌器、蛋液过滤箱、离心泵、离心机、蛋液过滤槽、漏斗、预冷罐、灭菌器和马口铁听和桶。

2. 实验内容

（1）工艺流程

原料蛋→搅拌与过滤→杀菌→预冷→装罐→急冻→包装

（2）实验步骤

虽然冰蛋品有许多种类，但其加工方法基本相同。按加工程序，阐述冰蛋品的加工与要点。

①搅拌与过滤：搅拌与过滤是冰蛋品加工过程中的首要环节。目的是为了蛋液经搅拌后蛋黄和蛋白得以混匀，以保证冰蛋品的组织状态达到均匀。搅拌完后的蛋液还需要过滤，其目的是清除蛋壳、蛋壳膜、系带等杂物，以保证冰蛋品的质量达到纯净。

②杀菌：主要指巴氏低温消毒。冰蛋品的生产实践已证明，对蛋液进行巴氏低温消毒，杀菌效果良好。冰鸡全蛋的主要工序是鲜蛋经打蛋、过滤、巴氏低温消毒、冷冻制成的一种蛋制品。巴氏消毒一般采用自动控制的巴氏消毒机。一般蛋液在加热温度为 64.5℃，经过 3min 即可达到标准规定的杀菌效果，可使蛋液的细菌总数和大肠菌群大为降低，并可杀灭全部致病菌。

③预冷：是指经过搅拌与过滤已达到均匀纯净的蛋液，由蛋液泵打人预冷罐中完成降低温度这一过程，其目的在于防止蛋液中微生物繁殖，加速冻结速度，缩短急冻时间。具体操作是蛋液由泵打入预冷罐后，由于罐内装有盘旋管（或蛇形管），管内有－8℃氯化钙水不断循环，使管冷却，随之蛋液温度下降得以冷却。一般蛋液的温度达到 4～10℃，便为预冷结束，可从罐的开关处放出蛋液，进行装罐。

④装罐：装罐的目的是便于速冻与冷藏。装罐时，将经过消毒和称过重的马口铁听（或内衬无毒塑料袋的纸板盒）放在秤上，罐口（或盒口）对准盛有蛋液的预冷罐的输出管，打开开关，蛋液即流入听内，达到规定的质量时，关闭开关，蛋听由秤上取下，随后加盖，用封盖机将罐口封固，再送至急冻间进行急冻。

⑤急冻：装罐后的蛋液运到急冻间，排列在氨气排管上进行急冻。放置蛋罐时，听的一角应面向风扇（风扇直径为 1.52m），罐与罐之间要留有间隙，有利于冷气流通。在冷冻间的前、中、后各部位各挂一支温度计，为了便于及时调节温度，由专人每 2h 检查和记录一次。冷冻间温度应保持在－20℃以下，使听内四角蛋液冻结均匀结实，以便缩短急冻时间和防止罐身膨胀。在温度为－23℃条件下，急冻 72 h 可以使蛋液温度可以降到－13℃以下，便可以达到急冻要求。

⑥包装：急冻好的冰蛋，在送入冷藏库前须进行包装，即在马口铁听和桶的外面加套涂有标志的纸箱，以便于运输和保管。

3. 注意事项

(1) 冰蛋应贮藏于－18℃冷库中，保存前应该对冷库内进行清洁和消毒。堆放冰蛋制品的垛下面应垫枕木，两层之间应填小木条，垛与垛间留有空隙用来通风。

(2) 包装后的蛋液马上送到速冻车间冷冻。冷冻时，各包装容器之间，尤其采用铁听等大包装之间留有一定的间隙，以有利于冷气流通，保证冰冻速度。

(3) 因种类的不同，不同冰蛋制品的解冻时间也有差异。加盐冰蛋和加糖冰蛋，由于其冰点下降，解冻较快；在一般冰蛋品中，冰蛋黄可在短时间内解冻；但冰蛋白则需要较长解冻时间。

第八节　蛋液制品

蛋液制品一般选择鸡蛋为原料，将鲜鸡蛋经去壳、杀菌、包装等工艺后制成的蛋制品，可分为全蛋液、蛋白液和蛋黄液三种。在营养、风味和功能特性等方面，蛋液基本保留了新鲜鸡蛋原有的特性。由于在生产过程中杀灭了致病菌，蛋液可以在冷藏温度下保存数周；如果添加盐或糖，在冷冻情况下可保存数月。此外，蛋液方便运输及贮藏，没有蛋壳垃圾，可直接运用于食品生产，所以蛋液被广泛应用于食品工业及其他工业中。

一、实验目的

通过本实验的学习，掌握蛋液制作的原理与工艺流程，并进一步了解蛋液的杀菌过程。

二、实验原理

蛋液的制作原理很简单，主要是将检验合格的新鲜蛋经清洗、消毒、去壳后，将蛋清与蛋黄分离或不分离，形成的蛋液经拌匀过滤后杀菌而制成的一类含水量较高的蛋制品。

三、加工实例

1. 实验材料与设备

(1) 原辅材料：鸡蛋、漂白粉、0.4%氢氧化钠、乳化剂。

(2) 主要仪器设备：照蛋器、蛋箱、蛋盘、打蛋器、洗蛋机、均质机、胶体磨、打分蛋器、存蛋杯、蛋液小桶、过滤器、蛇形冷凝管、杀菌器、马口铁罐或聚乙烯袋、无菌包装设备。

2. 实验内容

（1）工艺流程

蛋的选择→蛋的整理→检验→蛋壳的清洗、消毒→晾蛋→打蛋→蛋液的混合与过滤→蛋液预冷→杀菌→蛋液冷却→填充、包装

（2）实验步骤

①蛋的选择：因原料蛋的质量好坏会直接影响到液蛋半成品和成品质量的好坏，所以选择用来加工的蛋必须新鲜、壳表面清洁而无破损、无脏物黏附，符合国家规定的卫生标准。

②蛋的整理：将初步选择之后的蛋送到照蛋车间进行进一步的检验，主要将里面存在的贴壳蛋、散黄蛋、浑汤蛋、霉蛋、受精蛋等不适合加工的蛋要剔除出去。

③检验：蛋的常规检验主要是检查蛋黄的大小、颜色、有无血点、蛋清的稠密度、蛋黄和蛋清各部分比例、水分、pH 值等方面。除此之外，还要特别重视鸡蛋的食品安全和功能性。一方面要监控蛋鸡饲养过程中可能带来的食品安全危害，如农兽药残留、重金属污染、苏丹红、三聚氰胺、微生物污染等问题。另一方面是蛋的功能性的问题，蛋制品功能性的好坏很大程度上取决于鸡蛋的新鲜程度。一般新鲜鸡蛋要存放在温度小于 15℃，相对湿度小于 85%的专用仓库中。在 5～8 月份，贮存时间为 3d；在 9 月～第二年 4 月份，贮存时间为 7d。如采用 0～4℃的低温冷藏可延长蛋品保存期。实际生产中，蛋的新鲜度可以应用专门仪器来测试。

④蛋壳的清洗、消毒：蛋壳表面的脏物和细菌可以用洗蛋器来清洗，水温设置高于蛋温 7℃以上。蛋不可在水中停留，以免洗蛋水渗透到蛋壳内。可在洗蛋水中加入杀菌剂，用于杀菌。蛋经过洗涤之后，蛋壳上还残留很多细菌，因此还需进行消毒。

蛋壳消毒常用的方法有三种：

a. 漂白粉液消毒：用漂白粉溶液（有效氯含量为 100～200 mg/kg）消毒，使用时将该溶液加热至 32℃左右，至少要高于蛋温 20℃，可采用喷淋或浸泡的方式进行消毒。

b. 氢氧化钠消毒法：通常用 0.4% NaOH 溶液浸泡洗涤 5 min，以达到消毒效果。

c. 热水消毒法：该法是将清洗后的蛋在 78～80℃热水中浸泡 6～8s，此法杀菌效果良好。但此法水温和杀菌时间稍有不当，蛋白易发生凝固。

⑤晾蛋：经消毒后的蛋用温水清洗，然后迅速晾干，以防止打蛋时水珠滴入内容物中而污染，并减少蛋壳表面再次污染的机会，从而提高蛋液的质量。晾蛋时间不能太长，否则空气中的微生物会在壳表面大量增殖。常采用自然晾干法、吹风晾干法、烘干法（45～50℃，5min）等。

⑥打蛋：打蛋方法可分为机械打蛋和人工打蛋。将蛋打破后，剥开蛋壳使蛋液流入分蛋器内将蛋白与蛋黄分开。

⑦蛋液的混合与过滤：蛋液的过滤多使用压送式过滤机，也有使用离心分离机以除去系带、碎蛋壳。通过均质机或胶体磨，或添加食用乳化剂使其能均匀混合。

⑧蛋液预冷：预冷是在预冷罐中进行。预冷罐内装有蛇形冷凝管，管内有制冷剂（－8℃的氯化钙水溶液），蛋液在罐内冷却至4℃左右即可。

⑨杀菌：经过洗蛋、打蛋、混合、过滤等处理过程后，原料蛋液均可能再次受微生物的污染。为了保证产品的安全和卫生，蛋液须经杀菌方可继续加工。蛋液的杀菌方法主要有以下三种：

a. 巴氏杀菌：由于有经搅拌均匀的和不经搅拌的普通全蛋液，也有加糖、盐等添加剂的特殊用途的全蛋液，所以采用的巴氏杀菌条件也各不相同。我国规定全蛋液巴氏杀菌条件为64.5℃，3 min。蛋白液巴氏消毒的条件为56.7℃，1.75 min；蛋黄的巴氏杀菌温度比蛋白液稍高，为60℃，3.1 min。因蛋清的蛋白质受热后容易变性，黏度和混浊度增加，所以在做蛋清加热灭菌时要考虑流速、蛋清黏度、加热温度和时间及添加剂的影响。在加热前对蛋清进行真空处理，5.0～6.0 kPa（38～45 mmHg）去除蛋清中的空气，增加蛋液内微生物对热处理的敏感性；然后在51.7～53.3℃温度下，保持3.5 min可以起到良好的杀菌效果。

b. 超高压杀菌：超高压杀菌是一种将食品加压至100～1000 MPa后，保持一段时间使食品中的酶失活、微生物死亡。由于超高压杀菌对蛋白的一级结构没有破坏，对二级结构有稳定的作用，因而可以最大程度地保持食品原来的营养品质、风味、质地、色泽和新鲜程度。

c. 电脉冲杀菌：是利用LC振荡电路形成的脉冲来杀菌。将要杀菌处理的食品置于带有两个电极的处理室中，然后在高压电形成的脉冲电场作用下，可以将蛋液中的微生物杀灭。目前，国外以将脉冲电场杀菌应用于蛋液的工业化生产。脉冲电场杀菌的条件为：电场强度为35～45kV/cm，流量为3 000～8 000L/h。脉冲电场处理全蛋液在4℃下可以放置4周左右。

⑩蛋液的冷却：如果直接使用的蛋液，冷却至15℃左右即可。但如若出售，则须迅速冷却至2℃左右，然后装到适当容器中。液蛋在杀菌后急速冷却至5℃时，可以贮藏24 h；若迅速冷却至7℃，则仅能贮藏8h。为了防止蛋液起泡，在填充前先将蛋液移入搅拌器中，再加入10%左右食盐或10%～50%的砂糖。

⑪蛋液的充填、包装：蛋液包装的规格一般为12.5～20.0 kg，其内壁镀锌（或衬聚乙烯袋）的方型或圆形马口铁罐。为了便于充取，选用广口的容器盖。空罐在充填前必须水洗、干燥；如衬聚乙烯袋则填充蛋液后应封口或用橡皮筋封紧后再加罐盖。为了方便零用，也可以使用2～4 kg塑料袋包装或纸板包装产品。

思考题

1. 干蛋制品的用途有哪些方面？
2. 次劣皮蛋的种类及形成原因有哪些？
3. 无铅皮蛋与传统皮蛋加工原理与工艺上有何区别？
4. 次劣糟蛋产生的原因是什么？如何控制？
5. 糟蛋的种类有哪些？
6. 各组分在蛋黄酱中的作用是什么？
7. 蛋黄酱依靠什么防止微生物引起腐败，保持产品的稳定性？
8. 液蛋消毒有几种方法？你认为哪一种最好？
9. 全蛋液、蛋白液、蛋黄液在杀菌时所需的杀菌温度一样吗？为什么？

第六章　水产品加工工艺学实验

第一节　即食型调味裙带菜

裙带菜是一种可食用经济褐藻，含有多种营养成分，每100 g裙带菜干品中含粗蛋白质11.6 g、碳水化合物37.81 g、脂肪0.32g、灰分18.93 g，还含有褐藻胶酸、食物纤维、胡萝卜素、硫胺素、核黄素、叶酸、烟酸、钙、碘、铁、锌、磷等微量成分。裙带菜中含钙量约为牛奶的10倍，含铁量约为菠菜的21倍，含锌量是牛肉的3倍，含碘量高于海带，可预防和治疗甲状腺机能减退症、高血压，其富含的氨基酸、粗纤维等成分，具有帮助消化，防止肥胖和便秘等食用功能，容易达到减肥、清理肠道、保护皮肤、延缓衰老的功效，加之其高营养、低热量的特点，是深受消费者喜爱的健康食品。

本实验以裙带菜为主要原料，调理、加工后所得的即食型调味裙带菜产品，具有色泽翠绿、口感幼嫩脆爽、滋味鲜美清香、开袋即食等特点，可供消费者佐餐食用，迎合了现代人生活节奏快，对食物的健康、安全、方便等要求较高的特点。

一、实验目的

学习与掌握即食型调味裙带菜的制作工艺及其操作要点。

二、实验原理

将干裙带菜浸泡、清洗、切丝，并加热，蒸煮熟化，加入酱油等调味料进行调味，使之具有浓厚的味道，再经脱水包装、封口、杀菌，得到即食型调味裙带菜产品。

三、加工实例

1. 实验材料与设备

（1）原辅材料：干裙带菜、调味液（以干裙带菜1 kg计：白糖100 g、盐20 g、酱油40 g、味精40 g、白醋40 g、辣椒粉15 g、芝麻、生姜适量）、食品添加剂（硫酸锌、氯化钙、山梨酸钾等）。

（2）主要仪器设备：砧板、刀具、炉灶、真空封口机、杀菌锅等。

2. **实验内容**

(1) 工艺流程

原料选择→整理→浸泡、清洗→护色、保脆→切丝→浸渍→包装→封口→杀菌→成品

(2) 实验步骤

①原料选择：选用符合水产行业标准 SC/T 3213—2002《干裙带菜叶》一级标准的干燥裙带菜。

②整理：去除附着于裙带菜表面的泥砂等杂物，并剪去颈部和菜体较薄的梢部。

③浸泡、清洗：将整理好的裙带菜用水轻轻洗净，并在此步骤严格控制其水分含量。

④护色、保脆：沥干水分后，将裙带菜置于 300 mg/L、pH 6.5 的醋酸锌溶液中，浸泡 5 min（80～90℃）后取出，再将其置于 0.2%的氯化钙溶液中浸泡 10 min。

⑤切丝：将裙带菜切成宽约 5 mm 的丝。

⑥浸渍：按调味液配方调制调味料，并按裙带菜与调味液总质量的 0.1%添加山梨酸钾，将裙带菜丝倒入调味液中浸泡 2～3 h。

⑦包装、封口：计量包装，采用真空封口机密封包装袋后，辊压整形，使袋体扁平。

⑧杀菌：采用 90℃热水杀菌 30 min，杀菌终了时，立即用冷水冷至室温。

(3) 成品评价

①感官评价：即食型裙带菜产品应颜色翠绿、口感脆嫩、滋味鲜美，无杂质、异味。

②理化指标：单位包装的产品应计量准确 [±（5～10）g]，食盐含量（以 NaCl 计）$< 5\%$，Zn $\leqslant$ 5 mg/L。

③微生物指标：细菌总数低于 100 个/g，不得检出致病菌。

3. **注意事项**

(1) 尽量选择色泽较深、叶质宽厚的裙带菜，并将附着于其表面的草棍、泥砂等杂物刷除，剔除不合格原料，切去根基部、梢部等不可食部分。

(2) 烘干过程应注意避免杂物混入。

第二节　金枪鱼松

金枪鱼又名吞拿鱼、鲔鱼，是一种经济价值较高的大型远洋性商品食用鱼。由于其肌肉中含有大量的肌红蛋白而肉色呈现为红色，加之其游动快速且只在海域深处活动，因此其肉质柔嫩、鲜美，不易受环境污染，是现代人不可多得的健康美食。金枪

鱼肉营养价值较高，其中蛋白质含量高达20%，但脂肪含量较低，其脂肪酸多为不饱和脂肪酸，如具有治疗冠状动脉心脏病、高血压作用的EPA等，此外，金枪鱼肉中还含有多种维生素、丰富的铁、钾、钙、镁、碘等矿物质。据分析，每100 g金枪鱼肉中含蛋白质27.1 g、脂肪9 g、维生素B_6 0.51 mg、硫胺素0.02 mg、核黄素0.12 mg、烟酸16.1 mg、维生素B_1 25 μg、叶酸5 μg、钙12 mg、磷200 mg、钾260 mg。以金枪鱼为原料生产的鱼松制品，具有色泽金黄、风味独特、营养价值高的特点，除含较高蛋白质外，还含有丰富的维生素B_1、B_2、尼克酸以及钙、磷、铁等矿物质，对儿童、老人和病人的营养摄取很有益处。

一、实验目的

学习与掌握鱼松的生产工艺及其操作要点。

二、实验原理

鱼松是用鱼类肌肉制成的金黄色绒毛状调味干制品。鱼松中含有丰富的蛋白质、多种必需氨基酸、维生素和矿物质，易被人体消化吸收。鱼松的制作过程为选择肌肉纤维较长的鱼类，通过蒸煮、去皮、去骨、调味炒松、晾干等工艺操作，使鱼类肌肉失去水分，制成色泽金黄、绒毛状的干制品。

生物体内的水按其存在状态可分为自由水与结合水。结合水也称为束缚水或固定水，通常是指存在于溶质或其他非水组分附近的、与溶质分子之间通过化学键结合的那一部分水，例如吸附在食物蛋白质和淀粉等大分子表面的水，它们与食品成分呈结合状态。结合水不能被微生物所利用。自由水具有水的全部性质，可作为溶剂运输营养和代谢产物，也可在体内自由流动，参与维持电解质平衡和调节渗透压。自由水在干燥时易蒸发，能被微生物生长所利用，各种化学反应也可以在自由水中进行，因此自由水的含量直接关系到水产品的储藏期和腐败进程。

将鱼肉加工成鱼松的工艺之一是干燥，其目的是通过去掉鱼肉中的自由水，使其储藏期延长。干燥原理是热空气经过物料表层，使其水分蒸发而干燥。为使物料干燥能进行下去，水分首先从物料内部扩散至表面，再通过物料表面的空气而蒸发。前者称为内部扩散，后者称为表面蒸发，干燥速度由这两个因素决定。如果表面蒸发过快，则物料表面干燥过快，就容易产生表面硬化，影响产品品质。

三、加工实例

1. 实验材料与设备

(1) 原辅材料：金枪鱼（青鱼、草鱼、罗非鱼等淡水鱼类也可）、猪油适量。

调味液配方（供15 kg原料调味）：原汤汁（猪骨或鸡骨汤）1 kg、水0.5 kg、酱油400 mL、白糖200 g、葱200 g、姜200 g、花椒25 g、桂皮150 g、茴香200 g、味精适量。

（2）主要仪器设备：砧板、刀具、不锈钢器具、炉灶、不粘锅、漏勺等。

2. 实验内容

（1）工艺流程

原料选择→预处理→蒸煮→去皮、骨刺→沥干→炒制→冷却→包装→成品

（2）实验步骤

①原料选择：选择肉质厚实、鲜度较高的金枪鱼，或选择肌肉纤维较长的、鲜度标准为二级的鱼，变质鱼严禁使用。

②预处理：原料鱼先水洗，去鳞之后由腹部剖开，去内脏、黑膜等，再去头、尾、鳍等不可食部分，去脊骨，取下背部两块肉，清水洗净，滴水沥干。

③蒸煮：将沥水后的鱼肉放入蒸笼中，锅中放清水，加热蒸煮约 15 min，至鱼肉能剔骨为宜。

④去皮、骨刺：将蒸熟的鱼趁热去皮，除掉骨刺，留下鱼肉。将鱼肉放入清洁的白瓷盘内，在通风处晾干，并随时将肉撕碎。

⑤沥干：用漏勺沥去水分。

⑥炒制：把适量猪油放入炒锅中加热，然后将撕碎的鱼肉放入锅内并不断翻炒，再用竹帚充分炒松，约 20 min，等鱼肉变成松状，即将调味液喷洒在鱼松上，随时搅拌，炒至锅中鱼肉松散、干燥，色泽和味道均适合为止。

⑦冷却：将已炒好的鱼肉自锅中取出，置于白瓷盘中冷却，至常温即成鱼松。

⑧包装：成品冷却后用塑料食品袋包装，包装袋最好采用复合薄膜或罐头装，可选用 100 g、200 g 两种质量规格。

（3）成品评价

①产品外观：色泽金黄，肉丝疏松，无潮团，口味正常，无焦味及异味，允许有少量骨刺存在。

②化学指标：水分 12%～16 %，蛋白质 52%以上。

③细菌指标：无致病菌，0.1 g 样品内无大肠杆菌。

3. 注意事项

（1）原料预处理时可将鱼肉顺着纤维纹路刮下，刀的倾斜角以 45°为宜，将鱼肉刮成薄片。

（2）蒸煮时要在蒸笼底部铺上湿纱布，防止鱼皮、肉粘着或脱落到水中，清水用量约为 1/3。

（3）炒松时调味液需预先煮制，先将原汤汁放入锅中烧热，然后按配方中用量加入酱油、桂皮、花椒、糖、葱、姜等，可将桂皮、花椒等香料放入纱布袋中，再连袋放入，以防混入鱼松的成品中去，待煮沸熬煎后，加入适量味精，取出放瓷盘中待用。调味料可根据消费地区、对象的具体情况，将调味料配方作适当调整。

（4）炒松要用文火，以防鱼松炒焦发脆。

第三节 茄汁鲅鱼罐头

鲅鱼为我国北方经济鱼类之一，具有肉质坚实紧密、肉多刺少、味道鲜美、营养丰富的特点。除鲜食外，鲅鱼经常被加工制成鱼罐头和熏鱼等咸干制品。每 100 g 鲅鱼肉中约含蛋白质 21.2 g、脂肪 3.1 g、碳水化合物 2.1 g，并含有维生素 A、矿物质（主要是钙）等营养元素。茄汁鲅鱼罐头是以新鲜鲅鱼为原料，经加工处理、装罐、调味、密封、杀菌等加工过程制成的即食罐头产品，由于食用方便、营养丰富、便于携带，深受消费者青睐。

一、实验目的

学习与掌握茄汁鱼罐头的加工保藏原理，以及鱼罐头的制作工艺与操作要点。

二、实验原理

食品罐藏是将经过一定处理的食品装入容器内，经高温处理将绝大部分微生物杀灭并使酶失活，同时又使罐内食品不再被外界微生物污染，从而消除了引起食品变质的主要原因，使其在室温下长期贮存的食品保藏方法。经过上述工艺处理并可在室温下保存较长时间的食品称为罐藏食品或罐头。

茄汁鱼罐头是一种深受市场欢迎、风味独特的调味罐头，其调味品主要为番茄酱。由于茄汁有调节和部分掩盖原料异味的作用，因而对原料的要求比清蒸、油浸等类型的产品要低。这是由于茄汁中的有机酸与鱼肉蛋白质的分解产物胺类可以发生碱性中和作用。此类罐头的原料主要包括鲭鱼、鲅鱼、鳗鱼、沙丁鱼、鲱鱼等海洋中上层多脂肪鱼类及各种淡水鱼。

鱼类的腐败变质主要是由于微生物和酶引起的。微生物受到加热处理，对热较敏感的就会死亡，加热促使微生物死亡的原因一般认为是由于细胞内蛋白质受热凝固因而失去了新陈代谢的能力所致。鱼类中污染的微生物种类很多，微生物的种类不同，其耐热性也不同，即使同一菌种，其耐热性也因菌株不同而有差异。肉毒梭状芽孢杆菌是致病性微生物中耐热性最强的，它是非酸性罐头的主要杀菌目标。

三、加工实例

1. 实验材料与设备

（1）原辅材料：鲅鱼，茄汁，香料水。

茄汁配方：番茄汁 56.6 kg、砂糖 9 kg、精盐 2.7 kg、精制植物油 12 kg、香料水

19.7 kg，配成总量 100 kg。

香料水配方：月桂叶 20 g、胡椒 20 g、洋葱 2.5 kg、丁香 40 g、元荽子 20 g、水 12 kg，配成总量 12.5 kg。

（2）主要仪器设备：金属罐、真空封罐机、杀菌锅、排气箱等。

2. 实验内容

（1）工艺流程

原料选择→预处理→盐渍→装罐→预煮→加茄汁→排气→杀菌、冷却→保温、检验和储藏

（2）实验步骤

①原料选择：选用气味正常，肌肉富有弹性的原料鲅鱼，将有异味、腐败现象的鱼剔除。

②预处理：将合格的原料鲅鱼在流动水中洗去表面黏液及污物，除去头、鳍，切开鱼肚，除去内脏（注意不要弄破鱼胆），并刮去腹腔内的黑膜、血污，根据罐型，将鱼体切段、洗净控水待用。鱼段长度一般为：397 g 装 3～3.5cm；198 g 装 2.5～3cm。

③盐渍：将鲅鱼段放在 10～15・Be 的盐水中盐渍 20 min，期间搅拌 2 次，盐水与鱼的比例为 1：1，盐渍结束后捞出鱼块用清水冲洗干净，沥干水分。

④装罐：空罐应事先消毒，倒置沥干备用。装罐要求大小部位均匀搭配，排列整齐，块形完整、色泽一致、罐口清洁，上层要留有间隔，不得伸出罐外。

⑤预煮：生鲅鱼装罐后罐内注满清水，95～100℃下蒸煮 20～30 min，脱水率约 18%～22%，沥净汤汁。

⑥加茄汁：向罐内加注配制好的茄汁，茄汁温度＞75℃。茄汁的配制：按配方称取香辛料，将香辛料与水一同在锅内加热煮沸，并保持微沸 30～60 min，用开水调整至规定总量，过滤备用。将香料水倒入夹层锅，边搅拌边加入白糖和精盐，使其溶化，再将预先混合好的番茄酱与植物油慢慢倒入，搅拌 30 min，加热至 90℃备用。

⑦排气：采用真空封罐机排除罐内空气。加入茄汁之后的罐头立即送入真空封口机中抽气密封，罐中心温度为 75～80℃，真空泵指示为 350～400 毫米汞柱左右，封口后逐罐清洗干净罐身的油污和茄汁。

⑧杀菌、冷却：封罐后迅速杀菌，参考杀菌过程为（15min - 80min - 15min）/118℃，反压冷却至 38℃，取出擦罐。

⑨保温、检验和储藏：将罐头放置于（37 ± 2)℃的保温室 7d 后观察是否出现胀罐现象，若没有出现胀罐即可进行储藏。保温室上下四周的温度须均匀一致。

3. 注意事项

（1）原料鱼若为鲜鱼，需尽量选取表皮有光泽，眼球突出，鳃鲜红，肌肉有弹性，骨肉不分离，不破肚，无异味的鱼；若为冻鱼，则需解冻完全，解冻用水温度应控制在 20℃以下。

（2）浸渍是为了对鱼体进行调味，罐头成品中的食盐含量一般控制在1%～2.5%之间。

第四节　调味罗非鱼片

罗非鱼是慈鲷科热带鱼类，俗称“非洲鲫鱼”，是一种中小形鱼淡水养殖鱼类，其肉味鲜美、肉质细嫩有弹性，含有丰富的蛋白质和多种不饱和脂肪酸，以尼罗罗非鱼为例，每100g鱼肉中含蛋白质20.5 g，脂肪6.93 g，热量619.5 kJ，钙70 mg，钠50 mg，磷37 mg，铁1 mg，维生素B_1 0.1mg，维生素B_2 0.12 mg。

调味鱼片是一种经调味、烘烤、辊压而成的方便食品，以罗非鱼制成的调味鱼片色泽金黄色、口感脆且有嚼劲，鱼香味浓，是老少皆宜的休闲食品。

一、实验目的

学习与掌握淡水鱼干制保藏的原理和方法，以及淡水鱼调味鱼片的制作工艺及其操作要点。

二、实验原理

由于使用了食盐、糖、山梨醇、调味液等浸渍，赋予了其浓厚的滋味，在一定程度上也降低了水分活度（Aw）；同时，由于使用了甘油、山梨醇等作保水剂，降低了食品的Aw，从而抑制了干燥速度，使其制品接近于中间水分食品，即Aw为0.65～0.9，水分含量为20%～50%的一类食品，这类食品即使不经过冷藏或加热处理也是安全的，故在无冷藏和无冷冻条件下也能保存，从而达到了保藏的目的。

鱼片加工过程中的干燥是分阶段进行的。首先是鱼片表面水分的蒸发，从而使鱼片表面与内部之间产生了水分含量差，内部的水分向外扩散至表面后再蒸发，最终达到干燥的目的。在一定温度下，鱼片的干燥速率开始时较高，以后逐渐降低。当自由水含量较高时，其干燥曲线基本上呈一条直线，这时蒸发较快，鱼片表面干燥也快；当自由水降低到一定程度后，鱼片内部的水分向外扩散，由于扩散速度较慢，干燥速率明显下降。

鱼片加工过程中干燥操作是其品质控制的关键，要注意控制好温度变化和晾置的时间。烘干时要注意温度不能过高，保证热风的循环可以带走水气。若烘干温度过高，鱼片表面的水分已被蒸发掉，而内部的水分还未充分散失出来，这样鱼片表面的肌肉收缩硬化，形成硬壳，使其内部水分无法扩散出来。表面上鱼片已烘干，而内部水分含量还很高，产品在贮藏、流通或销售过程中容易腐败变质。为保证内部水分充分扩散到表面，在烘干一段时间后要将鱼片取出摊晾，使鱼片内部和外部的水分含量相近。

如鱼片较厚较大，则需适当延长烘干和晾置时间。

三、加工实例

1. 实验材料与设备

（1）原辅材料：罗非鱼，盐2%、味精1.2%、糖8%、黄酒1.5%（以水为基准）。涂布的酱：糖浆300 g、酱油60 g、黄酒50 g、食盐10 g（以糖浆为基准）。

（2）主要仪器设备：砧板、刀具、不锈钢盘、尼龙网片、不锈钢网、烘箱、包装机等。

2. 实验内容

（1）工艺流程

原料选择→预处理→开片取肉→去皮→漂洗→浸渍→摊片→烘干→烘烤→碾压拉松→后处理→包装→成品

（2）实验步骤

①原料选择：选择鱼鳃呈淡红色或暗红色、眼球微凸且黑白清晰、鱼体外观完整、无鳞片脱落现象、无臭腥味的新鲜罗非鱼作为加工原料。

②预处理：原料鱼先水洗，除去鳞、鳍、内脏、头、尾等不可食部分，再用清水洗去血污杂质，沥干。

③开片取肉：去脊骨，取下背部两块肉，操作时，要顺纤维纹路刮，刀的倾斜角以45°为宜。

④去皮：采用机械或人工去皮，去除黑膜、杂质以及大的骨刺，保持鱼片洁净。

⑤漂洗：采用流动水漂洗，漂洗干净后，捞出沥水。

⑥浸渍：将按配方称好的调味料倒入水中，搅拌均匀、溶解。将沥干水分的鱼片置于调味液中腌渍，入味约1 h，并常翻动，调味温度控制在室温（15℃）。

⑦摊片：鱼片腌制好后取出，均匀摆放至尼龙网片上，摆放时片与片间距要紧密，鱼肉纹理要基本相似。

⑧烘干：摊放好后把托盘放入烘箱内烘干，开启烘箱的热风循环以保证水分的有效散失。烘箱温度不宜过高，以不高于40℃为宜。烘至3 h后将鱼片取出，在室温下晾置2 h左右，使鱼片内部水由内向外扩散，再将鱼片放入烘箱干燥，使其水分降至25%左右。如鱼片过大过厚则适当延长烘干和晾置时间。烘干后的鱼片即为生鱼片，此时鱼片为半透明状。

⑨烘烤：将生鱼片直接放置在托盘上置于烘箱内烘烤，放入5 min后翻动鱼片，以避免鱼片粘于板上，烘烤温度以180℃左右为宜，时间35min左右（烘烤过程中，在鱼片半干时可在鱼表面涂抹一层酱，使其更加美味）。

⑩碾压拉松：烤熟后的鱼片趁热碾压拉松。

⑪后处理：鱼片拉松后捡出剩余的较大骨刺，手工去除残留鱼皮，并修剪整形。

⑫包装：袋装，也可采用真空包装以延长鱼片的保质期。

（3）成品评价

①感官评价：鱼片色泽黄白，边角允许略带焦黄色，但不能焦黑；鱼片形态平整，片形基本完好，厚薄均匀一致，肉质疏松，撕裂时有一定力度；有鱼肉香味，无哈喇味及其他异味。滋味鲜美，咸甜适宜，有一定咀嚼力度。

②水分含量：要求水分含量在18%～22%。

③微生物指标：细菌总数低于100个/g，不得检出致病菌。

3. 注意事项

（1）原料选择与预处理时，应注意尽量选体态完整，色泽正常，无病的原料鱼。去内脏时注意不要弄破苦胆，并将黑色肠系膜去除干净。

（2）开片取肉时可选用尖的片刀进行分片，刀刃自鱼体脊椎骨向下开片，沿脊排骨刺向下，将鱼体分为两片，鱼肉片的厚度一般在4 mm。要注意尽量保持走刀的准确性，以保证鱼片的完整性。

（3）鱼片含血较多，必须洗净。漂洗是提高鱼干片质量的关键，需彻底洗净血污直至鱼片洁白有光泽。

（4）调味液的用量视鱼肉量而定，能淹没鱼肉即可。腌制温度需严格控制在15℃，并使鱼片充分腌透。

（5）摊片时需注意把鱼片周边弄平后再摊放，间距不要过小，背面朝下。

（6）当鱼片中间呈现灰白、微黄的不透明状，周边带有焦黄色时表明鱼片已经烤熟，这时应立刻出箱以防烤焦。

（7）碾压拉松时可用擀面杖代替机械操作，注意应沿着鱼肉纤维的垂直方向进行碾压，使鱼片肌肉组织疏松均匀，面积扩大。

（8）鱼片烘干后会有较大的骨刺弹出表面，需手工捡出，细小的鱼骨可不必理会，小的鱼骨已变得脆软，不会卡喉。

第五节　鳕鱼香肠

鳕鱼是世界年捕捞量最大的鱼类之一，世界上很多国家都把鳕鱼作为其主要食用鱼类。鳕鱼肉质细嫩、肉味甘美、清口不腻、营养丰富。与三文鱼、带鱼等鱼类相比，鳕鱼肉中含有更高的蛋白质，而其脂肪含量仅为0.5%，比三文鱼低17倍，比带鱼低7倍。每100 g鳕鱼中含蛋白质20.4 g、脂肪0.5 g、碳水化合物0.5 g、维生素A_{14}μg、硫胺素0.04 mg、核黄素0.13 mg、烟酸2.7 mg、钙42 mg、磷232 mg、钾321 mg、钠130.3 mg、镁84 mg，可为人体提供368.3 kJ的热量。

鱼香肠是一种以鱼糜为主料、辅以优质淀粉与猪肉，经调味后充填于肠衣中，经密封、杀菌等处理制成的肠制品，其鱼肉量约占成品质量的50%以上。它的优点是营养丰富、风味独特、有外包衣，便于流通与贮藏，卫生条件较好，是一种实用、携带方便的快餐食品，深受广大消费者青睐。

一、实验目的

掌握鱼香肠生产的工艺流程及操作方法。

二、实验原理

鱼香肠的加工原理与鱼板、鱼糕产品类似，即鱼糜、猪肉中的蛋白质凝胶化过程。

鱼肉中的蛋白质主要分为盐溶性蛋白质、水溶性蛋白质和不溶性蛋白质。其中盐溶性蛋白质是一类能溶于中性盐溶液，并在加热后可形成具有弹性凝胶的蛋白质。盐溶性蛋白质也称为肌原纤维蛋白，主要由肌球蛋白、肌动蛋白和肌动球蛋白组成，它们是形成凝胶的主要成分。

鱼糜凝胶化：在鱼肉斩拌或擂溃的过程中，构成其肌原纤维肌丝中的肌球蛋白与肌动蛋白由于氯化钠的盐溶作用而发生溶解，在溶解过程中两者与水混合发生水化作用，聚合成黏性很强的肌动球蛋白溶胶。鱼糜的加热方式多为二段式加热，即先将处理好的鱼肉在低温下放置一段时间使肌动球蛋白溶胶发生凝胶化；然后再在85～95℃的温度加热，由于在50～70℃温度范围内鱼糜中的蛋白酶会水解鱼糜蛋白发生凝胶劣化，因此需要尽快通过此温度带，在85～95℃的温度下加热，此时鱼糜凝胶强度明显加大，凝胶变成有序和非透明的状态。

凝胶化现象是由于盐溶性蛋白质充分溶出后，其肌动球蛋白在受热后高级结构解开，包括肌球蛋白分子尾部α-螺旋结构的展开以及疏水区的相互作用，进而在分子间产生架桥，形成三维的网状结构。由于在形成的网状结构中包含了大量的自由水，在热作用下网状结构中的自由水被封锁在网目中不能流动，从而形成了具有弹性的凝胶状物。

三、加工实例

1. 实验材料与设备

(1) 原辅材料：鳕鱼肉75 kg、猪肉4 kg、精制淀粉12 kg、黄酒2.5 kg、葱末2 kg、味精2.5 kg、姜末1 kg、砂糖1 kg、水适量、PVDC人造肠衣（聚偏二氯乙烯）等。

(2) 主要仪器设备：砧板、刀具、绞肉机、擂溃机、自动充填结扎机、杀菌锅等。

2. 实验内容

(1) 工艺流程

原料选择→预处理→去皮、采肉→漂洗→脱水→擂溃→灌肠→杀菌→成品

（2）实验步骤

①原料选择：本实验选用鳕鱼作为鱼香肠的原料（若无鳕鱼，可选用其他新鲜的小杂鱼，并适当加入一定数量的其他鱼肉，如大黄鱼、小黄鱼、淡水产的青鱼、草鱼、链鱼等），将有异味、腐败现象的鱼剔除。

②预处理：刮除鳞片，切去鱼体上的胸鳍、背鳍、腹鳍、尾鳍，沿胸鳍基部切去头部、尾部，剖开腹部，去除内脏，洗去血污和腹内黑膜。

③去皮、采肉：用刀沿脊骨切下左右两片背部肌肉，不能带有骨刺、黑膜，控制采肉率为25%左右。

④漂洗：按鱼肉与水为1∶1.5的比例漂洗鱼肉，将血水去除。

⑤脱水：将漂洗后的鱼肉沥干脱水，程度控制为漂洗前鱼肉重的95%。

⑥擂溃：将猪肉和鱼肉用绞肉机绞两遍，然后移到擂溃机中，加入食盐搅拌5 min，再将调味料倒入，擂溃20～30 min，期间不断加入碎冰块，使温度控制为0～10℃之间，鱼糜呈酱状，有黏性。

⑦灌肠：将上述配好的料灌入肠衣内，两端用金属铝环结扎、密封。

⑧杀菌：需视鱼香肠的具体情况及条件而定。先将水烧开，再使水降到90℃左右，将鱼香肠放入，使水温保持在80～95℃，煮制30～35 min；或将鱼香肠先于80～85℃加热30 min，再将温度升至120℃，加热5～25 min，取出。

⑨成品：将香肠放人20℃的水中冷却30 min左右，取出沥去水分即为成品鱼香肠。

（3）成品评价

感官性状：外观应形状正常、填充饱满、无裂纹，两端封口良好，结扎部位无内容物附着，长度粗细基本一致。内容物色泽良好，切面色泽均匀光亮，肉质柔嫩细紧，口感好，具有鱼香肠特有的香味和滋味，无异味。

3. 注意事项

（1）人工采肉时需注意将采肉率控制在25%左右，若采肉率太低，则影响成品出成率、成本上升；若采肉率太高，会采伤血红肌肉，影响成品色泽和品质。同时注意，要去掉鱼肉中混入的少量鱼刺和鱼鳞。

（2）PVDC人造肠衣材料脆性较大，如气温较低可将肠衣至25℃温水中浸泡，待肠衣回软后再使用。灌肠时应注意，不要将肠衣灌得太满，需留一些空隙，以免在加热时，鱼糜膨胀造成肠衣破裂。

（3）成品鱼香肠应无气泡，长短一致，粗细均匀，黏合牢固。

思考题

1. 为什么要轻轻洗涤裙带菜?
2. 为什么要对裙带菜进行护色处理?
3. 为什么要对裙带菜进行保脆处理?
4. 当其他鱼类作为鱼松的原料肉时，应如何选择?
5. 原料装罐时为什么要留有一定的顶隙?
6. 预煮的目的是什么?
7. 抽真空时应注意什么? 为什么?
8. 罐头冷却时应注意哪些问题? 为什么?
9. 有哪些因素可影响罐头热力杀菌效果?
10. 鱼片品质的影响因素有哪些?
11. 调味鱼片的品质应如何控制?
12. 加热操作前应注意什么?

第七章　糖果工艺学实验

第一节　硬质糖果

硬质糖果（以下简称硬糖）以多种可食用甜味剂经充分溶解混合，高温浓缩脱水至含水量在2%以下的一种糖果产品。硬糖比重在1.4～1.5之间，还原糖含量范围10%～18%，主要原料为结晶性糖，常温下以无定形固态状态呈现，是所有类型糖果中含水量最低的一类糖果。组织致密，口感硬脆，深受广大消费者喜爱。尤其以水果硬糖最为常见，可根据不同口味需求添加相应的香精香料调配不同的水果香味。

一、实验目的

通过本实验的学习，了解硬糖加工的主要原辅料，进一步熟悉硬糖的独有特性，并最终掌握硬糖的加工工艺流程及具体操作细则。

二、实验原理

砂糖是由大量蔗糖分子有序排列而成的结晶体。蔗糖易溶于水，随温度升高溶解度增加。在偏酸性环境下进行加热浓缩时，部分蔗糖分子水解成为转化糖（葡萄糖和果糖），经浓缩后形成糖膏，糖膏是由蔗糖、转化糖以及淀粉糖浆组成的无定形结构。

无定形结构糖膏不稳定，有分子重排形成晶体的趋势，即返砂。为了保持糖膏无定形结构的相对稳定性，在加工过程中就应加入抗结晶物质。抗结晶物质的种类很多，如胶体物质、糊精、还原糖和某些盐类，但在糖果生产中普遍使用的抗结晶物质是淀粉糖浆，以提高糖溶液的溶解度和粘度，抑制蔗糖分子重排引起返砂。

无定形结构糖膏的另一个特性是没有固定的凝固点。把熬糖后形成的糖膏置于冷却台进行冷却成型，随着温度不断降低，粘度不断增大，原来流体状的糖膏渐变为固体。

三、加工实例

1. 实验材料与设备

（1）原辅材料：砂糖100份、淀粉糖浆30份、水25份、柠檬酸0.8份、适量水果香精，视加工要求添加少量色素。

（2）主要仪器设备：化糖锅、真空熬糖锅（带搅拌器）、冷却台、模型盘、振动筛等。

2. **实验内容**

（1）工艺流程

甜味料→溶糖→过滤→熬糖→冷却→成型→拣选→成品

（2）实验步骤

①溶糖：先将水预热到80℃，然后加入砂糖进行溶解，待砂糖即将完全溶解时加入淀粉糖浆，并不断搅拌混匀。

②过滤：为了防止未溶解砂糖颗粒及其它杂质混入糖液中，溶糖后糖液需经过过滤处理，筛子规格一般为80～100目，如要求更高可采用300目筛。

③熬糖：对过滤后糖液进行真空熬煮，气压控制在0.7～0.8MPa，温度控制在125℃左右，糖液在蒸发室内停留2min进入下一道工序。

④冷却：将浓缩后糖膏冷却至110℃左右，加入香精和色素等辅料进行充分搅拌调和，之后将糖膏继续冷却至85℃左右。

⑤成型、拣选：将冷却后糖膏浇注于模型盘成型，最后使用振动筛对成型后糖果进行拣选，选出未定型废糖。

（3）成品评价

硬质糖果质量标准应符合SB/T 10018—2008的相关要求。

①感官要求：硬质糖果感官要求见表7-1。

表7-1　硬质糖果感官要求

<table>
<tr><th colspan="2">项　目</th><th>要　求</th></tr>
<tr><td rowspan="4">色　泽</td><td>砂糖、淀粉糖浆型</td><td>光亮，色泽均匀一致，具有品种应有的色泽</td></tr>
<tr><td>砂糖型</td><td>微有光泽，色泽较均匀，具有品种应有的色泽</td></tr>
<tr><td>夹心型</td><td>均匀一致，符合品种应有的色泽</td></tr>
<tr><td>包衣、包衣抛光型</td><td>均匀一致，符合品种应有的色泽</td></tr>
<tr><td colspan="2">形　态</td><td>块形完整，表面光滑，边缘整齐，大小一致，厚薄均匀，无缺角、裂缝，无明显变形</td></tr>
<tr><td rowspan="4">组　织</td><td>砂糖、淀粉糖浆型</td><td>糖体坚硬而脆，不粘牙、粘纸</td></tr>
<tr><td>砂糖型</td><td>糖体坚硬而脆，不粘牙、粘纸</td></tr>
<tr><td>夹心型</td><td>糖皮厚薄均匀，不粘牙、粘纸，无破皮、馅心外漏；无1mm以上气孔</td></tr>
<tr><td>包衣、包衣抛光型</td><td>块形完整，表面光滑，边缘整齐，大小一致，无缺角、裂缝，无明显变形，无粘连，包衣厚薄均匀</td></tr>
<tr><td colspan="2">滋味气味</td><td>符合品种应有的滋味气味，无异味</td></tr>
<tr><td colspan="2">杂　质</td><td>无肉眼可见杂质</td></tr>
</table>

②理化指标：理化指标见表 7－2。

表 7－2　糖果产品理化指标

项　目	指　标
铅（Pb）/（mg/kg）	≤1
总砷（以 As 计）/（mg/kg）	≤0.5
铜（Cu）/（mg/kg）	≤10
二氧化硫残留	按 GB2760 执行

③微生物指标：微生物指标见表 7－3。

表 7－3　糖果产品微生物指标

项　目	指　标		
	菌落总数/（cfu/g）	大肠菌群/（MPN/100g）	其他致病菌（沙门氏菌、志贺氏菌、金黄色葡萄球菌）
硬质糖果、抛光糖果	≤750	≤30	不得检出
焦香糖果、充气糖果	≤20 000	≤440	
夹心糖果	≤2 500	≤90	
凝胶糖果	≤1 000	≤90	

3. 注意事项

在溶糖操作过程中，务必先加入砂糖进行溶解，待几乎溶解完毕后再加入淀粉糖浆，因为淀粉糖浆偏酸性，若提早加入，会增加砂糖水解转化，生成大量转化糖，影响糖果的品质。

第二节　硬质夹心糖果

硬质夹心糖果以硬质糖果基体作为外层包裹不同的心体物料，经充填拉伸成型的外皮坚脆均匀的固体糖块，其外层的原辅料构成与理化性质与硬质糖果相似。其心体被称作馅料，根据心料形态及特性不同主要分为酥心型、粉心型、酱心型、果心型、浆心型五种。由于其独特的工艺和物料组成，食用时会产生多种不同的口感，是糖果产业中很重要的一种产品。

一、实验目的

通过本实验的学习，了解硬质夹心糖果产品的特点，熟悉该糖果的加工工艺流程及操作要领，为日后在糖果企业工作打下坚实的专业技能基础。

二、加工实例

（一）果酱夹心硬质糖果制作

果酱夹心糖果以天然果酱和糖料制得馅料，再用硬糖坯作外壳制成皮脆内糯，水果风味独特，酸甜可口的产品。该产品含水量一般在20%左右，因此，在制作、贮运过程中，常会出现由内向外逐渐溶化的现象，造成穿孔流酱，产品品质较难控制。

1. 实验材料与设备

（1）原辅材料：白砂糖 4kg、水 1.2 kg、淀粉糖浆 1.5 kg、果酱 1.5 kg、香精 1.6～2.4mL，视加工要求可添加适量色素 。

（2）主要仪器设备：化糖锅、真空熬糖锅（带搅拌器）、冷却台、保温床、压板等。

2. 实验内容

（1）工艺流程

制酱→熬糖→制心→外皮制取→包心→轧制成型→拣选→包装→成品

（2）实验步骤

①制酱：鲜果原料经过前处理，去皮、去核、软化，然后进行磨碎制成果酱。

②熬糖：将砂糖进行溶解，在化糖后期加入淀粉糖浆进行熬煮，再经冷却调和等程序制取硬糖坯。

③制心：选取硬糖坯三分之一，趁热压成平板状，对折成开口的扁口袋形，将预热后的果酱注入，粘牢开口处，制成袋状馅心。

④外皮制取：将剩余的硬糖坯拉伸折叠后摊成长方形片状糖皮，厚度不超过2mm。将制好的果酱馅料置于糖皮中央，用湿毛巾揩擦外皮边沿，对叠，再将皮子拉起，反复操作 3 次成圆筒形，闭合左端筒口，驱赶夹层中的空气，收拢筒口，翻滚成圆锥体。

⑤包心、轧制成型：包好馅的酥心糖体，放在保温床上定向翻糖，保持并列的糖条平行，拉成粗细均匀的糖条，经压板轧制成长圆枕状。

⑥拣选：将感官质量不合格的制品拣除。

⑦包装：冷却后用糖果专用蜡纸或透明玻璃纸包裹，即为诱人的果酱夹心硬质糖果成品。

（3）成品评价

硬质夹心糖果成品须符合 SB 10019—2001《硬质夹心糖果》的相关质量要求。

①感官要求：不同类型硬质夹心糖果感官要求见表 7－4。

表 7－4　硬质夹心糖果的感官要求

<table>
<tr><th colspan="2">项　目</th><th>要　求</th></tr>
<tr><td colspan="2">色　泽</td><td>均匀一致，符合品种应有的色泽</td></tr>
<tr><td colspan="2">形　态</td><td>块形完整，表面光滑，边缘整齐，大小一致，无缺角、裂缝，无明显变形</td></tr>
<tr><td rowspan="5">组织</td><td>酥心型</td><td>糖皮厚薄均匀，酥脆，条纹整齐，夹心层次分明，不粘牙、粘纸，无破皮</td></tr>
<tr><td>粉心型</td><td>糖皮厚薄较均匀，夹心分明，不粘牙、粘纸，无破皮，无 1mm 以上气孔</td></tr>
<tr><td>酱心型</td><td>糖皮厚薄较均匀，夹心分明，不粘牙、粘纸，酱心细腻，可流散，无破皮，无 1mm 以上气孔</td></tr>
<tr><td>果心型</td><td>糖皮厚薄均匀，不粘牙、粘纸，酱心细腻，可流散，无破皮，无 1mm 以上气孔</td></tr>
<tr><td>浆心型</td><td>不粘牙、粘纸，酱心细腻，可流散，无破皮，无 1mm 以上气孔</td></tr>
<tr><td colspan="2">滋味气味</td><td>符合品种应有的滋味及气味，无异味</td></tr>
<tr><td colspan="2">杂　质</td><td>无肉眼可见杂质</td></tr>
</table>

②理化指标：硬质夹心糖果理化质量指标见表 7－5。

表 7－5　硬质夹心糖果理化指标

<table>
<tr><th rowspan="2">项　目</th><th colspan="5">指　标</th></tr>
<tr><th>酥心型</th><th>粉心型</th><th>酱心型</th><th>果心型</th><th>浆心型</th></tr>
<tr><td>干燥失重/%，≤</td><td>4.0</td><td>3.5</td><td>7.0</td><td>5.0</td><td>8.0</td></tr>
<tr><td>还原糖（以葡萄糖计）/%</td><td colspan="5">12.0～29.0（以糖皮计）</td></tr>
</table>

（二）酒心夹心巧克力糖果制作

酒心巧克力夹心糖是将酒和糖体均匀调和在一起，形成一种“甜、香、醇”的特殊效果。人们品尝时不仅能够感觉到像硬糖或巧克力那样坚硬、脆裂的外壳层，而且还能饮喝到芳香、稠醪的液态酒，风味别具一格，为夹心糖类中的“佼佼者”。

酒心巧克力夹心糖的外表很像半球形的硬糖或似酒瓶状的巧克力，内馅为液体浆液，粘度小，流变性大。极难固定于糖果之中，而且遇热极易挥发，遭到破坏，操作难度较大。

1. 实验材料与设备

（1）原辅材料：白砂糖 10 kg、酒 1.5 kg、可可粉（含糖）4.0 kg、可可脂1.6 kg、糖粉 1.5 kg、酒精 0.4～0.6 kg。

（2）主要仪器设备：化糖锅、熬糖锅、冷却台、模具盘、保温箱等。

2. 实验内容

（1）工艺流程

原料→制模→熬糖→灌模→保温→掸粉涂衣→冷却成型→包装→成品

（2）实验步骤

①制模：按 10∶3 的比例配好面粉和滑石粉，混合后经烘焙除去水分（用其中一部分，其余放于木盘内压紧压平备用），用印模印制出呈半圆球形，使其间距均匀，深浅一致。

②熬糖、灌模：按硬糖制作工艺中溶糖、熬糖的程序进行，待糖浆的浓度适当时，随即加入酒精和酒，并立刻灌模成型。

③保温：当酒精和酒加入糖浆时，因糖浆温度较高趁热用挤压在喷嘴灌模，其糖浆流量须缓慢而均匀，灌模后上面覆盖一层烘焙的面粉和滑石粉混合粉，约为 1cm 厚，再将灌模后的粉盘放入恒温 35℃的保温室内，静置 12h，使之结晶。

④掸粉、涂衣：干燥后，在模盘中轻轻地将糖坯逐个挖出，并用毛刷掸去糖坯表面所粘附的粉末，然后涂巧克力浆，即将配料中的可可粉、可可脂、糖粉加微热，熔融成浆，稍冷却呈浆糊状时（接近冷却但尚未凝结）取糖坯数粒放入，浸没后随即捞出。

⑤冷却成型、包装：置于蜡纸上冷却成型，待定型后，用蜡纸进行包装，即为成品。

3. 注意事项

（1）果酱夹心硬质糖果制作

①因内馅含水量较高，外衣硬糖逐渐溶化，故内馅总含水量必须控制在 20%以下，此外，制心时的口袋状硬糖衣决不能省略，包馅时硬糖坯外皮必须厚薄均匀，封口必须牢固，不能开口流馅，内馅的外皮的温度差异不宜过大。

②拉条和棒状糖体应协调，最好保持平行翻动，防止馅心偏向，如发现薄皮，穿孔流馅，应将其剪除，避免轧制成型时粘连。糖条均匀，粗细应和压板凹槽相吻合，不宜过粗。

③成型一般采用凹槽形压板轧制，以两端封口为佳，这样制得的成品封口短，果酱不易外溢。

（2）酒心夹心巧克力糖果制作

①烘焙的粉制模型与制糖相隔的时间不宜过长，防止粉盘再吸收空气中的水分，但也不能因此而使用热粉制模，温度高难以使糖结晶，反而会促使返砂。

②熬糖是制作酒心巧克力糖的关键，应掌握好熬糖时的加水量，熬糖的最终熬制温度即糖浆的最佳浓度，如果最终熬制湿度过高，制得的糖坯会完全变成硬糖，没有酒浆析出；如果最终熬制温度偏低，则因糖浆过嫩，不能结成糖块。熬制温度的确定，应视季节、气候、工艺设备各方面的具体情况而定。

③灌模时糖浆流量要缓慢而均匀，切不可冲坏模型的形状。灌模应趁热一次灌完，

防止糖浆的温度降低而造成返砂。保温时，其湿度不能忽高忽低，否则难以结晶，保温过程中应让糖浆自然冷却，不然产生粗粒状结晶，容易破碎。

④涂衣的巧克力浆配方要准确，其中含可可脂应略高一点，而温度应控制在30～33℃范围内，浆料温度过高或浸没时间过长，往往会导致糖坯的软化，糖坯与浆料温度应接近，以糖坯温度略低于浆料湿度为好。

⑤涂衣干燥后的糖块必须迅速冷却，其温度控制在7～15℃之间，夏季最好送入冷库或冷藏箱内冷却，冷却定型后即可包装装盒。

第三节　乳脂糖

乳脂糖以白砂糖、淀粉糖浆（或其他甜味剂）、油脂和乳制品为主要原料制成的，蛋白质不低于1.5%，脂肪不低于3%，具有特殊乳脂香味和焦香味，是所有类型糖果中脂肪含量最高的一类。乳脂糖及其制作方法是由国外引进的，在我国仅有几十年的历史，由于它口味芳香，营养丰富，深受人民欢迎，所以发展很快。

乳脂糖是一种结构比较疏松的半软性糖果。糖体剖面有微小的气孔，带有韧性和弹性，耐咀嚼，口感柔软细腻。乳脂糖外形多为圆柱形，也有长方形和方形。色泽多为乳白或微黄色。平均含水量为5%～8%，还原糖含量在14%～25%之间。

乳脂糖可分为胶质型和砂型两种。胶质型包括太妃糖和卡拉密尔糖。胶体含量较多，糖体具有较强的韧性和弹性，比较坚硬，外形多为圆柱形，还原糖含量为18%～25%，随加入原材料不同而有多种品种。砂型又称福奇糖。糖中仅加少量胶体或不加胶体，还原糖含量较胶质奶糖少，在生产中经强烈搅拌而返砂。糖体结构疏松而脆硬，缺乏弹性和韧性，咀嚼时有粒状感觉。外形多为长方形或方形。常见乳脂糖品种的原辅料组成见表7-6。

表7-6　乳脂糖常见品种原辅料组成比例　　%

品　种	卡拉蜜尔糖	太妃糖	福齐糖
砂　糖	30～35	35～40	55～65
糖浆干固物	25～30	30～35	15～20
转化糖干固物	1～4	1～5	1～5
非脂乳固体	10～15	5～10	5～10
总脂肪	15～20	10～16	5～10
水　分	6～9	6～8	7～10
总还原糖	15～20	15～22	8～14

一、实验目的

通过本实验的学习，了解乳脂糖的主要成分及产品特性，并熟悉乳脂糖的加工工艺，最终全面掌握乳脂糖相关知识内容。

二、实验原理

乳脂糖是将砂糖、淀粉糖浆、胶体、乳制品、油脂和水经高度乳化而成的多相分散体系。油与水是互不相溶的两相，要使乳脂糖成为高度均一的乳浊体。就必须通过添加乳化剂和强烈搅拌使脂成为极小的球体，均匀分布在水与胶体的分散介质中去，并被这种介质所包围，使之成为稳定的乳固体。而原料中的乳制品是天然的乳化剂，其中含有0.2%～1%的磷脂，能起到良好的乳化效果。

明胶是一种亲水性胶体，也是一种良好的起泡剂。当把明胶溶于水搅拌起泡时，它便吸附在气液介面上。当冲入糖液和加入乳制品后，在搅拌过程中，糖乳制品和油脂便均匀地分布在明胶泡沫层周围。在这种结构中，油脂以细小的油滴分散在这个体系中，加强了泡沫层的稳定性，经冷却后，由糖、乳制品、油脂和明胶所组成的胶质糖体，便逐渐由软变硬，最后形成一种疏松多孔，具有一定韧性和弹性的质地结构。

乳脂糖在加工过程中，由于其物料组成中含有还原糖和蛋白质，会产生美拉德反应，美拉德反应的发生程度决定了乳脂糖色、香、味的差异。

三、加工实例（太妃糖）

1. 实验材料与设备

（1）原辅材料：砂糖8.5kg、水3kg、植物硬性油7.5kg、葡萄糖浆11.5kg、食盐0.07kg、甜炼乳3kg、明胶（干）0.1 kg、奶油1.8kg、香料适量。

（2）主要仪器设备：化糖锅（带搅拌器）、熬糖锅、冷却台、模盘等。

2. 实验内容

（1）工艺流程

溶化（水、淀粉糖浆、砂糖）→混合（油脂、乳化剂、炼乳）→过滤→熬煮→焦香化→充气（明胶）→静态混合→浇注→冷却→脱模→包装→成品

（2）实验步骤

①溶化、混合：先将水在化糖锅内预热到80℃，加入白砂糖进行加热溶解，待白砂糖几乎化糖完毕时加入淀粉糖浆充分搅拌混匀。

②过滤：待糖液温度稍降至85℃左右时加入油脂、乳化剂及炼乳进行充分混合乳化，之后过300目筛进行过滤，滤除未溶解砂糖及较大颗粒杂质。

③熬煮、焦化：采用夹层锅125℃以上高温进行熬煮，在蒸发浓缩的同时充分焦香化，产生太妃糖独特的色香味品质。

④充气：加入已经浸泡好的明胶进行充分搅拌充入适量空气，使糖膏体内形成均一稳定的微小气泡体。

⑤浇注、冷却、脱模：将充分乳化和胶凝发泡的流动性糖膏浇注于已备好的模盘冷却成型，待模盘内糖膏边缘收紧并有足够硬度时进行脱模

⑥包装：用精美糖纸采用人工方式或包装机对糖果进行包装即为成品。

（3）成品评价

乳脂糖感官质量标准应符合 SB 10022—2008《糖果　奶糖糖果》的相关规定。

①感官要求：乳脂糖感官要求见表 7－7。

表 7－7　乳脂糖感官质量要求表

<table>
<tr><th colspan="2">项　目</th><th>要　求</th></tr>
<tr><td colspan="2">色　泽</td><td>均匀一致，符合品种应有的色泽</td></tr>
<tr><td colspan="2">形　态</td><td>块形完整，表面光滑，边缘整齐，大小一致，厚薄均匀，无缺角、裂缝，无明显变形</td></tr>
<tr><td rowspan="3">组织</td><td>胶质型</td><td>糖体表面、剖面光滑，软硬适中，有弹性，内部气孔均匀，表面及剖面不粗糙，口感柔软</td></tr>
<tr><td>砂质型</td><td>糖体组织紧密，结晶细微，软硬适中，内部气孔均匀，表面及剖面不粗糙，不糊口，有咀嚼性</td></tr>
<tr><td>硬质型</td><td>糖体坚硬而脆，不粘牙、粘纸</td></tr>
<tr><td colspan="2">滋味气味</td><td>符合应有的滋味气味，无异味</td></tr>
<tr><td colspan="2">杂质</td><td>无肉眼可见杂质</td></tr>
</table>

②理化指标：乳脂糖理化指标要求见表 7－8。

表 7－8　乳脂糖理化指标

<table>
<tr><th rowspan="2">项　目</th><th colspan="6">指　标</th></tr>
<tr><th>硬质型</th><th>胶质型</th><th>砂质型</th><th>包衣（抛光）型</th><th>夹心型</th><th>其他型</th></tr>
<tr><td>干燥失重/（g/100g），≤</td><td>4.0</td><td>9.0</td><td>9.0</td><td rowspan="4">符合主体糖果指标</td><td rowspan="4">符合主体糖果指标</td><td>—</td></tr>
<tr><td>还原糖（以葡萄糖计）/（g/100g）</td><td>12.0—29.0</td><td>≥17</td><td>≥12</td><td>—</td></tr>
<tr><td>脂肪/（g/100g），≥</td><td colspan="3">5.0</td><td>5.0</td></tr>
<tr><td>蛋白质/（g/100g）</td><td>≥1.0</td><td colspan="2">>2.0</td><td>—</td></tr>
</table>

3. 注意事项

（1）明胶的等电点 pH 值为 4.7，在此条件下，明胶的黏度和膨胀度最低。故在糖果生产中，严禁在 pH 值为 4.7 的环境下进行工艺操作。

(2) 为了防止胶质型奶糖的返砂，一般是增加其还原糖含量，其范围为18%～25%，而砂质型奶糖的还原糖含量较低，为14%～20%。

第四节　凝胶糖果

凝胶糖果是以一种或多种亲水性凝胶与白砂糖、淀粉糖浆为主料，经加热溶化至一定浓度，在一定条件下形成的水分含量较高、质地柔软的凝胶状糖块，含水量通常在10%～20%。

凝胶糖由于选择的食用胶体的类型、特性及使用比例不同，最终生产的糖果的特性也有较大差异。淀粉软糖具有紧密和稠糯的质感，明胶软糖则表现为稠韧富有弹性的特性，琼脂与卡拉胶型凝胶糖体现光滑和脆嫩，树胶型具有稠密和脆性的品质。

一、实验目的

通过本实验的学习，了解凝胶糖果的成分组成以及产品特性，熟悉凝胶糖果的制作工艺流程，并掌握整个加工工艺环节的操作要点。

二、实验原理

凝胶糖果以可食用亲水胶体为凝胶剂，在水的分散介质作用下，食用亲水胶体形成一种均一的连续相，其他物质被吸附在食用亲水胶体的亲水基团周围，形成稳定的胶体溶液。当整个体系逐步达到凝胶条件时，整个胶质相互缠绕、交联，形成空间网格状结构，将糖类等其他物料包裹在其中，体系失去流动性形成半固态凝胶。经过浓缩脱水后形成具有柔嫩胶凝特性的糖果产品。

三、加工实例（明胶软糖）

1. 实验材料与设备

(1) 原辅材料：白砂糖5kg、淀粉糖浆8 kg、干明胶1.5 kg、柠檬酸85g、柠檬酸钠12g、香精、色素适量。

(2) 主要仪器设备：化糖锅、滤网、夹层锅、溶胶锅、冷却台、模盘、包装机等。

2. 实验内容

(1) 工艺流程

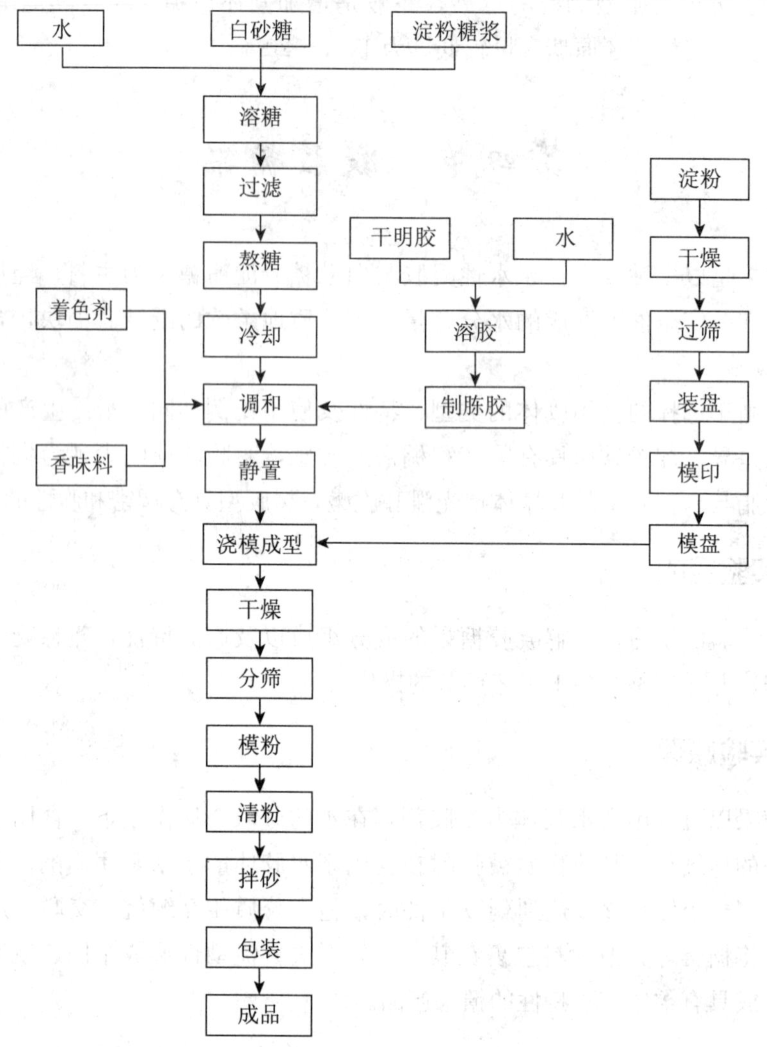

(2) 实验步骤

①制胨胶：明胶在冷水中不溶，但加热时能溶化成溶胶，冷却时冻结成胨胶，所以用明胶制造软糖时，干明胶要预先兑水，制成胨胶，然后再和其他物料溶合。一般溶胶用水量为干明胶重量的 2～3 倍，经浸润后，加热待全部化成溶胶，再凝结成一定厚度的胨胶，分切成小块，这样使用起来就比较方便。

②熬糖：先将白砂糖溶化，再加入淀粉糖浆，待全部溶化后，进行过滤熬糖，熬糖过程中不能加入明胶，因为明胶受热极易分解，特别有酸碱存在的情况下，分解更为严重。所以要等到糖浆熬成后，再加入冻胶进行混合。一般糖浆熬煮温度为 115～120℃，即可停止熬糖。如果采用凝结切块成型，熬煮温度可稍高一些。刚熬好的糖浆中，因温度太高，不宜加入明胶，要先进行冷却。

③调和、静置：等糖浆温度冷却到 100℃左右时，即可加入胨胶进行搅拌调和，然

后再加入食用色素、香料和调味料，要慢慢地搅拌均匀。搅拌速度过快，因空气混进多，产生很多细小气泡，不容易从糖浆中排除。搅拌速度慢，空气混进的就少，同时明胶胶体散出来的水气比较集中，产生的气泡大。静置就是在搅拌后，把糖浆放置一定时间，让糖浆中的气泡集聚到糖浆表面，然后撇除。

④浇模成型：因糖浆静置后，还是处于液体状态，并有一定的流动性，所以也可用浇模成型的方法。通常用淀粉作模盘，淀粉具有强大的吸水能力，用石膏模印，在平整过的盛满干燥淀粉的盘上，缓和地压印一下，就成为淀粉模盘，将糖浆浇在粉模中，不仅具有定型作用，而且水分被干淀粉所吸收，就有助长干燥的作用。如果糖浆浓度较高，浇模成型后不要另外再进行干燥；如果糖浆浓度较低，浇模成型后，表面再覆盖一层干燥淀粉放在烘房内进行低温干燥，干燥温度一般不超过40℃。当模粉的水分与糖粒水分近于平衡时，就可把被干燥的糖粒取出。

⑤拌砂、包装：浇模成型的明胶软糖，从淀粉中分筛出来，清除糖粒表面的模粉后，即可进行拌砂。拌砂就是用颗粒均匀的细白砂糖进行搅拌，使其粘着在软糖的表面。拌砂过后即可进行包装。为了避免外界水气的侵入和细菌和污染，同时为了增加美观、增进食欲和食用方便，拌砂后的软糖包装可采用塑料袋或盒装。

（3）成品评价

凝胶糖果的质量要求需符合SB/T 10021—2008《糖果　凝胶糖果》的相关规定。

①感官要求：凝胶糖果感官要求见表7-9。

表7-9　凝胶糖果感官要求

项目		要求
色泽		均匀一致，符合品种应有的色泽
形态		块形完整，表面光滑，边缘整齐，大小一致，无缺角、裂缝，无明显变形，无粘连
组织	植物胶型	糖体光亮、稍透明（加不透明辅料或充气的除外），略有弹性，不粘牙，不硬皮，糖体表面可附有均匀的细砂糖晶粒
	动物胶型	糖体表面可附有均匀的细砂糖晶粒，糖体呈半透明，有弹性和咀嚼性，无皱皮，无气泡
	淀粉型	糖体表面可附有均匀的细砂糖晶粒，糖体呈半透明，口感细腻，略具咀嚼性，不粘牙，无淀粉裹筋现象。以淀粉为原料的，表面可有少量均匀熟淀粉，具有弹性和韧性，不粘牙
	混合胶型	糖体稍透明，稍有弹性和咀嚼性
	其他胶型	有弹性和咀嚼性
	夹心型	糖体光亮，有弹性和咀嚼性；无馅心外漏

表 7－9（续）

项　目		要　求
组织	包衣、包衣抛光型	糖体表面光亮，糖体符合主体糖果的要求
滋味气味		符合品种应有的滋味及气味，无异味
杂　质		无肉眼可见杂质

②理化指标：凝胶糖果产品理化指标要求见表 7－10。

表 7－10　　凝胶糖果理化指标

项　目	指　标						
	植物胶型	动物胶型	淀粉型	混合胶型	夹心型	其他胶型	包衣、包衣抛光型
干燥失重/（g/100g），≤	18.0	20.0	18.0	20.0	18.0	20.0	符合主体糖果要求
还原糖（以葡萄糖计）/（g/100g），≥	10.0						
注：夹心型凝胶糖果的还原糖以外皮计。							

3. 注意事项

明胶是蛋白质，具有一般蛋白质的特性，如酸、碱以及热都会对其产生影响。而糖果生产，尤其是软糖类产品一般都以水果味为主，大多需添加酸味剂使体系偏酸性，物料的溶化、脱水过程都在加热条件下完成，会对明胶的凝胶强度、黏度带来影响。因此，明胶软糖的制作，应控制好物料的 pH 值以及加热温度与时间，选择合适的投入量、投入时间及酸味剂将有利于提升产品的品质。

第五节　抛光糖果

抛光糖果是以各种辅料心体在糖衣锅内反复涂布胶液、糖浆和糖粉，最后经抛光或拉花制成的糖衣坚实，或呈现拉花状的固体糖块，与其他产品相比在口感、外形和色彩上独具特色，具备观赏、食用、趣味性于一体，有较高的市场份额。由于抛光糖果制作工艺过程主要是涂层及抛光过程，所以又称涂层糖果；又因为上糖衣、抛光过程都是心体在滚动中完成的，也称为滚制糖果。

抛光糖果组织结构与硬质夹心糖果类似，主要由心体和涂层构成。抛光糖果心体要求有统一的形态，并且有稳定的坚实度，便于进行涂层和抛光操作。涂层包括外涂层和隔离涂层。外涂层有硬性涂层和软性涂层两种，其中硬性涂层是把砂糖溶液中混合香味料、着色剂、酸味剂等各种物料混合制成的涂层料，软性涂层是将砂糖、淀粉糖浆、香味料、着色剂和酸味剂等物料混合制成。隔离涂层位于心体和外涂层之间，用于阻挡心体与外涂层之间相互影响，一般选择亲水胶体中溶液粘度最低的阿拉伯树胶制作隔离涂层。

一、实验目的

通过本实验的学习，了解抛光糖果的原料组成及特性，熟悉抛光糖果的制作工艺，掌握具体的操作要点，充分领会抛光糖果相关知识内容。

二、实验原理

抛光糖果的制作主要是以不同物性的糖果、果仁等有规则形态和稳定坚实度的心体，通过滚制将涂层料均匀粘连在心体之上，最后经过抛光处理使得糖体表面光滑圆润，块形统一。

三、加工实例（软质糖芯抛光糖果）

1. 实验材料与设备

（1）原辅材料：白砂糖 10kg、水 3kg、葡萄糖浆 15kg（DE 值为 42）、结晶麦芽糖醇 9kg、卡拉胶 0.3kg、阿拉伯胶 0.5 kg,、少许阿斯巴甜、乙基酚、二氧化钛、食用香精、色素适量。

（2）主要仪器设备：化糖锅、夹层锅、普通锅、糖心模盘、烘箱、挂衣锅、抛光锅、鼓风机等。

2. 实验内容

（1）工艺流程

白砂糖＋水＋淀粉糖浆→溶糖→熬糖→调和（卡拉胶　溶胶　胶液　香精色素）→倒模→脱模→烘烤→软质糖芯→芯体上胶→涂挂→抛光→拣选→包装→成品

（2）实验步骤

①熬糖：见本章第四节四（2）②。

②调和：将卡拉胶预先用 30～40℃水浸泡胀润，与香精色素等配料一同加入熬煮好的糖液中进行充分搅拌混匀。

③倒模、脱模、烘烤：将糖膏倒模成型制作糖芯，冷却后脱模拌粉（糯米粉）送入烘箱烘烤 48h 以上，温度控制 55℃左右，不可超过 70℃。

④芯体上胶：涂挂糖衣前要对芯体进行上胶处理，制作具有保护作用的隔离涂层。配方为结晶麦芽糖醇 9kg、阿拉伯胶 0.5kg、阿斯巴甜少许以及适量二氧化钛，将以上物料调配成 72%～76%浓度溶液，于 60℃保温备用。

上胶时要充分把锅中滚动的心体完全浸湿，然后加入细砂糖，继续使糖心翻滚，直到细砂糖被胶液吸收，同时涂层部分干燥为止。如果糖果还潮湿需加入更多的细砂糖，这样连续 5 次交替加入胶液和细砂糖。

⑤涂挂：糖衣锅转速 25～30r/min，涂挂软质糖心不需要吹风装置，挂糖衣的凝胶糖取出后放置专用浅盘容器中，只能单层排放，谨防挤压，盘子最好两面透气，便于空气流通。

⑤抛光：糖果干燥后从糖衣锅移到抛光锅，抛光锅有通风管，可使涂层表面尽快干燥，将待涂挂糖浆的糖果在抛光锅中滚动，同时加入抛光剂，这就产生了抛光效果。当抛光剂将糖果均匀覆盖后，把蒸发的溶剂排出，然后进行快速抛光。

⑥拣选、包装：对抛光后糖果进行拣选，剔除不合格产品，将合格产品放置空调室 12～24h，然后使用专业包装纸进行包装即为软质糖心抛光糖果成品。

（3）成品评价

抛光糖果类质量要求标准需符合 SB 10022—2008《糖果　奶糖糖果》的相关要求。

①感官要求：抛光糖果的感官要求见表 7－11。

表 7－11　抛光糖果感官要求

项　目	要　求
色　泽	均匀一致，符合品种应有的色泽
形　态	块形完整，表面光滑，边缘整齐，大小一致，无缺角、裂缝，无明显变形，无粘连，厚薄均匀一致
组　织	糖体涂层坚实，不粘牙
滋味气味	符合品种应有的滋味及气味，无异味
杂　质	无肉眼可见杂质

②理化指标：抛光糖果理化指标要求见表 7－12。

表 7－12　抛光糖果理化指标要求细则

项　目	指　标	
	糖心型	其他型
干燥失重/%，≤	7.0	9.0

3. 注意事项

烘烤过程中应注意温度变化和热气对流，一般采用渐进式升温降温，如 45℃—55℃—60℃—55℃，以免温度骤变造成表面硬皮现象，内部水分却不能蒸发散失。

第六节　充气糖果

充气糖果是糖果充气技术使糖果密度降低、体积增大，色泽和质构也发生巨大变化，从而获得不同风味特色品质的一种糖果，是所有糖果中密度最低的一类产品。充气糖果有韧性和酥脆性两种不同的质构。韧性充气糖果比较粘稠，组织紧密不易断裂，富有咀嚼性和弹性；酥脆性充气糖质地松软易断裂。

充气糖果有许多品种，如棉花糖、蛋白糖、奶糖、求斯糖等，其中以蛋白糖最为常见。各种充气糖果的结构与风味不尽相同，这是由于物料配方和制作工艺不同而产生的。

充气糖果按充气程度不同可分为三种：①高度充气糖果，该种产品质量轻而体积膨松。因此也称轻质糖果。由于胶体用量小，气泡体积较大，导致组织松软而富有弹性，与海绵类似。代表产品为棉花糖，棉花糖含水量一般在15%以上，相对密度0.5以下；②中度充气糖果，该种产品膨松度较棉花糖差，相对密度间于在0.9～1.2之间，柔软度适中，水分含量在10%以下。代表性产品是蛋白糖以及牛轧糖；③低度充气糖果，低度空气糖果的充气程度较低，相对密度在1.1～1.4之间，产品的疏松度最低。代表性产品是胶质奶糖和求斯糖。

一、实验目的

通过本实验的学习，了解充气糖果的物料组成和产品特性，熟悉充气糖果的制作工艺流程及加工重点步骤，并进一步掌握充气糖果的全部知识内容。

二、实验原理

充气糖果属于一种复杂的多相分散体系，糖类分散于水中形成连续相，大量细密的气泡分散在整个体系形成分散相，少数脂肪以微小的球体分散和吸附在体系当中。充气糖果特殊质构形成的关键在于充气作业环节，通过不断地搅拌充入空气，同时加入发泡剂，发泡剂属于表面活性剂，可以降低气液两相间的表面张力，同时在气泡周围形成一层保护膜，最终稳定的微小气泡均匀分散于连续相中，形成类似于海绵的充气糖果组织结构。

三、加工实例

（一）白棉花糖制作

1. 实验材料与设备

（1）原辅材料：明胶0.4kg（凝冻力225）、山梨醇1kg（固体含量70%）、淀粉糖浆 7 kg、砂糖 7.5kg、水 2.2kg。

（2）主要仪器设备：真空锅、预混缸、充气机等。

2. 实验内容

（1）工艺流程

明胶→溶胶→胶液→保温溶解（山梨醇　淀粉糖浆　砂糖）→充气→注模成型→脱模→成品

（2）实验步骤

①溶胶：用热水将明胶搅拌至没有大的结块，经真空锅溶解成胶液，然后将其与其他组分一起投入预混缸中。

②保温、溶解：充分搅拌混合并加热至 57.2℃，保温至全部物料溶解。

③充气、注模成型、脱模：通过充气装置，使原料充分起泡，起泡后的物料密度控制在 0.4g/cm³，然后进行注模，冷却成型之后脱模即为成品。

（二）花生牛轧糖制作

1. 实验材料与设备

（1）原辅材料：卵蛋白干（粉）44g、水 700g、砂糖 2.4kg、淀粉糖浆 2.4kg、奶油 0.1kg、硬脂 0.1kg、奶粉 0.1kg、花牛仁 1.4kg、香兰素适量。

（2）主要仪器设备：化糖锅、熬糖锅、过滤筛、混合机、凉糖盘、压板、切刀等。

2. 实验内容

（1）工艺流程

卵蛋白→浸泡→过筛→混合、搅打→熬煮、混合→混合→切割

（2）实验步骤

①浸泡过筛：将卵蛋白干预先浸泡于水中，放置过夜，过筛后备用。

②混合、搅打：将溶化的蛋白液置于混合机内，高速搅擦制成洁白稠密的气泡基。在制备气泡基前，应先将砂糖、淀粉糖浆充分搅拌溶解后过滤，再加热熬至 118℃左右，取出 1/3 缓慢冲入气泡基内，保持中等速度，直至搅打成黏稠的泡沫体。

③熬煮、混合：剩余的糖液继续加热熬至 130℃左右，再将熬煮糖浆冲入泡沫体内，形成牛轧糖的充气结构。在冬季生产时，熬煮温度可略低。

④混合：调整混合机至慢速，加入油脂、香味料或果仁等辅料，混合均匀；但不宜过度混合。

⑤切割：将混合后糖料倒在铺有米纸的凉糖盘板上，糖料的顶上同样平铺一层米纸，再在顶上放置一块压板，以防气泡升至表面造成粗糙不平。冷却约 12h，待糖膏足够坚实度开始切割，切割动作要迅速，可根据个人喜好切割不同形状糖果产品。

（3）成品评价

充气糖果质量标准应符合 SB 10104—2008《糖果　充气糖果》的相关要求。

①感官要求：充气糖果感官要求见表 7－13。

表 7-13 充气糖果感官要求

项目			要求
色泽			均匀一致，符合品种应有的色泽
形态			块形完整，表面光滑，边缘整齐，大小一致，厚薄均匀，无缺角、裂缝，无明显变形
组织	高度充气类	弹性型	糖体表面光滑，细腻，指压后能立即复原，无皱皮
		脆性型	糖体有脆性，表面及剖面不粗糙，无皱皮
		夹心型	糖体内有夹心，无馅心外漏
		包衣、包衣抛光型	—
	中度充气类	胶质型	糖体表面及剖面光滑，内部气孔均匀，口感润滑，软度适中，有咀嚼性
		砂质型	糖体内微晶体均匀，软硬适中，内部气孔均匀，表面及剖面不粗糙
		混合型	糖体内果料混合均匀，无 1mm 以上气孔
		夹心型	糖体内有夹心，无馅心外漏
		包衣、包衣抛光型	—
	低度充气类	胶质型	糖体表面及剖面细腻润滑，软硬适中，有弹性，内部气孔均匀，表面及剖面不粗糙，口感柔软
		砂质型	糖体内微晶体均匀。软硬适中，内部气孔均匀，表面及剖面不粗糙，不糊口，有咀嚼性
		混合型	糖体内果料混合均匀，无 1mm 以上气孔
		夹心型	糖体内有夹心，无馅心外漏
		包衣、包衣抛光型	—
滋味气味			符合品种应有的滋味及气味，无异味
杂质			无肉眼可见杂质

②理化指标：充气糖果理化指标要求见表 7-14。

表 7－14　充气糖果理化指标

项　目	指　标													
	高度充气类				中度充气类					低度充气类				
	弹性型	脆性型	夹心型	包衣、包衣抛光型	胶质型	砂质型	混合型	夹心型	包衣、包衣抛光型	胶质型	砂质型	混合型	夹心型	包衣、包衣抛光型
干燥失重/%	≥14.0				≤9.0					≤9.0				
还原糖（以葡萄糖计）/%，≥	15.0		同主体糖果		10.0		6	同主体糖果		10	8	8	同主体糖果	
脂肪/%，≥	—				1.5									

注：夹心型充气糖果的还原糖和脂肪以外皮计。

第七节　压片糖果

压片糖果是将药片模压技术应用于糖果制作而生产的一类产品，制作工艺主要包括物料粉碎、混合、造粒、模压及包衣等工序，整个过程无需加热熬煮，被称为冷加工工艺。成品块形规则统一，颗粒整齐，外观光洁亮丽，具有一定坚实度。产品的主要组成成分除传统糖果常用物料外，还需添加湿润剂、粘合剂和增加粉状颗粒流动性的润滑剂，以及促进压片糖果溶解或崩解的崩解剂。

一、实验目的

通过本实验的学习，了解压片糖果的物料组成及产品特性等基础知识，熟悉压片糖果的制作工艺流程及操作要点，并进一步全面掌握该产品相关知识内容。

二、实验原理

压片糖果制造机理主要是借助压力把粉状颗粒物料距离缩小至产生足够的内聚力而紧密结合的过程。疏松的颗粒彼此间的接触面积很小，距离大，只有颗粒内的内聚力，而没有颗粒间的粘着力。颗粒间有很大的间隙，间隙内充满着空气。在加入黏合剂和润滑剂后，进行模压使颗粒滑动挤紧，颗粒间的距离和间隙逐渐缩小，空气逐渐排出，若干颗粒或晶体被压碎，碎片被压而填入间隙，分子间的引力加上粘合剂的粘合作用，最终使颗粒结合成为整体的片状。

三、加工实例（茉莉花茶清凉压片糖果）

1. 实验材料与设备

（1）原辅材料：茉莉花茶茶粉 25g、葡萄糖 800g、麦芽糊精 40g、水 40g、葡萄糖浆 70g、柠檬酸 10g、硬脂酸镁 10g、清凉剂 5g。

（2）主要仪器设备：压片机、搅拌机、制粒机、干燥箱、台秤、天平、硬度仪等。

2. 实验内容

（1）工艺流程

原辅料→配料混合→造粒→干燥→整粒→调和→压片成型→成品

（2）实验步骤

①配料混合：根据制作量按比例使用台秤及天平分别称取茉莉花茶茶粉、葡萄糖、麦芽糊精、水以及葡萄糖浆，并将称取好物料加入搅拌机充分搅拌混合。

②造粒：将充分混合完毕的物料加入制粒机进行造粒，筛底选 30 目筛。

③干燥：制粒结束后，迅速将物料放入干燥箱干燥，避免粉状物料结块。干燥温

度控制在 55 ℃左右，当糖粉水分蒸发至 5%左右时，停止干燥工序。

④整粒：将干燥好的糖粉颗粒过 40 目筛，滤去大粒径物料，使颗粒粒度均匀一致，流散性更好，制得的糖果组织更加紧密，降低粗糙感。

⑤调和：将过筛后的物料、清凉剂和硬脂酸镁一并加入搅拌机中混合 5min，调和充分后装袋备用。

⑥压片成型：将物料放入进料斗，调节压片机参数，进行压片成型。保持片剂硬度在 100N 左右。

（3）成品评价

压片糖果质量标准要求应符合 SB/T 10347—2008《糖果　压片糖果》相关要求。

①感官要求：压片糖果类感官要求见表 7－15。

表 7－15　压片糖果感官要求

项　目		要　求
色　泽		均匀一致，符合品种应有的色泽
形　态		块形完整，大小一致，无缺角、裂缝，表面光滑，花纹清晰，无明显变形
组织	坚实型	坚实，不松散，剖面紧密，不粘连，入口易化
	夹心型	夹心紧密吻合，不脱层，入口易化
	包衣、包衣抛光型	表面光滑或光亮，入口易化
滋味气味		香气适中，滋味纯正，符合品种应有的滋味及气味，无异味
杂　质		无肉眼可见杂质

②理化指标：压片糖果理化指标要求见表 7－16。

表 7－16　压片糖果理化指标

项　目	指　标		
	坚实型	夹心型	包衣、包衣抛光型
干燥失重/%，≤	5.0	10.0	5.0

第八节　胶基糖果

胶基糖果是由胶基、砂糖、淀粉糖浆配以不同的添加剂经过充分搅拌混合、成型冷却等工艺过程制作而成的一种休闲类糖果产品，具有耐咀嚼、保护牙齿、清新口气、锻炼脸部肌肉、缓解焦虑情绪等特点，便于携带，是一种理想的休闲类食品，尤其深受少年儿童和青年男女的喜爱。

胶基糖果主要分为两大类型：咀嚼型和吹泡型。咀嚼型胶基糖又称口香糖，它的特征是：具有良好的咀嚼性和香味，口感柔软润滑。它由胶基、砂糖、葡萄糖浆、香料等组成；吹泡型胶基糖又称泡泡糖，以能吹泡，泡泡坚挺为标准。它不但具有普通胶基糖耐咀嚼、清洁口腔等作用，还具有一定玩赏性，深受少年儿童的喜好。

胶基是胶基糖组成的重要部分，它的品质至关重要，只有优良的胶基才能生产出优质的胶基糖。胶基原料有天然和合成两大类：在生产发展初期大多采用天然树胶为主；随着生产发展和科学技术的进步，渐渐地以合成树脂代用天然树胶，至今几乎全部采用合成树脂，特别是泡泡糖胶基。

一、实验目的

通过本实验的学习，了解胶基糖果的原料组成及产品特性。熟悉胶基类糖果的制作工艺流程和操作要点，并进一步掌握该种产品的相关知识内容。

二、实验原理

胶基糖果以其柔软度、硬度、延展性和粘弹性等来确定品质，主要受胶基的类型和特性影响。胶基是胶基糖果的重要组成成分，通过充分搅拌与其他物料完美混合，最后通过冷却成型形成耐咀嚼、香味独特的胶基糖果糖体。

三、加工实例（胶囊型口香糖）

1. 实验材料与设备

（1）原辅材料：丁苯橡胶（SBR）2kg、石蜡 1.5kg、聚醋酸乙烯酯 2kg、乳化剂 1kg、松香甘油酯 4kg、填充料 3kg、微晶蜡 2kg、动物脂 1.2kg、香精 100g、葡糖糖浆 3kg、奶油 130g、白砂糖 10kg、水 3.5kg、卵磷脂 50g。

（2）主要仪器设备：搅拌机、过滤筛、冷却台、挤出机、切割成型机、包衣锅、抛光锅、包装机等。

2. 实验内容

胶囊型口香糖的制作工序主要包括胶基和胶基糖体制作两个环节。

（1）胶基制作工艺流程

搅拌机→预热→一次搅拌（丁苯橡胶、松香甘油酯、填充料）→二次搅拌（松香甘油酯、聚醋梭乙烯酯）→三次搅拌（石蜡、乳化剂、动物脂）→过滤→冷却成型→胶基

（2）实验步骤

预热搅拌机，加入丁苯橡胶、松香甘油酯、填充料进行搅拌混合，待其完全熔融混合后，加入松香甘油酯、聚醋酸乙烯酯进行搅拌，然后再加入石蜡、乳化剂、动物

脂等辅料，将全部物料充分混合，最终产品温度为 110℃左右，保证胶基有合适的粘度。整个过程需 2.5～3h。

（3）胶基糖体制作工艺流程

原料预备→搅拌→挤压→压延→成型→老化→包衣→抛光→包装

（4）实验步骤

①搅拌：所有物料于 100℃左右条件下在搅拌机中充分搅拌，搅拌调和好的糖坯必须存放冷却。

②挤压：料温低于 40℃时，投入到挤出机内，挤出机是一种双螺杆不等距的推进装置。挤出机在工作前需预热，机体内的温度为 32℃，机器挤出头的温度为 45℃。当糖坯由转动的螺杆强行从挤出口挤出时，即成为有一定宽度和厚度的糖坯，一般厚度为 12～16mm，由于挤出机的推进压力很大，使糖坯的组织结构变得紧密，表面光洁，且挤压时还可以继续使少量的游离糖粉和胶体亲和，弥补调和的缺陷。

③压延、成型：经过挤压出来的糖料进人下一道辊压，在胶基糖体表面涂上防粘粉料后，依次经过 4～5 对辊筒最后压延至 3.0～4.5mm 厚度，然后进行成型。成型机由上下一对滚轴构成，根据胶囊型口香糖的尺寸，滚轴的横向、纵向均设有刀口，调试滚轴的间距，当糖坯经过滚轴时，纵横均被切到，但又不能彻底断裂，即藕断丝连。成型工序应注意检查糖坯的重量规格，剔除不合格次品及多余边角料，正品应及时冷却老化。

④老化：经过 24h 老化的糖坯，坯心的温度降低至 20℃，用人工或机械的方式将糖坯每丸分开，将分开后的糖丸称量后装入塑料盘内，等待包衣。

⑤包衣：胶囊型口香糖包衣需要由水和白砂糖构成的溶液来进行，糖溶液的固形物含量为 60%～80%。包衣的设备称为包衣锅，在包衣锅内倒入白坯糖丸，启动设备，然后用糖溶液进行包衣，糖丸旋转的同时包裹糖浆、风干，如此反复进行，在胶基糖外表逐渐形成糖衣。包衣的过程比较漫长，糖液一层一层的淋上去，风干，直到达到一定的厚度，一般包衣层数为 28～40 层，可根据具体加工要求进行适当的调节。

⑥抛光：包衣后的糖丸经充分冷却老化后，进入抛光锅进行抛光。抛光是给糖丸上蜡、上光，为了防止糖丸受潮变质，第一步是将糖丸放入到准备好的特殊的抛光锅内，开启抛光锅后，将抛光蜡均匀地分散在糖丸的表面；第二步，用抛光剂，使得糖丸表面发光，糖丸在抛光锅内旋转 20～30min，直到糖丸表面闪闪发光为止。

⑦包装：使用包装机采用铝箔复合与吸塑复合的形式进行包装，即为成品。

（5）成品评价

胶基糖果类产品质量标准应符合 SB/T 10023—2008《糖果　胶基糖果》的相关规定。

①感官要求：胶基糖果类产品感官要求见表 7 - 17。

表 7－17　胶基糖果类产品感官要求

<table>
<tr><th colspan="3">项　目</th><th>要　求</th></tr>
<tr><td colspan="3">色　泽</td><td>均匀一致，符合品种应有的色泽</td></tr>
<tr><td colspan="3">形　态</td><td>固态和夹心胶基糖果：块形完整，表面光滑，边缘整齐，大小一致，厚薄均匀，无缺角、裂缝，无明显变形；半固态胶基糖果：呈膏状</td></tr>
<tr><td rowspan="8">组织</td><td rowspan="4">咀嚼类</td><td>固　态</td><td>糖体剖面紧密、细腻，咀嚼后有黏性和延伸性，无潮解现象</td></tr>
<tr><td>半固态</td><td>糖体微疏状、细腻，咀嚼后有黏性和延伸性</td></tr>
<tr><td>夹　心</td><td>糖体剖面可见夹心，无皱皮现象；咀嚼后有黏性和延伸性，无潮解现象</td></tr>
<tr><td>包衣、包衣抛光型</td><td>糖体表面平整或光亮，符合主体糖果要求</td></tr>
<tr><td rowspan="4">吹泡类</td><td>固　态</td><td>糖体剖面紧密、细腻，咀嚼后有明显弹性和黏性，无潮解现象</td></tr>
<tr><td>半固态</td><td>糖体微疏状、细腻，咀嚼后有明显弹性和黏性</td></tr>
<tr><td>夹心</td><td>糖体剖面可见夹心，无皱皮现象；咀嚼后有明显弹性和黏性，无潮解现象</td></tr>
<tr><td>包衣、包衣抛光型</td><td>糖体表面平整或光亮，符合主体糖果要求</td></tr>
<tr><td colspan="3">滋味气味</td><td>符合品种应有的滋味及气味，无异味</td></tr>
<tr><td colspan="3">杂　质</td><td>无肉眼可见杂质</td></tr>
</table>

②理化指标：胶基糖果类产品理化指标要求见表 7－18。

表 7－18　胶基糖果理化指标

<table>
<tr><th rowspan="3">项　目</th><th colspan="8">指　标</th></tr>
<tr><th colspan="4">口香糖</th><th colspan="4">泡泡糖</th></tr>
<tr><th>固态</th><th>半固态</th><th>夹心</th><th>包衣、包衣抛光型</th><th>固态</th><th>半固态</th><th>夹心</th><th>包衣、包衣抛光型</th></tr>
<tr><td>干燥失重/(g/100g)，≤</td><td>7.0</td><td>15.0</td><td>10.0</td><td>符合主体糖果的要求</td><td>7.0</td><td>15.0</td><td>10.0</td><td>符合主体糖果的要求</td></tr>
<tr><td>低糖产品</td><td colspan="8">总糖（单糖、双糖）量（以还原糖计）≤5g/100g（固体）或≤5g/100mL（溶液）</td></tr>
<tr><td>无或不含糖产品</td><td colspan="8">总糖（单糖、双糖）量（以还原糖计）≤0.5g/100g（固体）或≤5g/100mL（溶液）</td></tr>
</table>

注：夹心型胶基糖果的干燥失重以外皮计。

3. 注意事项

（1）砂糖原料在胶基糖生产之前必须粉碎成粉末状，其粒度的大小及分布也影响着胶基糖的质量，粒度大的糖粉制作的胶基糖口感差，缺乏细腻感，影响胶基糖的咀嚼，若糖粉粒度小，则产品虽然细腻，但质地却较硬，甜味溶出也较慢，故糖粉的粒度应符合一定的规格。

(2) 在制作胶基的工艺流程中，温度控制相当重要，温度过高松香甘油酯会呈苦味，且乳化剂会疏散。温度过低，丁苯橡胶和其他物质不能充分熔融，故温度控制是胶基产品良好品质的保证。

第九节　几种功能保健糖果

随着经济发展以及人民生活水平的提高，消费者对食品品质的需求也提出了更高的要求，在满足食用的同时，更多的开始考虑食品对身体健康的影响。因此，目前市场中也逐渐涌现一大批对人体具有特殊生理功效的保健类糖果产品，深受广大消费者追捧，市场前景广阔。

一、实验目的

通过本实验的学习，了解几种保健糖果的原料组成及产品特性。熟悉保健糖果的制作工艺流程和操作要点，并进一步掌握该种产品的相关知识内容。

二、加工实例

(一) 润喉软糖加工

1. 实验材料及设备

(1) 原辅材料：白砂糖450g、淀粉糖浆450g、复合胶体80g、柠檬酸13g、首乌粉15g、薄荷1.3g。

(2) 主要仪器设备：化糖锅、熬糖锅、搅拌机等。

2. 实验内容

(1) 工艺流程

溶糖（白砂糖、淀粉糖浆）→过滤→熬煮（首乌）→混合（复合胶体、浸泡、溶胶、色素、柠檬酸、香料）→静置→浇模成型（淀粉、干燥、过筛、装盘、印模）→出模→刷粉→拣选→上光→成品

(2) 实验步骤

①溶糖、过滤、熬煮：将砂糖在水中加热溶解，至全部溶化时加入淀粉糖浆混匀，连接真空泵减压过滤后进行熬糖。

②混合：首乌粉加少量水混匀，然后加入到糖液中进行熬糖。熬糖温度控制在115～120℃。若温度太低，则糖达不到应有的弹性和韧性。若温度过高，则糖易焦糖

化，影响产品色香味等品质。

③静置：将熬煮完毕的糖膏静置一段时间，在静置冷却期间，将预先溶解好的复合胶体、柠檬酸、色素及香料等物料先后加入到糖浆中，并快速搅拌均匀。

④浇模、成型：将制备好的糖膏浇注于预先制备好的干燥淀粉模盘中，静置冷却，在模内凝结成型。

⑤拣选、上光：对成型糖果进行拣选，剔除不合格产品，经过上光之后产品即为实验成品。

（3）成品评价

①感官要求：

外观与色泽：糖体表面光滑，块形完整，具有亮丽的淡棕色。

香气与滋味：清凉，略带刺激性薄荷味，酸甜适中，不糊口、粘牙。

组织状态：组织细腻，无粉感，半透明状态，具有较强的弹性和韧性。

②理化指标：还原糖≥19％；固形物≥85％；水≤15％。

（二）功能性“双歧”软糖加工

功能性“双歧”软糖中糖组分采用功能性低聚糖，不被人体消化吸收，可被肠道有益菌——双歧杆菌利用，改善肠道菌群环境，对人体具有特殊的健康生理功效，属于保健类糖果产品。

1. 实验材料与设备

（1）原辅材料：异麦芽糖浆 500～600g、卡拉胶 1～1.8g、高麦芽糖浆 400～450g、酸味剂与香料按使用说明书添架。

（2）主要仪器设备：化糖锅、熬糖锅、模具、烘箱等。

2. 实验内容

（1）工艺流程

混溶加热（异麦芽糖浆、高麦芽糖浆）→过滤→熬煮（卡拉胶、预处理）→调和（香料、酸味剂）→浇注成型→凝结→脱模→干燥→包装→成品

（2）实验步骤

①凝胶剂预处理：将卡拉胶与水按 1∶20 比例加热混合浸泡，制成胶液备用。

②混溶加热：将异麦芽糖浆、高麦芽糖浆称量混合，加热沸腾后迅速过滤（采用 100 目筛），并将预先溶解好的胶体溶液倒入糖浆中继续进行熬煮。

③熬煮：在熬糖过程中要不断搅拌，用搅拌棒沾取糖浆，观察浓度，当糖浆沿棒流下，成短细糖条不易断落为止，一般熬煮温度控制在 110℃以下，若熬糖温度太高，易焦糖化，影响产品色泽和风味，糖液粘稠，影响浇注成型和糖体的弹性及韧性。

④调和：待糖液冷却至 90℃以下，加入适量香料和酸味剂，并充分搅拌调和均匀。

⑤浇注成型凝结、脱模：调制好的糖液迅速浇注到软糖模具中，静置冷却，待凝结成型后即可脱模进行干燥。软糖模具采用塑料立体模，这种模具浇出的软糖形状清

晰，立体感强，而且脱模方便，容易清洁，根据产品块形不同更换对应的造型模具，制造不同形状特色的产品。

⑥干燥：脱模后制品进一步进行干燥，蒸发去除多余水分，有利于延长产品保质期及增加产品坚实度。一般在45～55℃温度条件下，干燥时间为36～48h。

⑦包装：成型后的产品进行拣选，剔除质量不合格的次品，将合格产品使用精美包装用纸进行包装，即为实验成品。

（3）成品评价

①感官要求：

包泽和形态：糖体色泽均匀一致，块形完整，无缺角裂缝。

组织状态：柔软爽口，不粘牙，具有良好的弹性和韧性。

滋味和气味：香气适中，滋味纯正。

②理化指标：水分≤15%；还原糖≥25%。

第十节　巧克力

巧克力属于糖果产品，是以可可制品、白砂糖（或其他甜味剂）为主料，添加或不添加乳制品，添加表面活性剂等辅料，经过精磨、精炼、调温、成型等制作工序制成的，具有独特色泽、香气和滋味，具备细腻质感的，口感丝滑香润，耐保藏的高热值甜固体休闲食品。巧克力产品寓意爱情甜美浪漫，在青年男女中广受欢迎，尤其在恋人之间，它更是表情达意最好的载体。

在巧克力产品中，可可脂含量不低于最终产品的18%（白巧克力中可可脂含量不低于20%），非可可脂植物油脂的添加量不超过5%。巧克力类糖果按照组分及制作工艺不同主要包括黑巧克力、牛奶巧克力和白巧克力三种类型。

巧克力主要成分为可可脂，可可脂在常温下属于植物硬脂，在27℃以下时为固态，当温度达27.7℃以上时开始融化，37℃时可完全溶解，这一特性造就了巧克力制品入口即化的独特口感。但由于天然可可脂来源有限，成本较高，远远满足不了产品生产的需求，因此，当前市场上开发出了各种可可脂替代品来解决可可脂短缺问题。代脂巧克力的出现，一定程度上丰富了巧克力制品的类型，但在其品质上与天然可可脂产品还存在较大差别。而且，代可可脂产品为采用化学方法饱和硬化后的植物油脂，可能会对人体健康造成影响，尤其对于一些患有心血管病的患者应慎用。

一、实验目的

通过本实验的学习，了解巧克力制品的成分组成及产品特性，进一步熟悉巧克力的制作工艺流程及操作要点，最终全面掌握巧克力制品相关知识内容。

二、实验原理

巧克力物料主要包括水溶性物料、脂溶性物料以及乳化剂，互不相容的两种物料在乳化剂作用下充分乳化，形成均一稳定的体系，在精磨精炼作用下，物料颗粒变细，乳化效果更佳。可可脂具有α、β、β′、γ四种主要的晶体结构类型，通过调温工艺使熔点较低的α、β′、γ三种晶体溶化消失，将熔点在29℃以上的β晶体留在巧克力物料中，从而形成具有稳定品质的巧克力产品。

三、加工实例

1. 实验材料及设备

（1）原辅材料：可可液块 48kg、可可脂 22kg、磷脂 0.3kg、白砂糖 30kg、香兰素 0.05kg。

（2）主要仪器设备：融油缸、超微粉碎机、搅拌机、精磨机、精炼机、连续调温机、浇注机、烘箱等。

2. 实验内容

（1）工艺流程

混合→精磨→精炼→过筛→保温→调温→浇模→振动→冷却硬化→脱模→拣选→包装

（2）实验步骤

①混合：将可可液块和可可脂在融油缸中熔化，避免硬块损坏精磨机。使用超微粉碎机将白砂糖磨成超微糖粉，将以上物料在搅拌机中充分搅拌混匀。

②精磨：将搅拌后物料送入精磨机进行精磨，将物料颗粒粒径精磨至小于 25μm，一般在 18～20μm 之间，避免因物料颗粒太大，产生粗糙感。

③精炼：经过精磨的巧克力虽然质点很细，但还不够细腻，香味还不够优美和醇和，精炼可以进一步提高其质量。特别是高级巧克力需要经过精炼工序。精炼采用巧克力精炼机进行操作，去除挥发性酸、水分等，促进美拉德反应发生，增进巧克力制品色泽和风味。同时在精炼后期加入香兰素和磷脂，使体系最大程度发生乳化作用，并增进巧克力特有风味。精炼用时相对较长，一般在 55～85℃操作 24～72h。

④调温：精炼后的巧克力料温度一般在 45℃以上，其质粒处于运动状态，不能形成稳定的可可脂晶体结构，故需将贮缸内的物料搅动一定时间后再进行调温。调温操作使用连续调温机采用三段调温法。

调温第一阶段，物料从 45℃冷却至 29℃，可可脂产生晶核，并逐渐转变为其他晶型。

调温的第二阶段，物料从 29℃继续冷却至 27℃，部分不稳定晶型转变为稳定晶型，数量增多，黏度增大。

调温的第三阶段，物料从 27℃回升至 29～30℃，其目的在于使低于 29℃以下不稳定的晶型溶化，只保留熔点较高的β和β晶型。同时，物料黏度降低，适于成型工序的要求。

⑤浇模、振动：浇模用的巧克力料要严格控制温度和黏度。对料温要求在 30℃左右，此时物料黏度适中，适宜浇注操作进行。浇模后，要对模型进行震荡，使成品质构坚实，防止气泡或空隙产生。震幅要求不超过 5mm，频率约 1000 次/min。

⑥冷却硬化：浇注后的巧克力坯体必须进过冷却产生足够的硬度，对冷却过程的要求是：浇模后，先置于 8～10℃的冷藏室内，约 5min，料温降至 21℃；再经 21min 左右，料温降 12℃，冷却所需的总时间为 25～30min。从液态到固态的冷却速度不能过快，冷却温度一般 8～10℃，冷却后期可适当提高至 12～14℃。

⑦拣选：将有缺角、裂缝等质量问题的次品剔除。

⑧包装：使用精美的专用包装纸将合格巧克力制品进行包装，即为实验成品。

（3）成品评价

巧克力制品的质量标准应符合 GB 9678.2—2003《巧克力卫生标准》的相关规定。

①理化指标：巧克力制品理化指标要求见表 7－19。

表 7－19　巧克力制品理化指标

项　目	指　标
铅（Pb）/（mg/kg）	≤1
总砷（以 As 计）/（mg/kg）	≤0.5
铜（Cu）/（mg/kg）	≤15

注：检验方法与《糖果卫生标准》相同。

②微生物指标：巧克力制品微生物指标应符合表 7－20 的规定。

表 7－20　巧克力制品微生物指标

项　目	指　标
致病菌（沙门氏菌、志贺氏菌、金黄色葡萄球菌）	不得检出

3. 注意事项

（1）调温是巧克力生产中的重要工序。未经调温或调温不好的巧克力，冷却成型后，制品质构粗糙，颜色灰暗，缺少巧克力应的脆裂特性。在保存过程中，易变得粗糙和类似窝体的质构，丧失商品价值。

（2）浇模时物料温度应保持 30℃，温度过高会破坏已经形成的稳定可可脂晶型。使成品质构松散，缺乏收缩特性，难于脱模，在贮存中易出现花斑或发暗现象。温度过低，物料黏稠，在浇模操作时定量分配困难，且物料内气泡难以排除，制品易出现蜂窝。所以在成型过程中，物料应始终保持准确的温度，并要求保持在最小的温差范围内。

思考题

1. 淀粉糖浆是糖果产品加工过程中一种重要的原辅料，其在改善糖果品质方面有哪些重要作用？

2. 乳脂糖具有不同于其他糖类独特的色香味品质，请问这一特性是如何形成的？

3. 精磨是巧克力加工环节中重要的一环，对巧克力品质的形成具有特殊的意义，请问精磨操作具体有哪些作用？

第八章　软饮料工艺学实验

第一节　饮料加工常见原料

一、甜味剂

甜味剂是指能赋予饮料甜味的一类物质。按其营养特征可分为营养型甜味剂和非营养型甜味剂，按其来源可分为天然甜味剂和人工合成甜味剂。

（一）常用甜味剂

（1）天然甜味剂：糖类包括蔗糖、葡萄糖、果糖、麦芽糖、乳糖、异麦芽酮糖、高果糖浆等。糖醇类包括山梨糖醇、麦芽糖醇、木糖醇等，这些糖醇类甜味剂在体内代谢与胰岛素无关，因此，这些甜味剂是糖尿病患者食用的最佳物质，并且某些糖醇类还可以作为低热量甜味剂和抗龋齿甜味剂使用。除上述两类外，其他天然甜味剂还有甘草素、甜菊苷等。

（2）非天然甜味剂：除蔗糖、葡萄糖、麦芽糖、果葡糖浆等作为传统食品使用的甜味剂之外，我国允许使用于食品饮料中的非天然甜味剂主要有糖精钠、环己基氨基磺酸钠（甜蜜素）、天门冬酰苯丙氨酸甲酯（甜味素）、阿力甜、帕拉金糖、麦芽糖醇、山梨糖醇、木糖醇、甜叶菊糖甙、甘草、甘草酸一钾、甘草酸三钾、甘草酸铵等。

（二）甜味剂在软饮料生产中的作用

（1）构成软饮料风味：本身呈甜味，遇香精、酸等配合形成饮料独特的风味，部分糖类具有一定黏稠度有助于香气的存留。

（2）营养和生理调节功能：非胰岛素代谢型糖类可作为糖尿病患者所食用饮料中甜味剂的来源，某些甜味剂还具有低热量、抗龋齿、抗肿瘤、抑制腐败菌在大肠内的生长繁殖、促进双歧杆菌增殖等生理功能，可添加于功能性饮料中。

（3）防腐作用：高浓度下的蔗糖等甜味剂具有很好的渗透作用，因而可以抑制微生物的生长繁殖。

二、酸味剂

（一）我国饮料中允许添加的酸味剂

（1）柠檬酸：柠檬酸酸味圆润，有清凉感。入口后可以快速呈酸但后味延续短。饮料中可按正常需要加入。一般使用量为0.05%～0.35%。

（2）苹果酸：苹果酸酸味略带苦涩的刺激性，酸度约为柠檬酸的1.2倍，入口后缓慢呈酸并在口中延续时间长，因此与柠檬酸合用时可具有互补效应。饮料中可按正常需要加入，一般使用量0.1%～0.55%。

（3）酒石酸：酸味相当于柠檬酸的1.2～1.3倍，稍有酸涩感，可按正常生产需要加入。

（4）乳酸：酸度与酒石酸相当，带有涩的收敛味，与水果酸感相差较大，主要用于乳酸类饮料，用量可按正常需要加入，一般用量范围0.1%～0.3%。

（5）富马酸：酸度约相当于柠檬酸的1.5～1.7倍。具有发泡性，且产生的气泡有较好的持久性。

（6）己二酸：酸度较低，入口后酸味持久，因此用于缓慢释放风味的产品中来形成后酸味。常用于固体饮料中。

（7）葡萄糖酸：饮料中常与其他酸味剂合用，使用量一般为0.01%～0.4%。

（8）磷酸：酸味较强，其酸味可以和植物的可食性根、茎、叶、坚果的香气良好地协调，达到较好的效果，主要用于可乐型汽水中，形成一种独特的酸味，其使用量可按正常需要加入，一般为0.05%～0.1%。

（二）酸味剂在饮料中的作用

（1）呈现酸度：与糖一起形成饮料中一种口感愉悦的糖酸比。

（2）味感增减效应：酸味剂与甜味剂在一起具有一定的减效作用。酸味物与咸味物之间的效应复杂，若酸中加入少量盐则酸味减弱，但盐中加入少量酸则咸味增强。鲜菠萝中加入盐，可使其甜度增加酸度减弱，改善菠萝及菠萝饮料风味。

（3）强酸味剂具有一定杀菌作用。

三、食用色素

（一）我国饮料中允许添加的色素

食用色素可分为食用天然色素和食用合成色素。食用天然色素是从植物、微生物或动物组织中提取的色素。受原料和提取方法的限制，质量稳定性不易控制价格比较高，主要有四类：

① 吡咯衍生物类如叶绿素；

② 异戊二烯类如类胡萝卜素；

③ 多酚类如花青素；

④ 酮醌类如姜黄素。允许食用的主要有叶绿素铜钠盐、β-胡萝卜素、二氧化肽、诱惑红、甜菜红、姜黄、红花黄、紫胶红、越桔红、辣椒红、辣椒橙、焦糖色、红米红、栀子黄、菊花黄浸膏、黑豆红、高粱红、玉米黄、萝卜红、可可壳色、红曲红、落葵红、黑加仑红、栀子蓝、沙棘黄、玫瑰茄红、橡子壳棕、多穗柯棕、桑椹红、天然苋菜红、金樱子棕、姜黄素、酸枣色、花生衣红、葡萄皮红、兰锭果红、藻蓝、植物炭黑、密蒙黄、紫草红、茶黄色素、茶绿色素、柑桔黄等。目前国家允许使用的只有8种食用合成色素：胭脂红及铝色淀、苋菜红及铝色淀、赤藓红及铝色淀、新红及铝色淀、柠檬黄及铝色淀、日落黄及其铝色淀、亮蓝及铝色淀、靛蓝及铝色淀。

（二）色素添加方法

直接在食品中添加色素粉末可能会形成色素斑点，采用溶剂配制成溶液后添加使用则较为适宜。一般配制浓度为1%～10%，且色素称量时必须准确，以免形成色差。配制溶液用水必须经过处理，一般可使用蒸馏水和去离子水，否则水中的离子会与色素结合等发生褪色。配好的溶液应置于避光阴暗处保存。

为使消费者对食品的色调满意，常需混合使用多种色素，在调深黄色时，如桔、橙、菠萝等，可以加入胭脂红或日落黄。一般色素量范围在0.0002%～0.0005%，其最大使用量按比例折算后不得超出相应的国家标准使用量。

（三）作用

（1）模仿天然产品色泽；

（2）矫正天然产品在加工中的褪色、变色，使之恢复原有色泽；

（3）适应消费者嗜好性要求。

四、香精香料

香料是一种能被嗅出香气或尝出香味的物质，是香精配制的原材料，它由天然香料、单离香料及合成香料3个部分组成，如麝香、龙涎香等。

（一）常见香料

1. 天然香料

动物性天然香料有十几种，能够形成商品和经常应用的只有麝香、灵猫香、海狸香和龙涎香4种。通常用乙醇制成酊剂，并经过长时间存放后使用。除龙涎香为抹香鲸肠胃内不消化食物产生的病态产物外，其他三者是从腺体分泌的引诱异性的分泌物。动物性香料在未经稀释前，香气过于浓艳反而显得腥，稀释后即能发挥特有的赋香效果。

大部分天然香料属植物性香料。植物性天然香料是用芳香植物的花、枝、叶、草、根、皮、茎、籽或果实等为原料，用蒸馏、浸提、压榨、吸收等方法生产出来的精油、浸膏、净油、油树脂、香树脂等。

2. 单离香料

用物理或化学的方法从天然香料中分离出来的单体香料化合物称为单离（单体）香料。由于成分单纯，香气独特且更有价值。如在薄荷油中含有75%左右的薄荷醇，用重结晶的方法从薄荷油中分离出来的薄荷醇就是单离香料，俗称薄荷脑。

3. 合成香料

用单离、半合成和全合成方法制成的香料。目前世界上合成香料已达5000多种，常用的合成香料有400多种。

（二）常见调合香料（香精）

以天然香料和人造香料为原料调配制成的产品，即香精。香料在饮料中很少单独使用，一般使用多为香精成品，因为一种香精往往由几种至上百种香料所组成。一般来说，香精具有某种特殊的香型。包括水溶性香精、油溶性香精、乳化香精、粉末香精、香基香精。

（三）香精的调合方法

主香剂是决定香精的最基本香料，产生的香气是香精香气的主体轮廓。香精中的主香剂有一种或多种。顶香剂是香气挥发较为强烈的香料，可带动主香剂挥发，从而改善主香剂的香气。然而，香精配制时主香剂、顶香剂、辅香剂、定香剂将会相互混淆，要根据具体情况而定，并无定则。

（四）香精香料的作用

1. 辅助作用

某些原来具有良好香气的物质，由于香气浓度不足，需选用与之相适应的香精来辅助其香气，如茶叶、高级酒等。

2. 稳定作用

天然香气往往受季节、气候、土壤和加工技术等的影响而不稳定，而香精是按一定比例调合而成的，香气稳定，可对天然产品的香味有一定的稳定作用。

3. 补充作用

某些产品在加工过程中，原有风味损失严重，因此添加与之相适应的香精来补充原有的香气特征，如某些果汁等。

五、乳化剂

乳化剂包括离子型乳化剂和非离子型乳化剂。离子型乳化剂是指溶于水后电离可生成离子的乳化剂。可分为阳离子型乳化剂如烷基三甲基氯化铵等，阴离子型乳化剂如硬脂酰-2-乳酸钠等，两性离子型乳化剂如卵磷脂等，阳离子型乳化剂在食品工业中应用极少。非离子型乳化剂是指溶于水时不能电离生成离子的乳化剂，如蔗糖酯、单双甘油酯、聚山梨醇酯等，在饮料中应用十分广泛。

（一）目前我国允许使用于食品中的乳化剂

主要包括蔗糖酯、单硬脂酸甘油酯、酪朊酸钠、木糖醇酐单硬脂酸酯、双乙酰酒石酸单（双）甘油酯、硬脂酰乳酸钠（钙）、松香甘油酯、氢化松香甘油酯、聚氧乙烯木糖醇酐单硬脂酸酯、辛（癸）酸甘油酸酯、乙酸乙丁酸蔗糖酯、六聚甘油单硬脂酸酯、三聚甘油单硬脂酸酯、六聚甘油单油酸酯、丙二醇脂肪酸酯、改性大豆磷脂、乙酰化单甘油脂肪酸酯等。饮料中常用的有蔗糖酯、单硬脂酸甘油酯、酪朊酸钠、改性大豆磷脂等。

（二）乳化剂的亲水亲油平衡值

为了表示乳化剂的亲水亲油特性，常用亲水亲油平衡值（HLB）来表示，规定乳化剂 HLB 值为 20 表示 100％亲水性，乳化剂 HLB 值为 0 表示 100％亲油性。一般来说，饮料中添加的乳化剂是由多种成分组成的混合物，因为单一乳化剂很难或者不可能同时具备这两个方面的要求，因此常将乳化剂混合使用添加，以求获得良好的乳化效果。

（三）乳化剂的作用

1. 乳化作用

由于乳化剂具有很好的乳化作用，因此可以改善软饮料中互不相容体系的分离现象，如脂肪上浮分层。同时，还可以阻止蛋白质凝聚而沉淀。

2. 湿润和分散作用

固体饮料在制作过程中一般要求入水后能迅速分散并迅速溶解。乳化剂的添加可增强固体饮料的分散性和速溶性，如麦乳精、豆浆晶等。

（四）乳化剂的选用原则

饮料种类繁多，成分复杂，因此要求添加的乳化剂各不相同，一般来说可按食品的特性，选择具有相应 HLB 值的乳化剂。另外，根据物质的相似相溶原理，选择相应的乳化剂添加于饮料中使其具有类似结构，有时，也使用两种或多种乳化剂配合使用。一般而言，乳化剂的乳化作用越强，形成的乳状液越稳定，透光度就越低。因此，在选择某种饮料的乳化剂及用量时，可通过测定其透光度进行添加。

六、增稠剂

增稠剂是指能改善食品的物理性状、提高食品粘度以至于形成凝胶的一类添加剂。增稠剂主要分为天然增稠剂和合成增稠剂两大类。天然增稠剂是从含多糖类粘性物质的植物、海藻类等提取并制作而成，如果胶、琼脂、瓜尔豆胶、海藻酸等。还有从含有大分子蛋白质物质的动物提取并制得，如明胶、酪蛋白等。也有从微生物中提取并制得，如黄原胶、环状糊精等。饮料中常用的合成增稠剂主要有 CMC、藻酸丙二醇酯、变性淀粉等。

目前，允许食品中添加的增稠剂有琼脂、明胶、海藻酸钠（钾）、羧甲基纤维素钠、果胶、阿拉伯胶、卡拉胶、羧甲基淀粉钠、微晶纤维素、羟丙基二淀粉磷酸酯、海藻酸丙二醇酯、黄原胶、罗望子多糖胶、甲壳素、淀粉磷酸酯钠、磷酸化二淀粉磷酸酯、乙酰化二淀粉磷酸酯、羟丙基淀粉、黄蜀葵胶、田菁胶、亚麻籽胶（富兰克胶）、聚葡萄糖等。饮料中常用的增稠剂主要是：羧甲基纤维素钠、果胶、明胶、琼脂、卡拉胶、黄原胶、藻酸丙二醇酯、海藻酸钠、环状糊精等。

七、防腐剂和抗氧化剂

防腐剂是指天然或合成的并用于加入食品、药品等，以延迟微生物生长或化学变化引起的腐败。如苯甲酸及苯甲酸钠、山梨酸及山梨酸钾、对羟基苯甲酸酯类、亚硫酸盐类。

抗氧化剂（Antioxidants）主要是指能够阻止氧气对食品产生不良影响的物质。可以帮助捕获及中和自由基，从而减少自由基对人体损害的一类物质。抗氧化剂主要分为油溶性如抗氧化剂叔丁基对羟基茴香醚（BHA）、2，6－二叔丁基羟基对甲苯（BHT）、没食子酸丙酯（PG）、叔丁基对苯二酚（TBHQ）和水溶性抗氧化剂如抗坏血酸及其盐类、亚硫酸盐类、葡萄糖氧化酶、芦丁、儿茶素、槲皮素等两大类。

第二节　纯净水

经常饮用含有过多矿物质的水会给人体造成一定的负担，如有的矿物质人体不能吸收，长期积聚体内，会直接影响人体健康。而纯净水是指以符合生活饮用水卫生标准的水为原水，经过电渗析器法、离子交换器法、反渗透法、蒸馏法及其他适当的加工方法制得而成，密封于容器内，且不含任何添加物，无色透明，可直接饮用的纯净水。如市场上出售的太空水、蒸馏水均为纯净水。

一、实验目的

理解纯净水的生产过程和方法及制作原理；对实验过程中采用的方法制得的纯净水的洁净度有所了解；掌握饮用纯净水一般加工设备的工作原理和操作方法。

二、实验原理

反渗透技术是在高于溶液渗透压的作用力下，根据只允许水分子透过的其他物质不能透过的半透膜而将这些物质和水分开的一种较为先进、节能的膜分离技术。反渗透的孔径非常小，因此能够有效地去除水中的溶解盐类、大分子胶体、微生物、有机物等，从而达到将水纯净的目的。反渗透膜是由具有高度有序矩阵结构的聚合纤维组成的，它的孔径一般为0.1～1nm。

理论上原料自来水经预过滤、超滤和反渗透等过程后微生物几乎是不存在的，实际检测也证实这点。然而在生产过程中存在着二次污染的机会，因此，在纯净水灌装之前还必须进行冷杀菌处理。常采用紫外线或臭氧杀菌。一般来说，240～260nm波段的紫外线杀菌效果最强，即通过破坏细胞组织中的核酸物质，阻止细胞的再生而达到杀菌的目的。但由于受水流速度、水温、辐射距离等影响往往达不到理想效果；臭氧是一种极强的氧化剂，可以通过氧化分解细菌内部一些必须的酶、破坏细胞壁和核酸，细菌的新陈代谢受到破坏，细菌灭活死亡；或通过侵入细胞膜内作用于外膜的脂蛋白和脂多糖，使细菌发生畸变并溶解死亡。当纯净水中臭氧浓度达到0.2mg/L以上时具有强的杀菌作用，是目前纯净水最常用的杀菌方法。

三、加工实例

1. 实验材料与设备

（1）原辅材料：生活饮用水、臭氧、氢氧化钠。

（2）主要仪器设备：小型反渗透水处理系统，主要包括砂滤器、活性炭过滤器、精密过滤器、臭氧灭菌系统、RO反渗透、灌装机、纯净水贮水罐、RO膜、纯水泵、紫外线灭菌灯、树脂桶、压力控制器、电导仪、液位传感器、臭氧测定试纸等。

2. 实验内容

（1）工艺流程（单级反渗透）

饮用水→贮水罐→纯水泵→砂滤→活性炭吸附→保安过滤→反渗透→杀菌→灌装→密封→检验→贴标→成品

（2）实验步骤

①打开水源阀门，启动水泵，使得水进入贮水罐，所采用自来水需达到国家生活饮用水卫生标准。

②开启整个系统的运行开关，启动反渗透系统。

③采用不锈钢砂棒过滤器及不锈钢饮料泵进行。砂棒在使用前需用消毒液（75%酒精或10%漂白粉等）进行消毒处理，将水注入砂棒内，堵住棒芯出水口，砂棒在使用一段时间后，因棒芯外壁挂垢会降低滤水量，必须卸出进行去污和消毒处理。

④活性炭过滤采用不锈钢活性炭过滤器进行。有时需要加入阻垢剂，可选用DOTECH－XR－56等型号的阻垢剂，添加量一般为3～5mg/kg。

⑤保安过滤采用孔径为0.1～10μm微滤器进行。操作压力为0，01～0.2MPa。

⑥反渗透装置启动后，要逐渐调节高压阀的压力。高压阀的压力一般控制在1.7MPa以内。

⑦按下紫外灯的开关，进行灭菌消毒，或采用臭氧浓度为 0.4～0.5mol 的消毒方式。

⑧采用液体灌装机进行自动灌装，然后在压盖机上封口。

⑨采用贴标机进行贴标即为成品。

（3）成品评价

①感观指标：清澈透明，无杂质、沉淀、异味。

②微生物指标：细菌总数≤50cfu/mL 水，大肠菌群 100mL 水中不得检出。

③理化指标：硬度：CaO≤85mg/L 水，电导率：1～10μs/cm；按照 GB 17324—2003《瓶（桶）装饮用纯净水卫生标准》所规定的标准执行。

第三节 果蔬汁

虽然纯粹的果蔬汁不包括在饮料范畴之内，但也是一种常见的饮品，因此在此章节中作出介绍。果蔬汁含有人体所需的各种营养元素，特别是维生素 C 的含量更为丰富，能防止动脉硬化，抗衰老，增加机体的免疫力。是深受人们喜爱的一种饮品。我国生产的果汁主要有有柑桔汁、菠萝汁、葡萄汁、苹果汁、番石榴汁及胡萝卜汁等。

一、实验目的

了解果蔬汁加工工艺流程及操作要点；掌握果蔬汁的制作方法、调配技术及控制果蔬汁成品质量的措施。

二、实验原理

天然果汁（原果汁）、果汁饮料或带果肉果汁等，其生产的基本原理和过程大致相同。主要包括：果实原料预处理、榨汁或浸提、澄清和过滤、均质、脱氧、浓缩、成分调整、包装和杀菌等工序（浑浊果汁无需澄清过滤），制作成营养丰富、风味优质，接近新鲜果蔬的产品。

三、加工实例

1. 实验材料与设备

（1）原辅材料：白菜或华莱士瓜或甜橙、蔗糖、蛋白糖、NaCl、$NaHCO_3$、乙酸锌、海藻酸钠、黄原胶、CMC 等。

（2）主要仪器设备：榨汁机、胶体磨、均质机、电子天平、灌装机、封盖机、筛网（100 目、200 目）、不锈钢锅、不锈钢勺、1000mL 量杯、500mL 烧杯、玻璃棒、温度计、酸性精密 pH 试纸等。

2. **实验内容**

（1）工艺流程

果蔬汁制备→脱胶→精滤→杀菌→成品

（2）实验步骤

①果蔬汁制备：选用糖分较高，酸度适当，香味浓郁，果汁丰富，取汁容易，酶促变化不甚明显，成熟适度，无病虫害和腐烂的水果和蔬菜。果蔬清洗干净后，切块，白菜、华莱士瓜、甜橙经修理后在 1% NaCl 和 0.4%～0.5% $NaHCO_3$ 溶液中烫漂 1min 左右，于（300～500）$\times 10^{-6}$ 乙酸锌溶液中浸泡 10～15min，清水漂洗后进行初破碎至小块（大小以 3～4mm 为宜），置于榨汁机中打浆、过滤（0.5mm 的滤网过滤），杀菌后得果蔬汁。

②脱胶：华莱士瓜和甜橙汁中果胶、蛋白质等胶体物质含量较多，使汁液混浊。可以采用加热法，将果汁加热至 82～85℃，使胶体凝聚达到果汁澄清的目的。

③精滤：澄清处理后的果蔬汁，用 200 目尼龙网过滤。生产上采用压滤机过滤，必要时还可添加助滤剂。

④调配：一定比例的果蔬汁混合，可添加 0.1%～0.15% 海藻钠或添加 0.02%～0.03% 的黄原胶和 0.1%～0.15% 的 CMC。此外可添加 0.05% 抗坏血酸，防止氧化褐变。

⑤均质、脱气：调配后的饮料经高压均质，0.15MPa 真空下脱气，以避免成品被氧化。

⑥杀菌：混合液加热到 85～90℃，迅速装入已消毒的玻璃瓶中，使中心温度不低于 75℃，然后密封。

⑦进行充填包装。

（3）成品评价

①感官要求：果蔬汁感官要求见表 8－1。

表 8－1　果蔬汁感官要求

项　目	指　标
色　泽	呈淡黄色或白色，色泽均匀一致
滋味及气味	具有该品种果汁应有之风味，味感协调，柔和，酸甜适口，无异味
组织及形态	汁液澄清透明，无混浊；汁液浊度均匀，无沉淀产生
杂　质	无肉眼可见的外来杂质

②理化指标：果蔬汁产品理化指标见表 8－2。

表 8-2　果蔬汁理化指标

项　目	指　标
总酸度	0.2～0.7%（以柠檬酸计）
可溶性固形物	12～14%（20℃，按折光计）

③卫生指标：符合相应种类食品的国家卫生标准要求。

3. 注意事项

（1）在成品果蔬汁中放入适量的海藻酸钠或黄原胶作增稠剂，长时间放置仍然稳定，黏度适中，避免沉淀产生。

（2）绿色果蔬汁添加 0.1%～0.15%海藻钠或添加 0.02%～0.03%的黄原胶和 0.1%～0.15%的 CMC，再经均质、脱气、灭菌。这样加工制作的果蔬汁色泽、气味、口味均达到预期效果且无沉淀分层现象，可长期保持稳定。

（3）调配好的果蔬汁，不含任何防腐剂和合成色素，属纯天然保健型果蔬汁。

第四节　沙棘果汁饮料

沙棘果实含有丰富的营养物质和生物活性物质，广泛应用于食品、医药、轻工、航天、农业、牧业、鱼业等许多领域。沙棘果入药具有止咳化痰、健胃消食、活血散瘀等功效。现代医学研究，沙棘可降低胆固醇，缓解心绞痛，还有防治冠状动脉粥样硬化性心脏病等作用。

一、实验目的

掌握沙棘果汁饮料生产的工艺流程和工艺操作要点。

二、实验原理

沙棘果汁饮料的生产是采用压榨、浸提、离心等物理方法，破碎果实制取果汁，再加入食糖及食用酸味剂等混合调整后，经过脱气、均质、杀菌及灌装等加工工艺，脱去氧，钝化酶，杀菌等，制成符合相关产品标准的果汁饮料。

三、加工实例

1. 实验材料及设备

（1）原辅材料：新鲜沙棘果实、蔗糖、海藻酸丙二醇酯等稳定剂、酸味剂、抗氧化剂、食用香精、食用色素等。

（2）主要仪器设备：不锈钢破碎机、榨汁机、不锈钢刀片、低速离心机、胶体磨、脱气机、高压均质机、超高温瞬时灭菌机、压盖机、不锈钢配料罐、不锈钢锅、糖度计、温度计、烧杯、台秤、天平等。

2. 实验内容

（1）工艺流程

原料选择→整理→浸泡、清洗→榨汁→过滤→离心→调配→脱气→均质→杀菌→热灌装→压盖→冷却→成品

（2）实验步骤

①果实选择及清洗：选用新鲜、无病虫害及生理虫害、无严重机械伤、成熟度八成以上的果实，以清水洗净果表污物。

②榨汁：由于果实较小，可直接放入0.1%柠檬酸水溶液中护色，然后采用离心榨汁机榨汁。

③过滤、离心：用60～80目的滤筛或滤布过滤，除去渣质，收集果汁，然后采用离心机将果汁与其他成分进一步分离，得到上清液即为果汁。

④调配：取沙棘原果汁40%～50%（可根据实际情况加以调整），蔗糖10%～12%，稳定剂0.10%～0.30%，酸味剂0.2%～0.8%，食用色素及食用香精少许，在配料罐中搅拌混合均匀。甜味剂、酸味剂等必须先行溶解，过滤备用，且其加入量可根据实际情况进行适当调整。

⑤脱气：将果汁加入到不锈钢真空脱气罐进行脱气，脱气的果汁温度控制在30～40℃，脱气真空度为55～65kPa。

⑥均质：采用高压均质机对已经脱气的果汁进行均质，均质压力为18～20MPa。

⑦杀菌：沙棘果汁饮料一般杀菌条件为2～4min/100℃，也可以采用超高温瞬时灭菌机进行杀菌，则此时杀菌温度为115～135℃，杀菌时间为3～5s。

⑧灌装、压盖：杀菌后的果汁饮料立即灌装入无菌玻璃瓶或耐高温无菌塑料中，压盖密封或旋紧盖子。瓶子和盖子清洗消毒方法为热烫或化学法，瞬时灭菌条件下杀菌的果汁，在无菌条件下灌装密封。

⑨冷却：经杀菌的沙棘果汁饮料，装瓶后分段冷却至室温，即为成品。

（3）成品评价

果汁饮料产品应具有原料果实或食用色素特有的色泽，具有原料果实的香味和气味。

①感官指标：果汁饮料的感官要求见表8-3。

表8-3 果汁饮料感官要求

项 目	指 标
色 泽	呈红黄色
滋味及气味	具有该品种沙棘应有之风味，味感协调，柔和，酸甜适口，无异味
组织及形态	呈均匀混浊状态，长期静置后允许有少量沉淀存在

表 8 - 3（续）

项　目	指　标
杂质	无肉眼可见的外来杂质

②理化指标：果汁饮料的理化指标见表 8 - 4。

表 8—4　果汁饮料理化指标

项　目	指　标
总酸度	0.20%～0.25%（以柠檬酸计）
可溶性固形物	≥13%（20℃，按折光计）
原果浆	≥35%（以质量计）

③卫生指标：符合相应种类食品的国家卫生标准要求。

第五节　打瓜果肉饮料

打瓜为西瓜的一种品种，果实小，吃时多用手打开，所以叫打瓜。由于其瓜子比较大，形如西瓜子，两侧边缘为黑色，中间为黄色和白色，因此打瓜的食用价值主要是打瓜子。而打瓜的果肉则作为副产物而弃掉，造成了资源上的浪费。

一、实验目的

了解果肉饮料的加工工艺流程及操作步骤；掌握果肉饮料的调配技术及控制饮料成品质量的措施。

二、实验原理

打瓜果肉饮料的生产是采用打浆，破碎果实制取汁液的同时也保留了果肉，然后经过糖、酸等混合调配后，经过脱气、灌装等加工工艺，制成符合相关产品标准的果汁饮料。

三、加工实例

1. 实验材料及设备

（1）原辅材料：打瓜、白砂糖、糖醇、甜味剂、酸味剂、天然色素、增香剂、山梨酸钾、脱氢乙酸、卡拉胶、海藻酸钠、蔗糖脂等。

（2）主要仪器设备：电子天平、榨汁机、调配罐、混合设备、灌装机、饮料瓶等。

2. 实验内容

（1）工艺流程

原料选择→整理→浸泡、清洗→打浆→静置→去杂→调配→脱气→灌装→压盖→灭菌→检验→成品

（2）实验步骤

①清洗与打浆：取秋季新鲜良好，纤维少、肉质柔软多汁，酸甜适度，香气浓郁，成熟适度的打瓜清洗去皮后，剔出腐烂及病虫害果。称取打瓜果肉，打浆用水量为打瓜果肉量的一倍；用纱布滤去粗颗粒，再用 200 目尼龙网过滤即得原果浆。

②静置、去杂：在调配饮料前，打瓜原浆应静置去杂，并加入 100mg/kg 的护色剂，防止叶绿素在打瓜饮料中受热降解、褐变等不良反应。

③调配：饮料中纯打瓜浆的含量控制在 5%～8%。浓度过低，达不到保健功能；浓度过高，饮料的适口性差，有浓厚的青涩味；调配时，稳定剂先与少量白砂糖混和，以防稳定剂相互团结，形成块状，然后缓缓加入到 20～30 倍沸水中，边加边搅拌，使之完全溶解。稳定剂的用量直接影响到饮料的黏度，加入量要适中；酸味剂、增稠剂在饮料调配的最后阶段再加入，一般酸度 pH 为 3.9 以下。

④脱气：将果汁加入到不锈钢真空脱气罐进行脱气，脱气的果汁温度控制在 30～40℃，脱气真空度为 55～65kPa。

⑤灌装与灭菌：饮料调配好后应趁热过滤灌装，以防杂菌污染。灭菌前整个操作过程温度应大于 70℃，时间不要超过 2h；然后进行灭菌。将封盖后的玻璃瓶在沸水中杀菌 15～20min，然后分段冷却至 38℃。

（3）成品评价

①感官指标：果肉饮料的感官要求见表 8 - 5。

表 8 - 5　果肉饮料感官要求

项　目	指　标
色　泽	呈淡黄色
滋味及气味	具有该打瓜品种应有之风味，味感协调，柔和，酸甜适口，无异味
组织及形态	呈均匀混浊状态，长期静置后允许有少量沉淀存在
杂　质	无肉眼可见的外来杂质

②理化指标：果肉饮料的理化指标见表 8 - 6。

表 8 - 6　果肉饮料理化指标

项　目	指　标
总酸度	0.20%～0.25%（以柠檬酸计）

表 8-6（续）

项　目	指　标
可溶性固形物	≥13%（20℃，按折光计）
原果浆	≥35%（以质量计）

③卫生指标：符合相应种类食品的国家卫生标准要求。

第六节　果味茶饮料

一、实验目的

掌握茶饮料的加工原理；了解茶饮料所含主要成分及其功能特性；掌握绿茶饮料的生产工艺及产品质量控制措施；掌握成品的感官评定。

二、实验原理

茶饮料是一类以茶叶的萃取液、茶粉、浓缩液等为主要原料加工而成的含有一定量的天然茶多酚、咖啡碱等有效成分的饮料。茶饮料一般由红茶提取液、绿茶提取液、水、甜味剂、酸味剂、香精、色素等成分调配后，混合灌装而成。热茶提取液是澄清透明的，但是冷却后，茶水中会出现浑浊现象，俗称“冷后浑”，特别是红茶、乌龙茶。浑浊物主要成分是茶叶中的茶多酚和咖啡碱络合形成的茶乳酪。在现代茶饮料典型生产工艺中，均是采用热浸提后立即强制冷却的方法，迫使茶乳酪提前发生，然后用多道过滤的方法除去，这样就可以避免茶乳酪冷却后形成的“冷后浑”对产品带来的影响。

三、加工实例

1. 实验材料与设备

（1）原辅材料：红茶茶叶、白砂糖、柠檬酸、苹果酸等。

（2）主要仪器设备：过滤机、高压均质机、封罐机、灌装压盖机、杀菌锅、折光仪、广泛 pH 试纸等。

2. 实验内容

（1）工艺流程

原料选择→低温洗茶→高温浸提→加还原剂→粗滤→快速冷却→静置→精滤→调配→排气→封罐→杀菌→冷却→成品

（2）实验步骤

①原料选择：茶叶最好是选择当年的茶叶，尤其是新茶。如果是陈茶或贮藏过久

的茶叶，可以先通过适当温度下的烘烤以改善原料茶的品质，水要求选用蒸馏水。

②高温浸提：用煮沸的蒸馏水（90～95℃）浸泡茶叶5～10min。

③粗滤：采用60～80目的滤筛或滤布快速过滤，除去杂质。

④快速冷却、静置及精滤：先用10～15℃冷却水将茶浸提液冷却到20℃以下，再在冰浴或水浴中将其继续冷却到5℃左右，静置15min后用250目的滤布进行过滤。加入茶浸提液重量0.01%～0.03%的L—抗坏血酸钠，防止浸提液氧化变色变味。

⑤调配：按照茶浸提液、糖液、防腐剂、酸味剂、水的顺序进行调配。配方为红茶浸提液1%～2%，蔗糖3%～4%，柠檬酸0.1%～0.15%，还可以加入适量的红茶香精、麦芽香精、柠檬黄、苋菜红等辅料，调节pH值至4.5～4.8。

⑥排气：将装好瓶的红茶饮料置于水浴中，加热至85 ℃。

⑦封罐：用封罐机趁热封罐。

⑧杀菌：常压水浴杀菌30min，也可采用高温瞬时杀菌，即115～121℃高压蒸汽锅中灭菌15min。

⑨冷却：分别于80℃、50℃和自来水中分阶段冷却至室温，即为成品。

第七节　杏仁蛋白饮料

一、实验目的

掌握苦杏仁的去皮、脱苦方法及加工特性；掌握杏仁蛋白饮料的生产工艺及产品质量控制措施。

二、实验原理

杏仁蛋白饮料是以苦杏仁为主要原料，与水按一定比例磨碎、去渣后加入配料制得的乳浊状液体制品。其成品蛋白质含量较高。成品中除了含有蛋白质以外，还有脂肪、碳水化合物、矿物质、各种酶类如脂肪氧化酶、抗营养物质等。这些成分在加工中的变化和作用往往会直接引起成品的质量差的问题，如蛋白质沉淀、脂肪上浮、苦味、异味的产生、变色或毒性物质的存在等。加工中可适当添加稳定剂、乳化剂，均质，高温钝化酶等方法解决。

三、加工实例

1. 实验材料与设备

（1）原辅材料：产自内蒙古的山杏苦杏仁10000g、蔗糖5kg、三氯蔗糖、单甘酯100g、大豆磷脂100g、藻酸丙二醇酯（PGA）100g、杏仁香精100mL等。

（2）主要仪器设备：电子天平、砂轮磨、胶体磨、均质机、杀菌机、封盖机、筛网（100 目、200 目）、不锈钢锅、量杯、不锈钢勺、广泛 pH 试纸等。

2. 实验内容

（1）工艺流程

苦杏仁→整理→脱苦、消毒与清洗→研磨→杏仁糊→过滤→调配→脱气→均质→灌装→杀菌→冷却→检验→成品

（2）实验步骤

①脱苦、消毒与清洗：将苦杏仁在 1%甲酸溶液中室温下浸泡 12～24h，或在 50～70℃温水中浸泡 48h，每隔 6～8h 换一次水，对杏仁进行脱苦。将脱苦杏仁浸泡在 0.35%～0.5%的过氧乙酸中消毒 10min，取出后用清水洗净。

②研磨：将清洗完毕的杏仁进行研磨，杏仁∶水＝1∶20（质量比）。杏仁浆分别经 100 目、200 目筛过滤，控制微粒细度 20μm 左右，磨浆时需要添加浆液质量 0.06%的焦磷酸钠和 0.04%的亚硫酸钠进行护色。

③调配、均质：在研磨好的杏仁浆中分别加入苦杏仁质量 1%的单甘酯、大豆磷脂、藻酸丙二醇脂等辅料进行调配，调配好的杏仁露 pH 值为 7.1±0.2，并再次过 200 目筛。将调配好的杏仁浆液温度升至 50～60℃后进行均质，均质压力 40MPa，使颗粒直径小于 5μm，防止分层及沉淀现象的发生。

④灌装、杀菌：先将饮料瓶、盖洗净沥干，0.35%～0.5%的过氧乙酸消毒 10min 后在 100℃下烘干 20min；再将均质后的杏仁料液加热到 70～80℃，趁热灌装并封盖，然后在高压蒸汽灭菌锅内 115℃条件下处理 20min，取出后分别在 80℃、50℃及常温自来水中分段冷却至室温。检验后贴标，即得杏仁蛋白饮料成品。

（3）成品评价

①感官检验：评价该产品的色泽、香气、滋味；是否有异味，肉眼可见杂质，以及产品的脂肪上浮和蛋白质沉淀现象（本产品允许少量的脂肪上浮和蛋白质沉淀发生）。

②稳定性评定

快速判断法：在洁净的玻璃杯内壁上倒少量成品，若其形成均匀薄膜，则证明该饮料质量稳定性好。

自然沉淀观察法：将成品在室温下静置于水平桌面上，观察其沉淀产生时间，若产生沉淀，并且产生的时间越快，则证明该饮料越不稳定。

离心沉淀法：取样品饮料 1mL，稀释 100 倍后在 785nm 下测其吸光度，为 A_1；另取样品饮料 1mL，在 3000r/min 下离心 10min 后取其上清液，稀释 100 倍后在 785nm 下测其吸光度，为 A_2。稳定系数 $R=A_2\times100/A_1$，如果得到的 R 值大于 95%，则饮料稳定性良好。

第八节 碳酸饮料

碳酸饮料通常由水、甜味剂、酸味剂、香精香料、色素、CO_2 及其他原辅料组成，是指在一定条件下充入 CO_2 气体的饮料制品，但不包括发酵自身产生 CO_2 气体的饮料。一般来说，成品中 CO_2 气体的含量（20℃时体积倍数）不低于饮料本身的 2 倍，俗称汽水。

一、实验目的

掌握碳酸饮料的加工原理；掌握碳酸饮料的一般加工方法；比较臭氧杀菌、紫外线杀菌及加热杀菌的优缺点以及对碳酸饮料感官特性的影响。

二、实验原理

碳酸饮料中 CO_2 气体在饮料中会形成碳酸，具有特异于其他饮料的特殊风味，清凉解渴，并能够适当阻碍微生物的生长、延长饮料货架期的作用，生产过程中一般没有专门的杀菌工序，所以需要加入少量防腐剂，常用的有苯甲酸钠和山梨酸钾，其用量控制在 0.02%。酸性物质被广泛应用于饮料中，以产生某种酸味，调整适当的糖酸比，对于饮料至关重要。

碳酸饮料的生产有一次灌装和二次灌装两种工艺。一次灌装是指水和糖浆按一定的比例先调和，经过冷却碳酸化，将达到一定含气量的汽水一次性灌装入瓶中形成碳酸饮料的方法。二次灌装是指 CO_2 气体和水先经过冷却并碳酸化，然后再与糖浆等分别灌入瓶中的方法。

三、加工实例

1. 实验材料及设备

（1）原辅材料：白砂糖、CO_2、柠檬酸、苹果酸、各种香精、色素（柠檬黄、胭脂红等）、苯甲酸钠、瓶装 CO_2 气体。

（2）主要仪器设备：分析天平、过滤装置、糖度汁、汽水灌装一体机、压盖机、精密 pH 计。

2. 实验内容

（1）工艺流程

水处理→冷却（汽水混合）→碳酸化处理→糖浆配制→汽水混合→压盖→成品

（2）实验步骤

①水处理、冷却：采用砂棒过滤并冷却至接近 0℃左右。

②碳酸化处理：经处理后的水加入到混合机中，同时通入 CO_2 气体进行碳酸化。

③糖浆配制。

a. 参考配方

菠萝汽水：白砂糖 10%、柠檬酸 0.15%、苯甲酸钠 0.015%、柠檬黄色素 0.002%、柠檬黄色素 0.001%、菠萝香精 0.05%。

橙子汽水：白砂糖 10%、柠檬酸 0.16%、苯甲酸钠 0.015%、橙子香精 0.052%、柠檬黄色素 0.001%、胭脂红 0.0001%。

b. 制备方法：按成品糖度要求、灌装比例及生产量计算出蔗糖用量，将蔗糖溶解在水中，边加热边搅拌，升温至沸腾后，撇去液面上的泡沫，并继续沸腾 5min。冷却后，调整浓度至糖浆浓度在 55～65°Bx。一般的，苯甲酸钠等防腐剂在使用前先配制成 25%浓度的溶液。柠檬酸、苹果酸等使用前先配制成 50%的溶液。色素使用前应先用少量糖浆加以稀释，固体色素先用少量热水溶化。

c. 糖浆的配制：将原糖浆置于不锈钢桶中，在连续搅拌条件下陆续加入各种辅料，如原糖浆、苯甲酸钠溶液、酸溶液、色素、香精，最后用水定容到需要的体积。调配后即可测定其浓度，同时取少量糖浆加入碳酸水，并检查是否与标准符合。

d. 汽水混合：在每瓶中灌装汽水总量 20%的果味糖浆后，加入碳酸水到要求液位。

e. 压盖：利用压盖机压盖，一般不需要进一步杀菌处理，即可成为成品。

第九节　海红果固体饮料

一、实验目的

了解固体饮料的加工工艺；掌握固体饮料干燥和造粒过程以及水分含量产品的影响；掌握成品的感官评定与检测方法。

二、实验原理

固体饮料是指以糖、乳或乳制品、果汁或食用植物提取物等为主要原料，添加适量的辅料或食品添加剂制成的水分含量不超过 5%的固体制品，呈粉末状、颗粒状或块状。

三、加工实例

1. 实验材料与设备

（1）原辅材料：海红果、白砂糖、麦芽糖浆、柠檬酸、柠檬酸钠、苹果酸、环烷酸钠、食盐、甜蜜素或阿斯巴甜、香精等。

（2）主要仪器设备：榨汁机、夹层锅、胶体磨、手持糖度计、过滤装置、离心机、磨浆机、组织捣碎机、均质机、打浆机，不锈钢刀，不锈钢锅，真空浓缩锅，真空干燥箱等。

2. 实验内容

（1）工艺流程

原料选择→整理→清洗→去皮、去籽→切分→打浆→过滤→浓缩→调配→造粒→干燥→包装→成品

(2) 实验步骤

①清洗、去皮去籽：选取无质量问题的海红果清洗干净，可去皮也可不去皮，但需要切开去籽。

②打浆：调好打浆机的筛网直径约为 0.6mm，将海红果经打浆机打浆处理。因海红果可能产生褐变，所以在打浆过程中要添加适量抗氧化剂，如维生素 C 等。

③过滤：得到的果浆中会有杂质存在，需要经过滤处理，得到果汁。

④浓缩：将上述果汁打入到真空浓缩锅内，浓缩至 3～4 倍的浓度保存待用。注意真空度控制在 80～90kPa，出锅温度 50℃左右。

⑤调配：生产固体饮料的天然果汁，要求先进行填充载体，再进行干燥，以添加固体饮料的溶解性和口感，填充料主要有蔗糖、葡萄糖、植物胶、糊精、羧甲基纤维素钠等。将主要原料和其他原料按一定比例称量好，然后搅拌直至松软状混合物为止，注意控制其水分含量在 10%左右。

⑥造粒：将上述物料移入造粒机内造粒，造粒机筛网直径一般设置为 10～12 目。

⑦干燥：将造粒机造好的颗粒物料装入托盘中，于真空干燥箱内进行干燥。同时进行抽真空和通蒸汽。此时需要注意温度和真空度之间的关系。也可在 70～80℃的普通烘箱内进行干燥，这种方法要求经验丰富、操作熟练，否则容易烘焦而影响产品质量和外观。

⑧包装：待干燥完毕并且真空度回到零位后，开箱取出托盘，自然冷却后经检验合格即可进行包装。

(3) 成品评价

产品应具有特有的色泽、香气、滋味，无结块、无刺激、焦糊、酸败及其他异味，冲溶后呈澄清或均匀混悬液，无肉眼可见的外观杂质。另外水分含量低于 5%。

第十节　乳酸饮料

一、实验目的

掌握乳酸饮料的制作原理加工过程。

二、实验原理

在乳酸饮料中，果胶是常用的稳定剂，其次是其他稳定剂的复合物。果胶是一类聚半乳糖醛酸，在 pH 值为中性、酸性时均带有负电荷，在牛乳中会附着于酪蛋白颗粒上，使酪蛋白颗粒也带有负电荷，这样就可以避免酪蛋白颗粒间相互聚而发生沉淀作

用，因此，果胶对牛乳中酪蛋白颗粒具有良好的稳定性。在pH值调节到4左右时，果胶稳定性最好，否则果胶分子在使用过程中会发生降解。因此杀菌前一般将乳酸菌饮料的pH值调整为3.8～4.2。

三、加工实例

（一）发酵型乳酸饮料

1. 实验材料与设备

（1）原辅材料：酸乳30～40g/100g，果汁5g/100g，果胶0.45g/100g，糖10～12g/100g，20%乳酸-柠檬酸（柠檬酸：乳酸=2：1）0.2g/100g，香精0.15g/100g，其余为蒸馏水。

（2）主要仪器设备：电子天平、均质机、恒温培养箱、磁力搅拌器、杀菌机、无菌操作室、灌装机、封口机等。

2. 实验内容

（1）工艺流程

发酵乳→破乳→调配→均质→灌装→杀菌→成品

（2）实验步骤

①破乳：将发酵乳搅打破碎，使得固态酸乳中各种物质均匀分布。

②调配（稳定剂添加）：根据配方将稳定剂、蔗糖混匀后，溶解于60～70℃的纯净水中，待冷却到室温25℃后，与一定量的发酵乳混合并搅拌均匀，同时加入一定量的果汁，具体加入量可根据实际情况进行调整。

③调配：配置浓度为15%～20%的乳酸一柠檬酸溶液，缓慢加入到配料容器中，同时需要强烈的搅拌，直到pH达到3.8～4.2，随后加入香精。

④均质：将配好料的乳酸饮料预热到60～70℃，并于20～25MPa下进行均质。

⑤灌装杀菌：均质后将酸乳饮料灌装到相应的容器中，并于85～90℃条件下杀菌20～30min后，将包装容器进行冷却。

（二）非发酵型乳酸饮料

1. 实验材料与设备

（1）原辅材料：脱脂乳溶液：30%～40%，果汁：5%，果胶：0.45%，糖：10%～12%，20%乳酸一柠檬酸（柠檬酸：乳酸=2：1）：0.2%，香精：0.15%，其余为蒸馏水。注：单位%，即g/100g。

（2）主要仪器设备：电子天平、均质机、恒温培养箱、磁力搅拌器、杀菌机、无菌操作室、灌装机、封口机等。

2. 实验内容

（1）工艺流程

脱脂乳粉→溶解→调配→调酸→热均质→杀菌→热灌装→封盖→冷却→成品

（2）实验步骤

①溶解：将脱脂乳粉与温开水按照1∶8～1∶10的比例搅拌混匀，静置2h使其充分溶胀。

②调配：按照发酵型乳酸饮料调配的方法，除酸奶外，依次将稳定剂、蔗糖等配料添加到溶解的脱脂乳粉中，并搅拌均匀，还可以文火煮沸5min。

③调酸：用上述的乳酸一柠檬酸溶液调酸至pH3.8～4.2，滴酸速度不宜过快。然后进行超高温瞬时杀菌（121℃杀菌15min），趁热灌装至容器中。

3. 注意事项

（1）调酸时需要高速搅拌且缓慢加入，以免造成局部过酸而蛋白质变性。

（2）为了保证稳定剂的高效性，需要按照规定进行设定均质温度和压力。

第十一节　特色冰淇淋

一、实验目的

掌握软质冰淇淋和硬质冰淇淋加工的基本过程；掌握奶油冰淇淋、香草冰淇淋和可可冰淇淋的生产技术；熟悉均质机、杀菌机、过滤机、冰淇淋凝冻机等设备的使用方法。

二、实验原理

冰淇淋是以全脂奶粉、天然奶油、稳定剂等为主要原料，经均质、老化、混合、凝冻等工艺而制成的体积略膨胀的冷冻食品。其中凝冻过程是流体状的混合料在强烈搅拌下进行冻结，使空气均匀分布于混合料中并呈现极微小的气泡状态，在体积逐渐膨胀的过程中，冻成半固体状，形成软质冰淇淋；在相对低温长时间的冻藏下，会发生硬化，形成硬质冰淇淋。

三、加工实例

1. 实验材料与设备

（1）原辅材料

奶油冰淇淋：白砂糖13%、全脂奶粉15%、黄油4%、鸡蛋8%、明胶0.5%、蒸馏水（奶油香精适量）；

可可冰淇淋：白砂糖15%～16%、全脂奶粉12～13%、黄油4%、鸡蛋8%、明胶0.5%、可可粉1%、蒸馏水。

（2）主要仪器与设备

天平、冰淇淋凝冻机、过滤机、杀菌机、均质机、不锈钢锅、打蛋器、冰箱、低温冰箱、台秤、普通温度计、低温温度计等。

2. 实验内容

（1）工艺流程

原料处理→配料→过滤→杀菌、冷却→均质→老化→加料→凝冻→包装（硬化冻藏　硬质冰淇淋）→软质冰淇淋

（2）实验步骤

①原料处理：

白砂糖加水溶解后煮沸 5min，四层纱布或 120 目筛过滤；

全脂奶粉加温水，先调成糊状，再加水成奶浊液；

鸡蛋清洗后去壳，蛋液装入打蛋机的下面小锅中，用打蛋器混合均匀；

奶油切成小块后微火缓慢熔化，不可使用大火加热；

稳定剂（明胶）加水浸泡，泡软后小火缓慢加热溶解成透明的溶液，也可不用浸泡，但加热时要缓慢；

可可粉过筛后，除去结块。

②配料：将处理的原料倒入配料缸（不锈钢锅）中充分搅拌均匀，适当的时候可用微火加热，有助于溶解混匀。

③过滤、杀菌、冷却：用四层纱布或过滤器进行过滤，然后进行杀菌，将其尽可能快的加热升温到 77℃，保持 15min（或 68℃、30min）。在杀菌过程中需搅拌，以防焦糊和受热不均，最好用水浴加热，杀菌结束后，立即冷却到 60～65℃。

④均质：设定均质温度为 60～65℃，均质压力为 16～18MPa，进行第一级均质压力为 16～18MPa，然后采用第二级均质，均质压力为 6～7MPa，未达到均质压力的物料应回流再次均质，直到物料完全混合均一。均质完的物料迅速冷却至室温，然后放入冷藏室，使其进一步降温至 2～4℃。

⑤老化：物料在 2～4℃的环境静置 12～24h 以达到老化效果。如果在冷库中进行老化时，应注意物料的微生物污染、串味、冷凝水及其他异物的混入，因此需要物料密闭。最终以物料的粘稠度判断老化的终点。

⑥加料：生产奶油冰淇淋时，可在老化后、凝冻前，向混合料中加入适量的奶油香精和色素等辅料，搅拌均匀即可。也可以加入其他物质，如加入茶汁，可制成茶冰淇淋；加入颗粒状物料，可以制成混有颗粒的冰淇淋等。

⑦凝冻：将混合料放入凝冻机中进行凝冻，在凝冻过程中，空气要求尽量洁净以提高产品的膨胀率，待冷冻到－4～－6℃即可出料。若制作三色冰淇淋，则可将可可混合料和奶油冰淇淋分别放入两个凝冻室同时凝冻。

⑧成型与包装：将凝冻好的冰淇淋装入包装容器或纸杯中并加上盖子，即软质冰

淇淋。

⑨硬化：包装好的冰淇淋放入速冻设备中进行速冻，一般硬化温度为－25～－40℃，硬化时间以冰淇淋中心温度达－18℃所需时间为宜。也可将冰淇淋放入低温冰箱进行硬化处理。即硬质冰淇淋。

⑩冰淇淋膨胀率的测定：冰淇淋及其混合原料装入100mL的小烧杯，并且用小匙轻压，使烧杯中不留空隙后称重，以3次称重的平均值表示。

根据下式计算：

$$\text{膨胀率}=\frac{\text{混合料液重}-\text{同体积冰淇淋重}}{\text{同体积冰淇淋重}}\times 100\%$$

3. 注意事项

(1) 从物料凝冻至出料温度时，应及时出料，以免物料温度过低难以出料。

(2) 冰淇淋配料可适当调整，例如生产可可冰淇淋时，可可粉的用量太多会产生重苦味。

思考题

1. 硬水软化的一般方法都有哪些，比较各种方法的优缺点。

2. 臭氧杀菌、紫外线杀菌的原理是什么？

3. 讨论果蔬复合汁的调配方法。

4. 影响果汁饮料风味的因素有那些？怎样控制这些因素才能得到良好风味的果汁饮料？

5. 详述果肉悬浮饮料的操作要点和调配重要性。

6. 茶饮料的稳定性与那些因素有关？

7. 如何提高茶饮料的产品稳定性？

8. 讨论乳化稳定剂的添加在蛋白饮料中的作用。

9. 试分析一次灌装法与二次灌装法的区别与优缺点？

10. 生产碳酸饮料时，碳酸化是一个非常重要的过程，这个过程中应注意的事项是什么？

11. 固体饮料的水分含量为什么要求低于5%？

12. 乳酸饮料沉淀分层的原因有哪些？

13. 阐述冰淇淋混合料凝冻过程。

14. 冰淇淋制作过程中，应如何控制膨胀率？

第九章　发酵与酿造工艺学实验

第一节　乳酸菌发酵剂

乳酸菌发酵剂一般是指生产酸乳、开菲尔等发酵乳制品和乳酸菌饮料而使用的一种或几种特定微生物培养物，主要包括保加利亚乳杆菌（Lactobacillus. bulgaricus）、嗜热链球菌（Streptococcus. thermophilus）、干酪乳杆菌（Lactobacillus . casei）、乳酸链球菌（Streptococcus . lactis）等。因此它是一种含高浓度乳酸菌的产品，一般乳酸菌数在 10^7 ~ 10^{10}个数量级，有的发酵剂乳酸菌含量达 10^{11}～10^{12}个数量级。

一、实验目的

了解微生物发酵菌种的几种保藏方法；掌握食品用发酵剂菌种低温冷冻干燥的基本方法；了解微生物发酵剂菌种低温冷冻干燥的优点。

二、实验原理

发酵剂菌株是决定发酵特性和用途的主要因素，优良乳酸菌菌株的选择是制备浓缩型直投式发酵剂的基础。目前发酵剂菌种的保藏形式主要有以下两种方法：液态发酵剂和固态发酵剂。固态发酵剂分为三种：喷雾干燥发酵剂、浓缩干燥发酵剂、低温冷冻干燥发酵剂。而低温冷冻干燥发酵剂是保藏发酵剂菌种的最有效的方法之一。

三、加工实例

1. 实验材料与设备

（1）原辅材料：脱脂乳、MRS 培养基（牛肉蛋白粉 10g，鱼肉汁 10g，酵母浸出汁粉 5g，葡萄糖 20g，醋酸钠 5g，柠檬酸二铵 2g，吐温 80 0.1g，硫酸镁 0.58g，硫酸锰 0.28g，蒸馏水 1000mL，琼脂粉 1.5%，121℃灭菌 15min，调节 pH 值为 6.2～6.4）。

（2）菌种：保加利亚乳杆菌、嗜酸乳杆菌。

（3）主要仪器设备：试管、胶头滴管、离心机、安瓿瓶、低温冰箱、真空冷冻干燥机。

2. 实验内容

（1）工艺流程

菌种的筛选→添加促生长因子→富集培养→菌体离心分离→添加抗冻保护剂→真

空冷冻干燥→指标检测→发酵剂产品

（2）实验步骤

①菌悬液的制备及抗冻保护剂的添加：菌种要求为生长良好的纯种，菌龄以稳定期为好，孢子是新鲜的。在培养好的试管斜面培养物中加入 2～3mL 保护剂（一般为 10%脱脂乳），洗下细胞或孢子，制成菌悬浮液；若液体培养，可在液体培养基中加入一些促进菌株生长的促生长因子，然后进行富集培养，将培养好的液体培养物进行离心收集细胞或孢子，与等量抗冻保护剂混合，制成菌悬浮液。

②安瓿管准备及分装：选取一定规格的中性玻璃安瓿管，先用 2%盐酸浸泡 8～10h，再经自来水冲洗多次，用蒸馏水洗涤 2～3 次，烘干后在每管内放入打好菌号及日期的标签，字面朝向管壁，管口塞好脱脂棉塞，121℃下高压灭菌 20～30min。用无菌毛细管或较长的无菌胶头滴管将菌悬浮液加入安瓿瓶内，加入过程应在无菌条件下进行，避免染杂菌。

③预冻：预冻可在低温冰箱中进行，也可在附有冻结舱的冷冻干燥机中进行，预冻的温度范围在－40℃～－25℃。

④真空冷冻干燥：安瓿瓶菌种预冻后放入冷冻干燥机的真空箱内，进行真空冷冻升华干燥，这个过程一般需要 12－24h。终止干燥时间应根据下列情况判断：a. 安瓿管内冻干物呈松散状；b. 真空度接近空载时的最高值；c. 选用 1～2 支对照管，与菌悬浮液同量的水份（分）干燥完结即为终点。

⑤真空封存与保藏：真空干燥后保持真空度 6～7 Pa 以下，用火焰封存安瓿瓶口。置－20℃～－4℃避光保存。

⑥发酵剂中活菌数测定：将制得的发酵剂稀释至不同梯度，分别涂布于 MRS 培养基上，37～42℃培养 3 天后，计菌落数，换算成发酵剂中的活菌数（cfu/mg）。

⑦发酵剂发酵性能判断：将发酵剂投入到灭菌后的鲜奶中，37～42℃放置 8～12h，观察鲜奶凝固速度。

3. 注意事项

（1）不同发酵剂菌种的冷却速度不同，需要根据实际情况进行调整。

（2）预冻的温度范围在－40℃～－25℃，一般来说，温度不要高于－25℃，否则冻结不彻底，影响升华干燥。

第二节　甜酒酿

甜酒酿是用蒸熟的江米（糯米）拌上酒酵（一种特殊的微生物酵母）发酵而成的一种甜米酒，酒酿也叫醪糟。吃的时候连米带酒一起吃，可以在发酵后生吃，也可以煮熟以后吃，由于甜酒酿（醪糟、甜米酒）的酒精度低，一般不会吃醉人。假如将甜酒酿继续发酵，米就不能吃了，酒精度也高了，单把汁水榨出来（有的地方是蒸馏）就是米酒。

一、实验目的

通过甜酒酿的制作理解酿酒的基本原理；掌握甜酒酿的制作技术。

二、实验原理

以糯米（或大米）经甜酒药发酵制成的甜酒酿，是我国的传统发酵食品。我国酿酒工业中的小曲酒和黄酒生产中的淋饭酒在某种程度上就是由甜酒酿发展而来的。

甜酒酿是将糯米经过蒸煮糊化，利用酒药中的根霉和米曲霉等微生物将原料中糊化后的淀粉糖化，将蛋白质水解成氨基酸，然后酒药中的酵母菌利用糖化产物生长繁殖，并通过酵解途径将糖转化成酒精，从而赋予甜酒酿特有的香气、风味和丰富的营养。随着发酵时间延长，甜酒酿中的糖分逐渐转化成酒精，因而糖度下降，酒精度提高，故适时结束发酵是保持甜酒酿口味的关键。

三、加工实例

1. 实验材料与设备

（1）原辅材料：糯米、酒药。

（2）主要仪器设备：手提高压灭菌锅、滤布、塑料盒、不锈钢锅。

2. 实验内容

（1）工艺流程

原料清洗→浸泡→蒸饭→淋水→降温→落缸搭窝→加酒药→发酵→甜酒酿

（2）实验步骤

①原料清洗、浸泡、蒸饭：选取精制糯米，将糯米淘洗干净，用水浸泡过夜（约12h），捞起放于置有滤布的蒸屉上，于锅内蒸熟（15～20min），使饭“熟而不糊”。

②淋水、降温：用清洁的冷却开水淋洗蒸熟的糯米饭，使其降温至35℃左右，同时使饭粒松散。

③落缸搭窝：将酒药均匀拌入饭内，并在洗干净的塑料盒内洒少许酒药，然后将饭松散放入塑料盒内，搭成凹形圆窝，上面洒少许酒药粉，盖上塑料盒盖。

④保温发酵：将装有糯米的塑料盒于30℃进行静置发酵，待发酵2～3天后，当窝内甜液达饭堆三分之二高度时，进行搅拌，然后再发酵1天左右即可出现甜酒酿成品。

第三节　啤酒麦芽汁

麦芽汁制备俗称糖化，即将麦芽和辅料中高分子贮藏物质（如淀粉、蛋白质、半纤维素等）通过麦芽中各种水解酶类（或外加酶）作用降解为溶于水的低分子物质的过程。糖化后未经过滤的料液称为糖化醪，过滤后的清夜称为麦芽汁，溶解在水中的各种干物质称为浸出物，麦芽汁中浸出物含量和原料干物质之比（质量分数）称为浸出率。麦芽的组成是酿造啤酒的物质基础之一，麦芽汁的组分和颜色将直接关系到成品的类型和质量。

一、实验目的

掌握啤酒麦芽汁制备的方法；掌握糖化工艺条件对麦芽汁组分的影响；掌握 α-氨基氮的测定方法及其对麦芽汁的影响；学习用糖锤度计测定麦芽汁糖度的方法。

二、实验原理

原料麦芽和辅料大米中的淀粉需要最大限度地转变成可溶性无色糊精和可发酵性糖类，这关系到麦芽汁回收率或原料利用率。然而麦芽的麦壳物质、高分子蛋白质、脂肪类物质等应尽量控制其溶出量，这些物质会影响后期啤酒风味和啤酒的稳定性。啤酒的类型、风格的多样性，除了酵母种属和发酵工艺外，优质的麦芽汁组成也非常重要。也就是说，麦芽汁的好坏，直接关系到啤酒的质量。为了调整啤酒酿造时的原麦汁浓度，控制发酵的进程，常常在麦汁制造及啤酒发酵过程中用到糖锤度计测定麦汁的糖度。糖锤度计实际上是一种简易的密度计，主要测定麦汁及啤酒中所含的浸出物含量。浸出物是啤酒中以胶体形式存在的一组物质，包括糖类、含氮物质、维生素和无机矿物质元素、苦味质和多元酚。

三、加工实例

（一）外加酶法糖化

1. 实验材料与设备

（1）原辅材料：优级（或一级）大麦芽粉、大米粉、酒花（或酒花浸膏、颗粒酒花），耐高温 α-淀粉酶（使用量为 0.06～0.08mL/100g 淀粉）、糖化酶（用量为 30μ/g 大麦、大米）、复合酶（用量为大麦用量的 0.3%），乳酸（或磷酸），0.025mol/L 碘液。

（2）主要仪器设备：温度计（120℃）、恒温水浴锅（4 孔）、布氏漏斗、电子称、糖度计、分析天平、纱布、各种玻璃仪器。

2. 实验内容

（1）外加酶糖化法工艺流程

大米粉→清洗→加热水混合→调温→调 pH→加淀粉酶→升温→保温→煮沸→糊化醪→麦芽粉→加热水混合→调温→调 pH→混合→加糖化酶→第一段糖化→升温→第二段糖化→碘液检验→过滤→糖度测定→洗糟→澄清

（2）实验步骤

①水处理：取蒸馏水煮沸 10min，冷却澄清过滤，备用。

②大米糊化醪的准备：称取一定量的大米粉，按 1∶8～10 的加水比加入处理后的热开水混合，调节水温 50～55℃，用乳酸或磷酸调 pH 值至 6.5，按大米的量添加耐高温 α—淀粉酶（7U/g），保温 20min。然后以一定的速率升温至 90～95℃，保温 30min 后升温至 100℃，煮沸 15～20min，即可完成辅料的糊化和液化过程。迅速降温至 63℃ 待用。在整个过程中应适当补水，维持原有体积的量。

③麦芽汁制备：称取一定量的麦芽粉加入热水中，加水比为 1∶3～1∶5，调节温度为 50℃，同样用乳酸或磷酸调 pH 至 5.0～5.5，保温 30min，钝化蛋白质。然后升温至 63℃ 并与大米糊化醪混合，加糖化酶 30U/g（以大麦和大米总量计），保温 30min，进行第一阶段的糖化过程，随后再升温至 68℃进行第二阶段的糖化过程，这样可以充分提高麦汁收率。

④碘液检测麦芽汁：用碘液检测醪液，如果醪液不呈蓝色时，则再次升温至 75℃，保温 30min，冷却后用碘液检测，如果不变蓝即为糖化过程结束。在整个过程中应注意补水，维持原有体积的量。

⑤过滤：将醪液用 4～6 层纱布过滤，如果醪液不清，则可以返回再次过滤，直至麦汁澄清，用糖度计测定麦汁糖度。

⑥澄清：用 65～80℃热水多次洗糟，并与滤液混合，测其混合后的糖度。然后添加约 0.03%～0.05%的酒花，煮沸 1h，添加处理后的热水至糖度为 10°Bx，趁热用滤纸再次过滤，即可得到澄清的麦芽汁。

（二）协定法糖化

1. 实验材料与设备

（1）原辅材料：优级（或一级）大麦芽粉、大米粉、酒花（或酒花浸膏、颗粒酒花），耐高温 α-淀粉酶（使用量为 0.06～0.08mL/100g 淀粉）、糖化酶（用量为 30u/g 大麦、大米）、复合酶（用量为大麦用量的 0.3%），乳酸（或磷酸），0.025mol/L 碘液。

（2）主要仪器设备：温度计（120℃）、恒温水浴锅（4 孔）、布氏漏斗、电子秤、糖度计、分析天平、纱布、各种玻璃仪器。

2. 实验内容

（1）工艺流程

大麦芽→粉碎→加热水混合→保温糖化→升温→恒温糖化→碘液检验→急剧冷却→冲洗并过滤

（2）实验步骤

①取一定量的麦芽进行粉碎处理，粉碎时，粉碎的粒度不要太大也不能太细。

②将粉碎好的麦芽粉放入已称重的糖化杯中，加水并不断搅拌，调节温度为45～50℃，水浴中保温30min。

③使醪液以一定的速率升温至65～75℃。同时，糖化杯内补充一定量的热水，保持恒温。

④30min后用玻璃棒搅拌一次，并取麦芽汁1滴，用碘液检验，混合后观察碘液颜色变化，直到碘液呈纯黄色不再变色，停止糖化。

⑤糖化结束以后急剧冷却到室温。

⑥用热水冲洗玻璃棒等，擦干糖化杯外壁，加水使其内容物适合过滤。

⑦用玻璃棒搅拌糖化杯，并倒入漏斗中进行过滤，反复过滤即为麦芽汁。

（3）成品评价

（1）α-氨基氮的测定：采用甲醛滴定法，参照GB/T 12143—2008《饮料通用分析方法》。

（2）麦芽汁的糖度：采用糖锤度计直接测定法（见附录一）。

（3）麦芽汁的还原糖测定：采用分光光度法（见附录二）。

第四节　啤酒酵母

一、实验目的

学习酵母菌的扩大培养方法，为啤酒发酵准备菌种。

二、实验原理

微生物的最适的生长温度与产品良好感官特征形成的最适发酵温度往往有很大的差异，为了保证菌种的活力，尽量缩短菌种在发酵介质中的适应时间（延迟期），这样就需要在种子扩大培养过程中，逐渐从最适生长温度过渡到最适发酵温度，而种子扩大培养的目的就是要获得足够数量的高活力微生物。

在啤酒发酵中，接种量一般控制在麦芽汁的10%左右（使发酵液中的酵母菌量达1×10^{7} cfu/mL）。酵母菌的最适生长温度为32℃，而发酵最适合温度为10℃左右，因此扩大培养过程中温度应逐渐降低。

三、加工实例

1. 实验材料与设备

（1）原辅材料：麦芽汁（具体见第三节的啤酒麦芽汁制备工艺）、YEPD 培养基（葡萄糖 20g，蛋白胨 10g，酵母膏 5g，蒸馏水 1000mL，琼脂粉 15g）。酿酒酵母（Saccharomyces cerevisiae）斜面或甘油管。

（2）主要仪器设备：显微镜、恒温培养箱、糖锤度计、洁净工作台、接种环、三角瓶、血球计数板、盖玻片（22mm×22mm）、吸水纸、计数器、滴管、擦镜纸。

2. 实验内容

（1）工艺流程

菌种活化→镜检→斜面接种→接种→振荡培养→转接→振荡培养→种子液

（2）实验步骤

①菌种活化与镜检：用无菌接种环挑取甘油管中保存的待用酵母菌一环，于 YEPD 平板上划线，32℃培养 24～48h，待长出单菌落以后，挑取单菌落一半进行镜检，另一半用于接种到 YEPD 斜面上，32℃培养 24～48h。

②培养基及麦芽汁的制备：取本章第三节中“（二）协定法糖化”制备的麦芽汁，用糖锤度计测定其糖度，并调整糖度至 10°Bx，取 50mL 装入 250mL 三角瓶中，另取 500m 装入 1000mL 三角瓶中，115℃灭菌 30min。

③接种与转接：挑取斜面上的酵母菌一环，接种到 50mL 麦芽汁三角瓶中，25℃恒温培养 2d，然后按照 10%的接种量，转接到 500mL 麦芽汁三角瓶中，15℃恒温培养 2d，血球计数板进行计数（酵母计数测定方法见附录三）待用。即为扩大培养的种子液。

3. 注意事项

（1）扩大培养的过程中，应注意无菌操作，接种后放入恒温培养箱中培养。

（2）扩大培养的种子液，应根据实际情况，可以继续扩大，直至达到接种量的要求。

（3）酵母的扩大培养是一个需氧的过程，因此要经常摇动，特别是灭菌的培养基内几乎没有溶解氧，接种之后应充分摇动。种子培养的后期，为了使酵母菌适应无氧的发酵过程，摇动次数可减少。

第五节 啤 酒

啤酒是人类最古老的酒精饮料之一，以大麦芽、酒花、水为主要原料，经酵母发酵过程酿制而成的含二氧化碳酒，通常被称为“液体面包”，是一种低浓度酒精饮料。

啤酒中乙醇含量较低，少量饮用对身体健康有益处。啤酒的度数一般表示生产原料，也就是麦芽汁的浓度，即麦芽汁中的浸出物（以麦芽糖为主的多种成分的混合物）的含量，而不是乙醇的含量。

一、实验目的

了解和掌握啤酒酿造全过程的工艺流程；学习啤酒低温发酵方法及成品质量控制。

二、实验原理

利用啤酒酵母在一定温度下对麦芽汁中某些组分进行代谢，同时产生酒精及各种风味物质，形成具有独特风味的酒，即酿造啤酒。

三、加工实例

1. 实验材料与设备

（1）原辅材料：冷麦芽汁、啤酒酵母（或活性干酵母）、YEPD 培养基（葡萄糖 20g，蛋白胨 10g，酵母膏 5g，蒸馏水 1000mL，琼脂粉 15g）。

（2）主要仪器设备：主发酵桶、后发酵桶、恒温培养箱、4℃冰箱、分光光度计、显微镜、血球计数板、酸度计、糖度计等。

2. 实验内容

（1）工艺流程

酵母活化→种子液制备→接种→主发酵→后发酵→离心→澄清→产品

（2）实验步骤

①酵母活化与种子液制备：采用 YEPD 活化酵母菌，一般要求酵母菌代数不超过 5 代，并检测啤酒酵母的质量，测定方法见附录四，然后接入液体麦芽汁中进行种子液的制备，具体过程见第四节。

②主发酵：将种子液按照 1%～2%的接种量接入到冷麦芽汁中，接种后发酵液酵母细胞密度大约为 10^7 cfu/mL，进行主发酵，发酵过程中要求冷麦汁含氧量 8～9mg/mL，发酵温度为 10～12℃，当发酵液中糖度降到 4.5°Bx，双乙酸含量降到 0.07～0.10mg/kg 时，主发酵结束。

③后发酵：当主发酵结束以后，温度迅速降到 3℃以下，在此温度下发酵 15～20 天，后发酵结束。在后发酵阶段，每 3 天测定一次双乙酰含量。

④成品检测：主要对成品啤酒中酒精度和发酵度（测定方法见附录四），色度（测定方法见附录五），细菌总数、大肠菌群数以及啤酒风味保鲜期（测定方法见附录六）进行测定，以确定发酵啤酒的综合质量控制。

第六节　酱　曲

制曲是豆酱发酵至关重要的一环，其实质就是使米曲霉在原料上生长繁殖，以分泌大量的蛋白酶、淀粉酶、脂肪酶等酶类，以备后期发酵所用，尤以蛋白酶最为重要，直接影响原料的蛋白利用率和最终产品的风味。

一、实验目的

学习米曲霉固态制曲的方法。

二、实验原理

米曲霉能产蛋白酶、脂酶、淀粉酶等多种酶，广泛用于酱油、酱类产品的制作，形成酱油及其他酱类物质独特的色、香、味。将纯种的米曲霉接种在麸皮培养基上，在适宜的条件下，米曲霉以麸皮培养基中的糖和氨基酸为养分生长繁殖，并分泌各种酶，不仅可以提高原料的水解速度，缩短制曲时间，改变酱曲不能常年生产、成曲质量不稳定、风味差异大等弊端，还能通过对曲料蛋白酶活力的变化分析，研究出制曲时间、接菌量、制曲温度等条件对酱曲中蛋白酶活力的影响。

三、加工实例

1. 实验材料与设备

（1）原辅材料：东北优质黄豆、面粉、米曲霉，以及其他蛋白酶活力测定所需试剂。

（2）主要仪器设备：固态培养箱、不锈钢蒸锅、显微镜、血球计数仪、分析天平、分光光度计、水浴锅、移液器等。

2. 实验内容

（1）工艺流程

黄豆原料→润水→高温蒸料→冷却→面粉混合→种曲→培养→翻新→孢子数测定→蛋白酶活力测定

（2）实验步骤

①原料的处理：黄豆原料首先通过机械对其进行筛选，称取一定量颗粒大小均匀的优质原料，加水浸泡，于杀菌釜内，0.1MPa 下蒸煮 30min 即为成熟，使原料蛋白质结构松弛，同时通过加热可杀灭附着在黄豆表皮上的杂菌，以排除对米曲霉生长的干扰。成熟后温度较高，待温度冷却到 35～40℃时，按配方比例（黄豆与面粉的质量比为 3∶2）把面粉均匀的散布在豆料的表面。

②种曲：将曲种与少量面粉渗和混匀，然后将搓碎、掺匀的菌种均匀散布在面粉

上，充分搅拌，使每个豆粒都沾有面粉，即使得每粒豆子上都有曲种。

③通风培养与翻料：曲料入池后，应保持良好的通风条件，同时应该使料层均匀，疏松平整。开始发酵的温度应保持32℃，24h后，进行翻料，然后再培养24h，米曲霉开始产生孢子，待到36h后，慢慢会出现淡黄绿色孢子且到处可见。

④孢子数和蛋白酶活力测定：孢子数计数和蛋白酶活力测定法见附录七。

（3）成品评价

良好的种曲为蓬松柔软且富有弹性，豆粒上长满菌丝，菌丝健壮，豆中内部应发白，且有菌丝深入豆中，色泽均匀一致。

同时，注意观察和记录米曲霉生长的典型现象，在培养48h后测定其孢子数，在培养72h后测定其蛋白酶活力，填入表9-1。

表9-1　酱曲制备结果

时　间	米曲霉生长现象	孢子数	蛋白酶活力
24h			
48h			
72h			
96h			

第七节　马奶酒

马奶酒是我国内蒙古地区非常著名的酒，此酒具有驱寒、舒筋、活血、健胃等功效，被称为紫玉浆，是“蒙古八珍”之一。此酒起源于春秋时期，具有悠久的历史。内蒙古民族无论老少都喜欢喝马奶酒。马奶的营养价值非常高，乳糖含量为6.7%～7.1%，接近人乳，是牛乳的1.5倍。马奶中还含有极为丰富的蛋白质、维生素和矿物质，如硒、铁、钙等微量元素，以及人体不可缺少的氨基酸和脂肪酸。草原上的民族以鲜马奶酿出的马奶酒所含甲醇、异丁醇、异戊醇成分极低，铅、汞等重金属含量也低于国家标准，杂质含量也较低。马奶酒可分为发酵奶酒、蒸馏奶酒、勾兑奶酒、起泡奶酒和加气起泡奶酒。

一、实验目的

了解马奶酒的制作过程及工艺流程；学习马奶酒的品评方法。

二、实验原理

马奶酒酿制时，酒曲是非常关键的原料，提取和贮藏酒曲是酿造马奶酒的重要工序，可以减短酿造马奶酒的时间。新鲜马奶经过酒曲发酵、蒸馏、灌装等工序，可以制成味道极美的马奶酒。

三、加工实例

1. 实验材料与设备

（1）原辅材料：MRS 培养基：葡萄糖 20g、蛋白胨 10g、牛肉膏 10g、酵母膏 5g、柠檬酸二胺 2g、磷酸氢二钾 2g、乙酸钠 5g、硫酸镁 0.58g、硫酸锰 0.25g、吐温- 801mL、蒸馏水 1000mL。

酵母浸出粉胨葡萄糖培养基（yeast extract peptone dextrose medium，YEPD）：酵母膏 10g，蛋白胨 20g，葡萄糖 20g，蒸馏水 1000mL。

（2）主要仪器设备：电子秤、立式高压蒸汽灭菌器、电热恒温水浴锅、电磁炉、数显控温电热套、生物安全柜、手持糖度计。

2. 实验内容

（1）工艺流程

新鲜马奶→杀菌→搅拌→加酒曲→发酵→除杂→余浆入锅→蒸馏→回锅→二次蒸馏→再次回锅→蒸馏→冷却→贮藏

（2）实验步骤

①新鲜马奶的收集：马奶要求新鲜、无异味，首先将马奶用四层纱布过滤，去除杂质和异物。

②杀菌：将挤完的马奶进行杀菌，一般温度在 85 ～ 95℃条件下处理 20min 杀死致病菌，达到初步杀菌的目的。

③搅拌、加酒曲：采用干净无异味的木棍作为搅拌杆，对马奶进行搅拌，同时加入酒曲，使酒曲和马奶均匀地混合在一起。

④发酵：发酵温度一般为 24～26℃为宜，最高温度不能超过 30℃。发酵酸度的控制是发酵好马奶酒的关键，酸度会影响发酵。酸度过低会影响发酵，酸度过高，发酵过快会影响马奶酒口味。因此在发酵过程中采用酸度计对酸度进行控制。马奶一般需要发酵 5～7 d 才会变酸，成熟后的酸度为可达 80～120 度，酒精体积分数最高可达 2.5%～2.7%。

⑤除杂：用离心分离机除杂质，也可以采用人工纱布过滤。

⑥蒸馏和回锅：蒸馏和回锅能得到酒精度较高的马奶酒，每蒸馏一次，马奶酒的度数就会增加，蒸馏多次可达到酒精体积分数为 40%～50%浓度的马奶酒。

（3）成品评价

①感官指标：外观：酒体呈乳黄色，伴有少量蛋白沉淀；香气：具有纯正浓郁的乳香，淡淡的酒香；滋味：酒体醇厚，酒香柔和，无异味，具有本品典型风格。

②理化指标：酒精度 3% ～8%vol；总酸（以柠檬酸计）4～8g/L；还原糖（以葡

萄糖计）40.0～70.0g/L。

3. **注意事项**

搅拌加酒曲时，不能用金属棍子搅拌，且木棍长度比木桶要高。

思考题

1. 制备菌悬液过程中为什么要加入保护剂?
2. 低温冷冻干燥保藏菌种的优点?
3. 制作甜酒酿的操作过程中需要注意哪些事项?
4. 啤酒糖化中 α-氨基氮的作用是什么，如何控制 α一氨基氮的水平?
5. 菌种扩大培养的目的是什么？有哪些优点?
6. 如何控制啤酒色度?
7. 加酒曲前，搅拌的作用是什么?

第十章　副产物综合利用实验

第一节　羊脂精油皂的制备

香皂是一种广泛使用的个人洗涤用品。羊脂精油皂，是以羊脂、羊奶、椰子油、精油等天然原料制成的清洁类产品，其泡沫细腻、丰富，可以清除皮肤表面的污垢和细菌，并能彻底清洁毛孔内部的油污，可作洗面、卸妆、沐浴之用。羊脂精油皂的主要成分为脂肪酸钠，是由羊脂、椰子油、橄榄油及羊奶中的脂肪成分皂化而成，是起洗涤、清洁作用的表面活性成分。为提高香皂功效，还可在皂体中加入具有不同保健功效的天然精油成分。

一、实验目的

了解香皂的性能与特点，熟悉配方中各原料的作用，学习与掌握香皂的制作工艺及其操作要点。

二、实验原理

羊脂是熬煮羊的皮下脂肪组织或内脏而得的白色或微黄色蜡状固体，羊脂中高级脂肪酸含量达40%，利用其制取羊脂香皂，味香润滑，去污力较强，洗涤效果好。羊脂精油皂的制备原理为利用羊脂、椰子油、橄榄油等含不饱和脂肪酸的油脂为原料，与NaOH溶液发生皂化反应，反应式如下：

$$\begin{array}{l} CH_2OOCR_1 \\ | \\ CH_2OOCR_2 \\ | \\ CH_2OOCR_3 \end{array} + 3NaOH \longrightarrow \begin{array}{l} CH_2OH \\ | \\ CH_2OH \\ | \\ CH_2OH \end{array} + R_1COONa + R_2COONa + R_3COONa$$

皂化反应生成的RCOONa，即为脂肪酸钠，当其溶于水后，可电离出Na^+和$RCOO^-$，因此是一种阴离子表面活性剂，是起洗涤、清洁作用的主要成分。反应完成后不需盐析，将生成的甘油留在体系中可增加皂体透明度，而继续加入甘油、蔗糖等也可作为透明剂提高皂体透明度，制得透明、光滑的透明型香皂；甘油作为常用保湿剂，可增加香皂的滋润程度。制皂时，还可根据所需要的功效，还可在皂体中加入不同的天然精油，提高其功能性的同时，作为额外的油脂，增加香皂的滋润程度。

皂化值是确定原料中 NaOH 用量的主要依据。原料中，每一种油脂都有其对应的皂化值，皂化值是皂化 1 g 油脂所需碱的毫克数，以羊脂为例，羊脂为 194～199（以 KOH 计），即皂化 1000 g 羊脂需要 194～199 g 的 KOH，若用 NaOH 与其进行皂化反应，则需要 NaOH 的量为（194～199）×40/56 g，即 138～142 g。

INS 值是影响成品香皂的软硬程度的主要依据，INS 值＝皂化值－碘值，其中，碘值是指在每 100 g 油脂上可加成的碘的克数，反映油脂的不饱和程度。通常，碘值越低的油脂，如可可脂、椰子油等，其 INS 值越高。各类油脂的 INS 值影响成皂的软硬度，香皂的 INS 值一般为 120～170。

制备香皂的配方并不是固定的，可根据自己的需要调整配方中各油脂成分的比例，可先查找常见油脂的皂化值与 INS 值表，再根据其皂化值和 INS 值计算所需油脂、氢氧化钠和水的比例。

以牛油润肤皂为例，该香皂配方中各成分用量的计算可参考如下过程：

假设香皂制备量为 1 kg，选用的油脂包括牛油 60%、橄榄油 20%、椰子油 20%，则成品皂的硬度为

INS 总值＝（60%×147）＋（20%×109）＋（20%×258）＝161.6，处于 120～170 的范围内。

各类油脂的用量分别为：

牛油用量＝1000 g×60%＝600 g；

橄榄油用量＝1000 g×20%＝200 g；

椰子油用量＝1000 g×20%＝200 g。

氢氧化钠的用量为各类油脂用量与其各自的皂化价（以 NaOH 计）乘积之和，即

NaOH 用量＝（600×0.143）＋（200×0.19）＋（200×0.134）＝150.6 g。

水的用量通常取氢氧化钠用量的 2.6～3.2 倍，按取 3 倍计，则水用量＝150.6×3＝451.8 g。

为提高该成品皂的滋润效果，将配方中的橄榄油成分再提升 5%，即 50 g，但此部分油脂在皂化步骤结束后、倒入模具前加入，由于此部分油脂没有多余的碱与之反应，可使其本身的功效可被保留在皂中。这种多加入一定量的油脂使成品较为滋润的方式，称为“超脂”。

此牛油润肤皂的最终配方为牛油 600 g、橄榄油 250 g（第一份为 200 g，第二份为 50 g）、椰子油 200 g、氢氧化钠 150.6 g、水 451.8 g。

三、加工实例

1. 实验材料与设备

（1）原辅材料：羊脂、氢氧化钠、蒸馏水、椰子油（可选）、橄榄油（可选）、羊奶（可选）、纯甘油（可选）、蔗糖（可选）、精油（可选）等。

（2）主要仪器设备：天平、烧杯、电炉、模具等。

2. 实验内容

（1）工艺流程

混合液配制→混合油配制→皂化→加配料→冷却→成型→包装→成品

（2）实验步骤

①混合液配制：按计算好的配方用量称取适量 NaOH 于烧杯中，混匀制成混合液备用。

②混合油配制：按配方称取羊脂、椰子油等油脂，并将其混合，放 80℃热水浴中融化混匀，如有杂质，应用漏斗配加热过滤套趁热过滤，保持油脂澄清，注入烧杯中加入称好的橄榄油，混溶。

③皂化：快速将步骤（1）烧杯中的物料加入到步骤（2）烧杯中，控制料液温度为 60℃，匀速搅拌约 1.5 h，取少许样品溶解在蒸馏水中，若呈清晰状，表明皂化完全，即可停止搅拌，加盖，保温静置 30 min。

④加配料：降温至 50℃，加入称好的植物精油，继续搅匀后，出料。

⑤冷却、成型、包装：将料液冷却至室温，切成所需大小，打印标记，用海绵或布蘸乙醇轻轻擦拭，包装，得到光滑的成品。也可将料液倒入冷水冷却的冷模或烧杯中，迅速凝固，得到成品。

（3）成品评价

①香皂的质量标准：香皂的主要理化性能指标应符合 QB/T 2485—2008《香皂》中的规定。标准如表 10-1 所示。

表 10-1　香皂理化性能指标

项　目		指　标	
		Ⅰ型	Ⅱ型
干钠皂/%	≥	83	—
总有效物含量/%	≥	—	53
水分和挥发物/%	≤	15	30
总游离碱（以 NaOH 计）/%	≤	0.10	0.30
游离苛性碱（以 NaOH 计）/%	≤	0.10	
氯化物（以 NaCl 计）/%		1.0	
总五氧化二磷/%		1.1	
透明度［（6.50±0.15）mm 切片］/%		25	

注：Ⅰ型：仅含脂肪酸钠、助剂的产品；
Ⅱ型：含脂肪酸钠、表面活性剂、功能性添加剂、助剂的产品。

②香皂的检验方法：香皂的主要理化性能指标的检测按照 QB/T 2485—2008《香

皂》中的规定进行。

3. 注意事项

（1）碱是制皂的必需原料，溶解、使用时应注意保护自身安全，防止碱液飞溅。

（2）若制备透明型香皂，可选加甘油、蔗糖溶液，以提升其透明度。

（3）少量精油对香皂的味道并无改变，若增强香皂的气味、颜色，可加入1.5%的香精、0.5%的着色剂，着色剂可选用红色的碱性玫瑰精（又称盐基玫瑰精B）或黄色的酸性金黄G（又称皂黄）。

第二节　食/药材中的总黄酮的提取与测定

黄酮类化合物是广泛存在于植物界的一大类天然产物，也是许多中药草药的有效成分，由于其颜色大多为淡黄色或黄色，因此称为黄酮。现代黄酮类化合物的定义为两个苯环（A-与B-环），通过中央三碳链相互连结而成的一类化合物，大多数黄酮都具有2—苯基色原酮的基本母核结构。黄酮类化合物的基本结构及其取代位如图10-1所示，取代位经常连接的基团有酚羟基、甲基、甲氧基、异戊烯基和亚甲二氧基等官能团。黄酮和黄酮醇在自然界中最为常见，其他还包括异黄酮、双黄酮、查尔酮、黄烷醇、橙酮、花色苷及新黄酮类等。黄酮在植物体内还经常与糖结合成苷，大多数为氧苷，少数为碳苷。

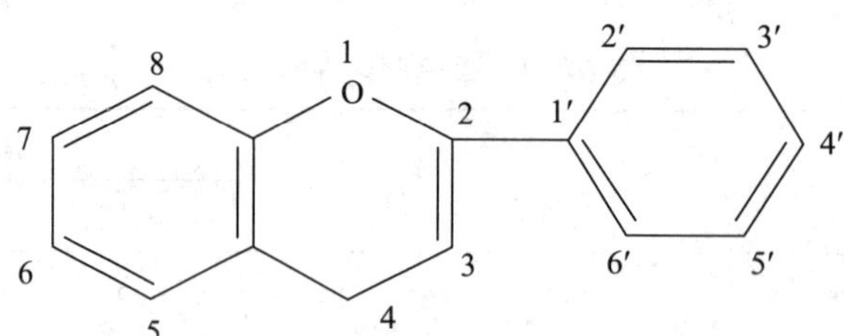

图10-1　黄酮类化合物的基本结构及其取代位

天然的黄酮类化合物具有良好的生物活性和药理作用，具有很强的抗氧化性和清除自由基的能力，且其分子量小，可被人体迅速吸收，因此在保健食品的研发中受到了空前的重视。黄酮的保健功能有预防与治疗心脑血管疾病，抗肿瘤、抗化学毒物、抗炎症、抗过敏，和抑制细菌、病毒、寄生虫等作用。

一、实验目的

学习与了解黄酮类化合物的结构、功能，掌握从食材或药材中提取总黄酮的方法，掌握利用分光光度计测定提取物中总黄酮含量的方法。

二、实验原理

黄酮类物质的提取主要依据相似相溶原理，其提取过程即为黄酮类物质由植物组织的内部向溶剂中转移的传质过程，主要包括溶剂由其主体传递到植物（固相）颗粒表面，再扩散渗入固相内部（孔隙），黄酮类物质溶解进入溶剂，通过固相微孔隙的溶液再扩散至表面，黄酮类物质再从固相表面传递至溶剂主体。在此过程中，影响黄酮类物质提取率的主要因素一为黄酮在所选用溶剂中的溶解度，二为黄酮向溶剂扩散的难易程度。

大部分黄酮类物质均易溶于水、乙醇等物质，可以用一定浓度的乙醇水溶液进行提取，但由于黄酮的结构和来源不同，其溶解性差异也很大，因此需要根据其极性和溶解性来选取合适的溶剂进行提取。例如，对苷类和极性较大的苷元，可采用一些极性较大的溶剂提取，如50％的甲醇水溶液、甲醇、水、乙醇等；而异黄酮、黄烷酮等苷元可使用一些极性较小的溶剂提取，如氯仿、苯、乙酸乙酯等。

本实验采用分光光度法测定食材或药材提取物中的总黄酮含量。利用黄酮类物质在碱性条件下与亚硝酸钠、硝酸铝等溶液反应生成红色络合物的原理，以芦丁为标准样品，测定其在510nm处的吸光度，绘制出吸光度－芦丁浓度标准曲线，再由曲线方程计算出样品中的总黄酮含量。

三、加工实例

1. 实验材料与设备

（1）原辅材料：根据获得途径的便利性，可选取苦荞（可包括茎、叶、花、根或籽粒等部位）、芹菜叶或黄秋葵等食材作为提取总黄酮的原辅材料，也可选择中国北方常见的飞廉、银杏叶、骆驼刺、山楂叶、蒲公英、甘草等药材。

试剂：无水乙醇、芦丁、亚硝酸钠、硝酸铝、氢氧化钠等。

（2）主要仪器设备：万能粉碎机、回流提取装置、旋转蒸发仪（连接真空泵）、真空干燥箱、天平、分光光度计、恒温水浴锅。

2. 实验内容

（1）工艺流程

原料→烘干、粉碎、过筛→干粉→提取剂→过滤（滤渣）→减压蒸馏→真空干燥→成品

（2）实验步骤

①烘干、粉碎、过筛：将苦荞麦植株上的茎、叶、花、根及籽粒等各部位切分开，分成原辅材料若干份，并分别标记编号。将其放入鼓风干燥箱中，于60℃条件下干燥3～3.5 h后，使用万能粉碎机将其打粉，过10～20目筛，备用。

②提取、过滤：称取5 g干苦荞粉末，加入100 mL 65％乙醇，于回流装置中回流

提取 2 h，温度设置为 80℃恒温，然后过滤。

③减压蒸馏：于 40℃下使用旋蒸仪减压蒸馏，回收溶剂。

④真空干燥：于 60℃、真空度 85～100kPa 下将浓缩液真空干燥至恒重，得到苦荞黄酮提取物，称其质量。

⑤提取效果测定

a. 标准溶液配制：准确称取充分干燥至恒重的芦丁标准品 20 mg，将其溶于 60%的乙醇溶液，于 100mL 容量瓶中定容，再精确吸取 25 mL，在 50 mL 容量瓶中稀释至刻度，得到芦丁浓度为 0.1 mg/mL 的标准溶液。

b. 标准曲线绘制：准确吸取芦丁标准溶液 0、2.5、5.0、7.5、10.0、12.5 mL，分别置于 25 mL 容量瓶中，加入 30%乙醇溶液，将其体积补足至 12.5 mL，加入 5%的亚硝酸钠溶液 0.75 mL，混匀、静置 5 min，再加入 10%的硝酸铝溶液 0.75 mL，混匀、静置 5 min，继续加入 1 mol/L 的氢氧化钠溶液 10 mL，用 30%的乙醇将其稀释至刻度，静置 10 min。以第一个容量瓶中的溶液作为空白，于 510 nm 下测定各溶液的吸光度。以芦丁浓度为横坐标，以吸光度为纵坐标，绘制标准曲线，得到标准曲线的线性方程。

c. 待测样品制备：将苦荞黄酮提取物待测样品溶于 80%的乙醇溶液，并将其定容至 100 mL，吸取 10 mL 置于 25 mL 容量瓶中，加入 30%乙醇溶液 2.5 mL，后继加入亚硝酸钠、硝酸铝、氢氧化钠溶液的操作与上步相同，于 510 nm 处测定其吸光度。

d. 计算总黄酮含量：将所测各溶液的吸光度按表 10－2 进行记录，并将标准液数据绘制为标准曲线，依据其方程计算出待测样品的总黄酮含量。

表 10－2　实验数据记录表

溶液编号	总黄酮（芦丁）浓度/（mg/mL）	吸光度 A
标准液 0	0.00	
标准液 1	0.02	
标准液 2	0.04	
标准液 3	0.06	
标准液 4	0.08	
标准液 5	0.10	
待测样 1		
待测样 2		
待测样 3		

3. 注意事项

（1）实验开始前，应仔细检查实验仪器的密封性，例如检查回流装置的密封性，以防乙醇泄漏。

（2）提取过程中，过滤等移液操作需用乙醇冲洗 2～3 次，以免黄酮类物质浪费，造成含量偏低。

（3）含量测定过程中，标准液与待测样品要充分混匀、静置，以防反应不充分或物质分布不均匀，影响测量数据的准确性。

第三节 大豆分离蛋白的制备

蛋白质是人体必需的重要营养物质之一，从蛋品、动物乳汁或一些天然植物中可摄取到丰富的蛋白质。大豆作为蛋白质含量最为丰富的植物之一，蛋白质含量可高达 30％～50％，现已成为一种重要的蛋白质资源。

大豆蛋白作为一种分离产品，其蛋白质含量在 90％以上，含有人体必需的 8 种氨基酸，其比例也较为合理，只有赖氨酸含量相对稍高，而半胱氨酸和蛋氨酸含量较低。此外，大豆蛋白还含有丰富的不饱和脂肪酸、膳食纤维、钙、磷、铁等微量元素，营养丰富。大豆分离蛋白主要由 11S 球蛋白和 7S 球蛋白组成，约占其籽粒贮存蛋白的 70％。这两种球蛋白的氨基酸组成、分子量大小和构象不同，其分离蛋白产品所表现出的功能特性也不同，如具有不同的凝胶性、乳化性、起泡性、溶解性，这些特性使得大豆分离蛋白产品广泛应用在不同的食品领域，包括凝胶类肉制品、蛋白质强化食品、保健食品、饮料制品、膨化食品、模拟肉制品、乳制品等。以面制品为例，向其中添加大豆浓缩蛋白量为 5％时，可使产品增重 8％～15％，原因是大豆蛋白具有良好的保持水分的能力，可改善面制品的质构、保水等品质，提高出品率，并能降低成本、增加收效。

一、实验目的

学习与掌握碱溶酸沉法分离大豆蛋白的原理、步骤及其操作要点，了解植物蛋白制备的常见方法。

二、实验原理

蛋白质的提取方法有许多种，例如碱溶酸沉、酶提酸沉、解提取、膜分离法等。本实验采用碱溶酸沉法提取大豆蛋白，利用的是蛋白质在偏离等电点时解聚、溶解，而在等电点附近时聚集、沉淀的原理。

低温脱脂豆粕粉中的蛋白质大部分可溶于稀碱溶液，将其用稀碱充分搅拌、浸提处理后，离心去掉不溶性物质，此时蛋白质溶于上清液中，再向上清液中加盐酸，调整其 pH 值为 4.5～4.8，蛋白质处于等电点附近，而聚集、沉淀下来，离心处理后弃上清液，得到蛋白质沉淀物，再经喷雾或冷冻干燥即为大豆分离蛋白，其蛋白质含量应在90%以上。

大豆蛋白提取率的计算：

$$总蛋白质提取率=\frac{碱溶酸沉法获蛋白质沉淀质量}{原料中蛋白质的质量分数}\times 100\%。$$

三、加工实例

1. 实验材料与设备

（1）原辅材料：低温脱脂豆粕粉、氢氧化钠、盐酸、尼龙/聚乙烯复合袋等。

（2）主要仪器设备：胶体磨、浸提罐、加热锅（夹层锅）、离心机、温度计、pH计、天平、台秤、喷雾干燥器、封口机等。

2. 实验内容

（1）工艺流程

原料→碱液浸提→离心→加酸沉淀→离心→解碎、中和→灭菌→喷雾干燥→包装→成品

（2）实验步骤

①碱液浸提：将已知质量的低温脱脂豆粕粉置于浸提罐内，加10倍的水，混匀。设置搅拌速率为50～80 r/min，在搅拌作用下，使用40%的NaOH溶液，将混合液的pH调整为7.0～9.0，设置加热温度为45～50℃，浸提时间为40～50 min。

②离心分离：将浸提液送入离心机进行离心分离，以5000 g离心15 min，取其上清液，即为分离出的大豆蛋白碱提溶液。

③加酸沉淀：将大豆蛋白碱提溶液一边搅拌一边缓缓加入浓度为20%的盐酸，调节pH值为4.5，设置搅拌速率为60～70r/min，加热温度为45℃。此步骤需注意，应不断抽测pH值，当全部溶液均到达等电点附近时，立即停止搅拌，并静置30 min。

④离心分离：当蛋白质形成较大颗粒并生成沉淀后，将沉析后的蛋白质进行离心分离，离心条件为5000 g离心15 min，弃上清，得到酸沉蛋白沉淀。

⑤水洗分离：将得到的酸沉蛋白沉淀加5～6倍的水，水洗2次，再用离心机进行分离，离心条件为5000 g离心10 min。

⑥解碎、中和：此时分离出的蛋白质沉淀一般呈凝胶状，且含有较多团块，可加入适量水，使用匀浆机将其搅打成匀浆状的蛋白质乳液，再向其中加入5%的NaOH溶液，将其pH调整为6.8～7.2。此中和步骤需控制温度为25℃左右，搅拌速率为60～80r/min，固形物含量控制在12%～20%，且此步骤需在30 min内完成。

⑦灭菌：将中和后的蛋白质乳液置于夹层锅内，蒸汽加热至65℃左右，并保温30 min，进行巴氏杀菌。

⑨喷雾干燥：设置喷雾干燥器进风温度为200～215℃，出风温度为85～90℃，对蛋白质乳液进行喷雾干燥，并对干燥器送出的蛋白质继续冷却，且注意冷空气需进行去湿处理，以防蛋白质变性。

⑨包装：采用尼龙/聚乙烯复合袋对所得的蛋白质喷雾粉进行包装，并热封口，即为成品。

（3）成品评价

①感官指标：外观呈淡黄色或乳白色粉末，并具有大豆蛋白应有的滋味和气味，无异味，不含有可见杂质。

②理化指标：水分≤10.0%，蛋白质≥90%，灰分≤8.0%，粗纤维≤0.5%。应用时不需要热处理的产品，尿素酶为阴性；应用时需要热处理的产品，尿素酶可以非阴性。

③评价方法：按照GB/T 20371—2006《食品工业用大豆蛋白》进行评价。

3. 注意事项

由于大豆蛋白质在高温条件下易变性，影响蛋白质提取率，因此提取步骤中，应控制温度低于60℃。

第四节 大豆分离蛋白的酶解

大豆是蛋白质含量最为丰富的植物之一，其蛋白质的氨基酸组成较为合理，营养较为丰富。大豆是一种最为廉价易得的蛋白质资源，由其制备的大豆分离蛋白，具有功能特性优良、价格低廉的优点，在食品领域具有广泛的应用。

将大豆分离蛋白进行酶解处理后，获得的较低分子量的蛋白肽混合物，可明显改善其在食品加工中的功能特性，如溶解性、起泡性、黏度等。与蛋白质或氨基酸相比，小分子的酶解大豆蛋白产物更易被人体吸收和利用。由于酶解法可破坏蛋白质一级结构中的一些抗原性位点，使蛋白质分解为多肽片段和氨基酸，因此可以从根本上破坏大豆中的致敏蛋白——大豆球蛋白和β-伴大豆球蛋白。此外，将酶解所得的大豆蛋白多肽产物进一步分离纯化，还可以获得具有生理保健功能的活性肽组分，其功能包括抗氧化、降低血压、降低血胆固醇含量、预防骨质疏松等。

一、实验目的

本实验要求理解和掌握利用酶法水解大豆分离蛋白的原理、方法和操作步骤。

二、实验原理

酶法水解是对蛋白质进行改性的常用方法。与碱法或酸法相比，酶法水解大豆分离蛋白的效率比较高，且反应条件较为温和，产生有毒物质的可能性小。水解蛋白质所使用的酶类包括中性蛋白酶、碱性蛋白酶、胃蛋白酶、胰蛋白酶、木瓜蛋白酶、风味蛋白酶等，以及由各种蛋白酶组成的复合蛋白酶，它与单个蛋白酶相比，切割位点更广谱。随着酶解反应的进行，蛋白质肽链的一级结构被蛋白酶切割、降解，蛋白质的分子量逐渐变小，并逐步转化为多肽或氨基酸等酶解产物。

大豆分离蛋白的酶解产物经精制处理，即为大豆多肽，大豆多肽是一类以含 3～8 个氨基酸的小分子肽为主的多肽混合物，还含有少量大分子量的多肽、氨基酸、无机盐等。大豆多肽的蛋白质含量可高达 85%，其氨基酸组成与大豆分离蛋白基本相同，且必需氨基酸比例较为合理。与大豆分离蛋白相比，大豆多肽具有良好的溶解性、起泡性、流动性等加工特性，以及无豆腥味、加热不凝固、遇酸不沉淀等优点，在食品行业具有广泛的应用。

蛋白质水解度（DH）的及时测定与实时控制是影响多肽产品质量的关键。蛋白质的水解度通常以蛋白质中肽键被断裂的百分率来表示。茚三酮法测定蛋白质水解度的原理为：当水合茚三酮与 α—氨基酸一起在水溶液中加热时，可生成蓝紫色物质。测定所需试剂包括茚三酮显色剂（茚三酮 0.5 g，果糖 0.3 g，$Na_2HPO_4 \cdot 10H_2O$ 10 g，K_2HPO_4 6 g，定容至 100 mL）、40%的乙醇溶液。

茚三酮法测定大豆分离蛋白的水解度公式为

DH＝［$^-NH_2$ 的含量（μmol/L）÷6.25÷N（mg/mL）－0.33（mmol/g)］÷7.8（mmol/g)×100%

式中，6.25 为大豆蛋白的蛋白常数；N 为氮含量；0.33 为每克大豆蛋白中所含游离氨基的物质的量；7.8 为每克大豆蛋白中所含肽键的物质的量。

三、加工实例

1. 实验材料与设备

（1）原辅材料：大豆分离蛋白、氢氧化钠、盐酸等；碱性微生物蛋白酶、中性蛋白酶或其他蛋白酶产品。

（2）主要仪器设备：台秤、天平、pH 计、离心机、恒温水浴振荡器、水浴锅等。

2. 实验内容

（1）工艺流程

调浆、预处理→酶解→灭酶→分离→成品

（2）实验步骤

①调浆、预处理：将大豆分离蛋白置于带有搅拌装置的容器中，加蒸馏水进行调浆，使浆料浓度约为 50～60g/L。将浆料在 90～95℃条件下处理 20 min，再迅速冷却至酶解温度。

②酶解：以使用碱性蛋白酶进行水解为例，按照该蛋白酶产品的酶活力及使用要求，调整该蛋白酶的水解条件。调整底物浓度为 5%，酶用量为底物蛋白的 1%；使用 1 mol/L 的 HCl 和 1 mol/L NaOH 溶液将浆料 pH 值调整至 7.8，并在水解反应过程中始终保持此 pH 值稳定；设置恒温水浴振荡器的转速为 50～60 r/min，反应温度保持为

55℃左右，酶解时间为2～6 h。

③灭酶：使用盐酸将酶解后的料液pH值调整为4.5，并快速升温至85℃以上，加热10 min以钝化蛋白酶。

④分离：尚未被酶解的大豆蛋白在酸性条件下沉淀后，再将料液置入离心机中，以5000 g离心10 min，所得的上清液即为酸溶解的大豆多肽。

⑤水解度测定

a. 标准曲线的绘制方法：取干燥过的甘氨酸0.1 g，溶于蒸馏水中，并定容至100 mL，吸取2.0 mL再定容至100 mL，得到浓度为20 μg/L的溶液。将此溶液依次稀释为2～20 μg/L的系列溶液，并制备空白样。从每瓶溶液中吸取2.0 mL，加入试管中，再加入1.0 mL的茚三酮显色剂，混匀后置于沸水浴加热15 min，再用冷水冷却20 min，加5.0 mL的40%乙醇溶液混匀，静置15 min后，于570 nm处测定其吸光度A，绘制该系列溶液的吸光度-浓度曲线。

b. 样品的测定方法：取0.5 mL水解大豆蛋白溶液，将其稀释至50 mL，再吸取0.4 mL稀释液加入试管中，加入1.0 mL的茚三酮显色剂后，再与标准溶液作相同操作，直至读出该溶液的吸光度，以此计算$-NH_2$的含量（mol/L）。按茚三酮法的水解度公式计算DH。

（3）异常工艺条件下的实验设计

①可采用不同的蛋白酶对大豆分离蛋白进行酶解，并将其所得产物的风味、水解度等指标进行比较。

②也可以采用正交设计、混料设计等试验设计方法，以水解度、苦味值等为指标，选取不同的蛋白酶种类、不同的酶添加量水平、酶解温度、酶解时间、pH值等因素，对大豆蛋白的酶解反应进行优化，确定其反应的最佳条件。

③总结实验中遇到的问题，并分析原因。

思考题

1. 为什么制备透明香皂不用盐析，反而加入甘油？
2. 制透明香皂的油脂若不干净怎样处理？
3. 植物精油或“超脂”的橄榄油需何时加入？
4. 影响总黄酮产率的可能因素有哪些？
5. 试比较苦荞植株各部位的总黄酮含量。
6. 碱液浸提温度和pH值对大豆分离蛋白的提取有何影响？
7. 加酸沉淀步骤要注意哪些问题？
8. 预处理对酶解大豆分离蛋白有何作用？
9. 为什么要测定大豆分离蛋白的水解度？

附录

附录一　麦芽汁糖度的测定

糖锤度计又称勃力克斯密度计，一般采用纯蔗糖溶液的质量分数来表示，单位为勃力克斯刻度（Brixsale，简称°Bx），规定20℃时使用。若利用糖锤度计测定某溶液的糖度时，所指示的值为20℃时的数值。若是其他温度下测得的数值，需要查糖锤度与温度校正表（附表1-1）。当20℃以上时加上糖度列所对应的数值，20℃以下时减去糖度列所对应的数值。

一、实验目的

了解麦芽汁糖度的测定方法。

二、实验材料与设备

精制蔗糖、蒸馏水、待测溶液、糖锤度计、量筒、温度计等。

三、测定方法

取100mL麦芽汁，放于量筒中，放入糖锤度计，待稳定后，从糖锤度计与麦芽汁液面的交界处读出数值，同时测定麦芽汁温度，根据较准值，计算20℃时的麦芽汁糖度。

附表1-1　糖锤度与温度校正表

温度/℃	1°Bx	2°Bx	3°Bx	4°Bx	5°Bx	6°Bx	7°Bx	8°Bx	9°Bx	10°Bx	11°Bx	12°Bx
14	0.24	0.24	0.24	0.25	0.26	0.27	0.27	0.28	0.28	0.29	0.29	0.30
15	0.20	0.20	0.20	0.21	0.22	0.22	0.23	0.23	0.24	0.24	0.24	0.25
16	0.17	0.17	0.18	0.18	0.18	0.18	0.19	0.19	0.20	0.20	0.20	0.21
17	0.13	0.13	0.14	0.14	0.14	0.14	0.14	0.15	0.15	0.15	0.15	0.16
18	0.09	0.09	0.10	0.10	0.10	0.10	0.10	0.10	0.10	0.10	0.10	0.10
19	0.05	0.05	0.05	0.05	0.05	0.05	0.05	0.05	0.05	0.05	0.05	0.05
	—	—	—	—	—	—	—	—	—	—	—	—
20	0	0	0	0	0	0	0	0	0	0	0	0
	+	+	+	+	+	+	+	+	+	+	+	+

附表 1-1（续）

温度/℃	1°Bx	2°Bx	3°Bx	4°Bx	5°Bx	6°Bx	7°Bx	8°Bx	9°Bx	10°Bx	11°Bx	12°Bx
21	0.04	0.05	0.05	0.05	0.05	0.05	0.05	0.06	0.06	0.06	0.06	0.06
22	0.10	0.10	0.10	0.10	0.10	0.10	0.10	0.11	0.11	0.11	0.11	0.11
23	0.16	0.16	0.16	0.16	0.16	0.16	0.16	0.17	0.17	0.17	0.17	0.17
24	0.21	0.21	0.22	0.22	0.22	0.22	0.22	0.23	0.23	0.23	0.23	0.23
25	0.27	0.27	0.28	0.28	0.28	0.28	0.29	0.29	0.30	0.30	0.30	0.30
26	0.33	0.33	0.34	0.34	0.34	0.34	0.35	0.35	0.36	0.36	0.36	0.36
27	0.40	0.40	0.41	0.41	0.41	0.41	0.41	0.42	0.42	0.42	0.42	0.43

附录二　麦芽汁中还原糖含量的测定

一、实验目的

掌握还原糖定量测定的原理和方法；掌握分光光度计的使用

二、实验原理

还原糖是指含有自由醛基和酮基的糖类。单糖都属于还原糖。利用单糖、双糖与多糖的溶解度的不同可把他们分开。用酸水解法使没有还原性的双糖，彻底水解成具有还原性的单糖，再进行测定，就可以求出样品中的总糖的含量。还原糖的测定是糖定量的基本方法。

在碱性溶液中，还原糖变为烯二醇（1，2-烯二醇），烯二醇易被各种氧化剂如铁氰化物、3，5-二硝基水杨酸等物质氧化为糖酸及其他物质，同时，3，5-二硝基水杨酸被还原为3-氨基-5-硝基水杨酸（棕红色物质），在一定的浓度范围内，棕红色物质颜色的深浅程度与还原糖的量成正比，因此，我们可以测定样品中还原糖的含量。

三、实验试剂与设备

3，5-二硝基水杨酸、葡萄糖、蒸馏水、氢氧化钠、丙三醇；分光光度计、刻度比色管、电炉、烧杯、容量瓶、玻璃棒等。

四、测定方法

1. 显色液的制备

取0.65g 3，5-二硝基水杨酸溶于水，移入100mL容量瓶中，加2mol/L氢氧化钠溶液 32.5mL，再加 4.5g 丙三醇，摇匀，定容至 100mL。

2. 葡萄糖标准曲线制作

（1）按附表 2－1 制备 9 个管。

附表 2－1　葡萄糖标准曲线制备表

管　号	葡萄糖液/mL	水/mL	最终浓度/（mg/mL）
1	0	2.0	0
2	0.2	1.8	0.2
3	0.4	1.6	0.4
4	0.6	1.4	0.6
5	0.8	1.2	0.8
6	1.0	1.0	1.0
7	1.2	0.8	1.2

（2）向 9 支试管中分别加入 DNS 试剂 1.5mL，充分混合。

（3）将九支试管放入沸水浴中加热煮沸 5 min。

（4）将试管放入盛有冷水的烧杯中冷却。

（5）向各管中分别加入蒸馏水定容至 25mL，充分混合。

（6）以空白管（1 管）做对照，于 540nm 波长下，分别测定各管的 OD 值。

（7）画每管在 540nm 下的吸收值（作为纵坐标）对每管所含的葡萄糖浓度（做为横坐标）的图，得到一条直线。如果该直线不是通过零点的直线，必须重做。

3. 发酵样品中还原糖的测定

（1）取 4 支试管，编号为 1、2、3、4，按附表 2－2 向每支试管中加入试剂。

附表 2－2　样品测定表

管号	待测样/mL	蒸馏水/mL	显色液/mL
1	0	2	1.5
2	1	1	1.5
3	1	1	1.5
4	1	1	1.5

（2）用管 1 做对照，测定每管在 540nm 下的 OD 值。管 2～管 4 测得的 OD 值取平均值作为最终的 OD 值，将此值代入标准曲线中，得出待测样中还原糖的数值。

（3）若待测样中的还原糖含量较高，测得的数值超出线性范围，则稀释 N 倍后测定。得出还原糖的数值后乘以稀释倍数，即得到待测样中还原糖的含量。

附录三　酵母计数测定法

一、实验目的

了解血球计数板的构造和使用方法；学会用血球计数板对酵母细胞进行计数。

二、实验原理

利用血球计数板（见附图 3－1）在显微镜下对酵母菌进行计数法比较直观。首先经过适当倍数稀释的菌悬液滴加于血球计数板的载玻片与盖玻片之间，在显微镜下对计数室进行计数。计数时，难以区分活菌体和死菌体，因此最终得到的是菌体之和。计数室的容积是一定的（$0.1mm^3$），根据在显微镜下观察到的菌体数目来换算成单位体积内总数。

血球计数板（见附图 3－1）是一块特制的载玻片，其上由 4 条槽分成了 3 个平台。中间的平台又被一短横槽隔成两半，两边平台上分别刻有一个方格网，方格网上有9 个大方格，中间的大方格即为计数室。计数室的刻度一般有两种规格，一种是 16 个中方格形成一个大方格，而每个中方格又有 25 个小方格；另一种是 25 个中方格形成一个大方格，而每个中方格又有 16 个小方格。但无论是哪种规格的计数板，小方格数都是一样的，即 16×25＝400 个小方格。

每一个大方格边长为 1mm，则每一大方格的面积为 $1mm^2$，盖上盖玻片后，载玻片与盖玻片之间的高度为 0.1mm，所以计数室的容积为 $0.1mm^3$。

在计数时，一般需要数 4～5 个中方格的总菌数，然后求出每个中方格的平均菌体数量，再乘上 16 或 25，就得出一个大方格中的总菌数，然后再换算成 1mL 菌液中的总菌数。

下面以一个大方格有 25 个中方格的计数板为例进行计算：设五个中方格中总菌数为 A，菌液稀释倍数为 B，那么，一个大方格中的总菌数为：

因 $1mL=1cm^3=1000mm^3$，即 0.1mL 中的总菌数为$=\frac{A}{5}\times 25\times B\times 10\times 1000=$

$50000A\cdot B$（个）

同理 1，如果是 16 个中方格的计数板，设 5 个中方格的总菌数为 A'，则

1mL 菌液中总菌数$=\frac{A'}{5}\times 16\times 10\times 1000\times B'$。

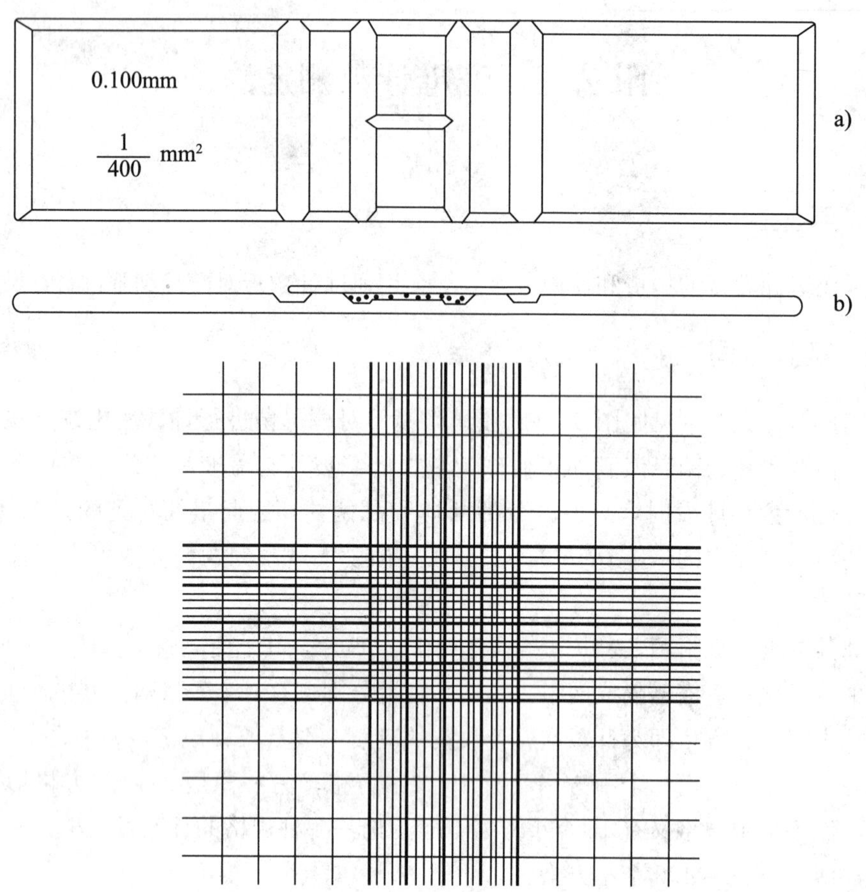

附图 3－1 血球计数板表格

三、实验材料与设备

(1) 菌种：酿酒酵母（Saccharomyces cerevisiae）斜面或培养液。

(2) 主要仪器设备：显微镜、血球计数板、盖玻片（22mm×22mm)、吸水纸、计数器、滴管、擦镜纸。

四、测定方法

(1) 根据实际待测菌悬液浓度，加无菌水适当稀释（斜面一般稀释到 10^{-2})，以每小格的菌数可以计数为宜。

(2) 取洁净的血球计数板一块，在计数区盖上一块盖玻片。

(3) 将酵母菌悬液振荡均匀，用滴管吸取少许，从计数板中间平台的其中一侧的沟槽内沿盖玻片的下边缘滴入一小滴，让菌悬液利用液体的表面张力充满计数区，尽量不要产生气泡，并用吸水纸吸去沟槽中多余菌悬液。也可以将菌悬液直接滴加在计数区上，不要使计数区两边平台沾上菌悬液，以免加盖盖玻片后，造成计数区深度的升高，并导致计数误差。

（4）静置片刻，将血球计数板置于载物台上并夹稳，首先在低倍镜下找到计数区，然后慢慢逐次转换为高倍镜观察并计数。由于活细胞的折光率和水的折光率相近，观察时应调节合适的光照强度。

（5）计数器的计数区如果是由 16 个大方格组成，按对角线方位，数左上、左下、右上、右下的 4 个大方格（即 100 小格）的菌体数。如果计数区是由 25 个大方格组成的，除数上述 4 个大方格外，还需数中央 1 个大方格的菌数（即 80 个小格）。当菌体位于大方格的双线上，计数时则计入上线和左线，不计下线和右线，以减少误差。

（6）对于正在出芽生殖的酵母菌，芽体达到母细胞大小一半时，即可作为两个菌体计算。每个样品重复计数 2～3 次（每次数值不应相差过大，否则应重新操作），求出每一个小格中细胞平均数（N），按公式计算出每毫升（克）菌悬液所含酵母菌细胞数量。

（7）按下表记录实验结果：

附表 3－1　啤酒酵母扩大培养酵母菌计数

计数次数	每个大方格菌数					稀释倍数	试管斜面中的总菌数	平均值
第一次					5			
第二次								

（8）测数完毕，取下盖玻片，用水将血球计数板冲洗干净，切勿用大力洗刷或抹擦，以免损坏网格刻度。洗净后自行晾干，放入盒内保存。

附录四　啤酒酒精度的测定与发酵度的计算

一、实验目的

掌握啤酒酒精度的测定与计算方法，监测啤酒的质量。

二、实验原理

蒸馏作用是分离挥发度不同的液体混合物的一种有效方法。基于混合物中不同发酵产物的沸点不同，将所需的物质从液体混合物中分离出来。啤酒发酵液中的酒精含量较低，然而酒精的沸点为 78℃，因此可以利用蒸馏法将啤酒中的酒精蒸馏出来，测定酒精密度。然后根据密度一酒精度对照表查出酒精的含量。

啤酒工业中，酒精一般是利用 20℃时酒精一水混合溶液与同体积纯水的质量比值，得到相对密度（d_{20}^{20}），然后根据查表得到样品中的酒精体积分数。

麦芽汁浓度的计算：原麦汁浓度是发酵之前的麦汁浓度。生产中为检查发酵是否正常，常根据啤酒的实际浓度来推算原麦汁浓度和发酵度。

三、实验材料与设备

啤酒发酵液、电炉、500mL 蒸馏烧瓶、蛇形冷凝管、100mL 容量瓶。

四、酒精度测定方法

1. 取样

用容量瓶准确量取 100mL 过滤后的发酵液，并转至蒸馏烧瓶中，另取 50mL 蒸馏水分 3 次冲洗容量瓶，洗液并入蒸馏烧瓶中，加数粒玻璃珠。

2. 蒸馏

蒸馏烧瓶连接有蛇形冷凝管，先打开冷水循环，使冷水在冷凝管中流动。用电炉给蒸馏烧瓶开始加热，待沸腾后可稍微加强一点火力，蒸馏至馏出液量接近 100mL 时停止加热；蒸馏时间一般为 30～60min。

3. 测定

测定馏出液的温度，同时用酒精计进行测定，根据酒精计测定的数值查找密度—酒精度对照表，求得酒精含量。

附表 4-1　密度-酒精度对照表

密度	酒精度	密度	酒精度	密度	酒精度	密度	酒精度
1.000 0	0.000	0.999 1	0.485	0.998 2	0.965	0.997 3	1.455
0.999 9	0.055	0.999 0	0.540	0.998 1	1.115	0.997 2	1.510
0.999 8	0.110	0.998 9	0.590	0.998 0	1.070	0.997 1	1.565
0.999 7	0.165	0.998 8	0.645	0.997 9	1.125	0.997 0	1.620
0.999 6	0.220	0.998 7	0.700	0.997 8	1.180	0.996 9	1.675
0.999 5	0.270	0.998 6	0.750	0.997 7	1.235	0.996 8	1.730
0.999 4	0.325	0.998 5	0.805	0.997 6	1.285	0.886 7	1.785
0.999 3	0.380	0.998 4	0.855	0.997 5	1.345	0.996 6	1.840
0.999 2	0.435	0.998 3	0.910	0.997 4	1.400	0.996 5	1.890

4. 发酵度的计算

发酵度是指麦芽汁经酵母菌发酵后的浸出物减少的百分数。发酵度随麦芽汁中可发酵性糖与总糖的比例而变化。一般说来，可发酵性糖越多，发酵度就越高。另外，发酵度与酵母菌种也有很大的关系，例如有些酵母的分解代谢产物阻遏活性强，在有葡萄糖和果糖存在时，不分泌麦芽糖渗透酶，或在有麦芽糖存在的情况下，不分泌麦芽三糖渗透酶，导致发酵度低；还有些酵母，如糖化酵母能分泌胞外淀粉葡萄糖苷酶，此酶可以分解四糖以上的寡糖，因此发酵度高。发酵度常有两种表示方法：

$$外观发酵度=\frac{P-m}{P}\times100\%$$

式中：P——原麦汁浓度；

m——啤酒的外观浓度。

$$实际发酵度=\frac{P-n}{P}\times100\%$$

n——啤酒的实际浓度。

浅色啤酒根据其实际发酵度可分为三个类型：

低发酵度：50%左右，往往使啤酒保持性差。

中发酵度：60%左右，较合适。

高发酵度：65%左右，较合适。

五、注意事项

(1) 蒸馏时火力不要太旺，最好用调压器调节电压。

(2) 测实际浓度时，最好用 80℃水浴将酒精蒸去。

附录五 啤酒色度的测定

一、实验目的

为了监测发酵液的质量，采用目视比色法测定啤酒色度变化。

二、实验原理

啤酒可分为淡色啤酒、浓色啤酒和黑色啤酒等，每种类型的色度又有所区别。形成啤酒颜色的主要物质主要是酒花、类黑精、多酚类化合物、色素及发酵过程中产生的各种氧化物，黑啤酒中还有大量焦糖。淡色啤酒与低浓度的碘液的颜色比较接近，因此其色度可用对应的低浓度碘液来表示。啤酒色度的 Brand 单位就是指将 100mL 蒸馏水滴定到与啤酒颜色相同时需添加 0.1 mol/L 标准碘液的毫升数。

淡色啤酒的色度最好控制在 5～14 EBC（欧洲啤酒酿造协会的色度单位），浓色啤酒一般为 15～40 EBC，要控制好啤酒的色度。

三、实验材料与设备

0.1mol/L 碘标准溶液（经硫代硫酸钠溶液标定，精确至 0.0001mol/L）；100mL

比色管、白瓷板、吸管等。

四、测定方法

1. 取样

取 2 支比色管，一支加入 100mL 蒸馏水，另一支加入 100mL 除气发酵液，于光亮处立于白瓷板上。

2. 滴定

用 1mL 移液管吸取上述碘标准溶液，逐滴滴入装水比色管中，并用玻璃棒不断搅拌均匀，直至从轴线方向观察其颜色与发酵液相同为止，记下所消耗的碘标准溶液毫升数（V），准确至小数后第二位。

3. 计算

$$样品色度=10MV$$

式中：M——碘液标准液的摩尔数；

V——消耗的碘液毫升数。

五、注意事项

（1）若用 50mL 比色管，结果乘以 2。

（2）啤酒应澄清，可经过滤或离心后测定。

（3）对色度较深的啤酒，应将啤酒颜色稀释到淡色后，再进行测定，根据稀释倍数再换算成原啤酒色度值。

附录六　啤酒风味保鲜期的测定

一、实验目的

通过对啤酒风味保鲜期的预测，了解啤酒的抗老化能力以及啤酒的保鲜时间。

二、实验原理

在糖化发酵过程中会产生一定量的羰基化合物，它们是啤酒老化的主要原因。用硫代巴比妥酸法（TBA）测定的是以二烯醛为代表的啤酒、麦汁中的一类羰基化合物，硫代巴比妥酸与羰基化合物会发生呈色反应，颜色在 530nm 有吸收峰。

三、实验材料与设备

硫代巴比妥酸、冰醋酸；分光光度计，恒温水浴锅等。

四、测定方法

1. TBA 溶液的配制

取 0.33g 硫代巴比妥酸，用 50%（体积分数）的冰醋酸溶解并定溶至 100ml ，配为 0.33%（体积分数）的 TBA 溶液。

2. 陈化测定

取同一批次的啤酒，其中四瓶放置于 60℃水中加速陈化，每隔 12h 从水浴锅中取走一瓶啤酒，轻拿轻放，冷却至室温后放于 4℃冰箱内。另取一瓶作为对照事先放置于冰箱中保存（见附表 6－1）。

3. 呈色测定

待四个样品全部陈化后进行过滤，取滤液，在 530nm 下测定不同的陈化样品的 TBA 值（以对照啤酒为空白），计算 12～48h 的 ΔTBA 值。

附表 6－1　啤酒 TBA 测定加样体积

	0h（对照）	12h	24h	36h	48h
水/mL	2	0	0	0	0
啤酒滤液/mL	0	2	2	2	2
TBA 溶液/mL	2	2	2	2	2
	充分混匀，在 60℃水浴锅中加热 60min 后，用冰水冷却				
在 530nm 处测定不同陈化时间的吸光度					

五、实验结果

1. TBA 的测定结果（见附表 6－2）

附表 6－2　啤酒 TBA 测定结果

	12h	24h	36h	48h
ΔTBA	ΔTBA_{12}	ΔTBA_{24}	ΔTBA_{36}	ΔTBA_{48}

2. 风味保鲜程度 RSV 的计算

$$RSV=(12/\Delta TBA_{12}+24/\Delta TBA_{24}+36\Delta TBA_{36}+48\Delta TBA_{48})/4$$

附录七　酱曲孢子计数法和蛋白酶活力的测定

一、实验目的

掌握孢子测定的方法；掌握蛋白酶测定方法；了解不同条件对米曲霉产孢子数和蛋白酶活力的影响。

二、实验原理

蛋白酶在一定的温度和pH值条件下，水解酪素底物，产生含有酚基的氨基酸（如酪氨酸、色氨酸等），在碱性条件下，将福林试剂（Folin）还原，生成钼蓝与钨蓝，用分光光度法测定，计算其酶活力。

三、实验材料和仪器

1. 材料

麸皮、面粉、豆饼粉；米曲霉菌种；酒精（95%）；稀硫酸（1∶10）；2%酪蛋白；4%三氯醋酸；氯化钠等。

2. 试剂配制

（1）福林试剂（Folin 试剂）

于2000mL磨口回流装置内，加入钨酸钠（$Na_2WO_4\cdot 2H_2O$）100g，钼酸钠（$Na_2MoO_4\cdot 2H_2O$）25g，蒸馏水700mL，85%磷酸50mL，浓盐酸100mL，文火回流10h。取去冷凝器，加入硫酸锂（Li_2SO_4）50g，蒸馏水50mL，混匀，加入几滴液体溴，再煮沸15min，以驱逐残溴及除去颜色，溶液应呈黄色而非绿色。若溶液仍有绿色，需要再加几滴溴液，再煮沸除去之。冷却后，定容至1000mL，置于棕色瓶中保存。此溶液使用时加2倍蒸馏水稀释。即成已稀释的福林试剂。

（2）0.4mol 碳酸钠溶液

称取无水碳酸钠（Na2CO3）42.4g，定容至1000mL。

（3）0.4mol 三氯乙酸（TCA）溶液

称取三氯乙酸（CCl_3COOH）65.4g，定容至1000mL。

（4）pH值为7.2磷酸盐缓冲液

称取磷酸二氢钠（$NaH_2PO_4\cdot 2H_2O$）31.2g，定容至1000mL，即成0.2mol溶液（A液）。称取磷酸氢二钠（$Na_2HPO_4\cdot 12H_2O$）71.63g，定容至1000mL，即成0.2mol溶液（B液）。取A液28mL和B液72mL，再用蒸馏水稀释1倍，即成0.1mol pH7.2的磷酸盐缓冲液。

（5）2%酪蛋白溶液

准确称取干酪素 2g，称准至 0.002g，加入 0.1mol/L 氢氧化钠 10mL，在水浴中加热使溶解（必要时用小火加热煮沸），然后用 pH7.2 磷酸盐缓冲液定容至 100mL 即成。配制后应及时使用或放入冰箱内保存，否则极易繁殖细菌，引起变质。

（6）100μg/mL 酪氨酸溶液

精确称取在 105℃烘箱中烘至恒重的酪氨酸 0.1000g，逐步加入 6mL 1N 盐酸使溶解，用 0.2N 盐酸定容至 100mL，其浓度为 1000μg/mL，再吸取此液 10mL，以 0.2N 盐酸定容至 100mL，即配成 100μg/mL 的酪氨酸溶液。此溶液配成后也应及时使用或放入冰箱内保存，以免繁殖细菌而变质。

3. **主要仪器设备**

分析天平、分光光度计、恒温培养箱、烘箱、显微镜、血球计数仪、水浴锅、移液管。

四、孢子数的测定方法

（1）样品稀释

精确称取种曲 1g（称准至 0.002g），倒入盛有玻璃珠的 250ml 三角瓶内，加入 95%酒精 5mL、无菌水 20mL、稀硫酸（1∶10）10mL，在旋涡均匀器上充分振摇，使种曲孢子分散，然后用三层纱布过滤，用无菌水反复冲洗，务使滤渣不含孢子，最后稀释至 500mL。

（2）制计数板

取洁净干燥的血球计数板盖上盖玻片，用无菌滴管取孢子稀释液 1 小滴滴于盖玻片的边缘处（不宜过多），让滴液自行渗入计数室中，注意不要有气泡产生。若有多余液滴，可用吸水纸吸干，静止 5min，待孢子沉降。

（3）观察计数

用低倍镜头和高倍镜头观察，由于稀释液中的孢子在血球计数板上处于不同的空间位置，要在不同的焦距下才能看到，因而计数时必须逐格调动微调螺旋，才能不使之遗漏，如孢子位于格的线上，数上线不数下线，数左线不数右线。

使用 16×25 规格的计数板时，只计板上四个角上的 4 个中格（即 100 个小格），如果使用 25×16 规格的计数板时，除计四个角上的 4 个中格外，还需要计中央一个中格的数目（即 80 个小格）。每个样品重复观察计数不少于 2 次，然后取其平均值。

五、计算

（1）16×25 的计数板

孢子数（个/g）＝（N/100）×400×10000×（V/G）＝4×104×（NV/G）

式中：N——100 小格内孢子总数（个）；

V——孢子稀释液体积（mL）；

G——样品重量（g）。

（2）25×16 的计数板

孢子数（个/g）＝（N/80）×400×10000×（V/G）＝5×104×（NV/G）

式中：N——80 小格内孢子总数（个）；

V——孢子稀释液体积（mL）；

G——样品重量（g）。

六、蛋白酶活力的测定方法

1. 标准曲线的绘制

（1）按附表 7－1 配制各种不同浓度的酪氨酸溶液。

附表 7－1 酪氨酸溶液配制

试 剂	管 号					
	1	2	3	4	5	6
蒸馏水量/mL	10	8	6	4	2	0
100μg/mL 酪氨酸量/mL	0	2	4	6	8	10
酪氨酸最终浓度/（μg/mL）	0	20	40	60	80	100

2. 测定步骤

取 6 支试管编号按附表 8－1 分别吸取不同浓度酪氨酸 1mL，各加入 0.4mol 碳酸钠 5mL，再各加入已稀释的福林试剂 1mL。摇匀置于水浴锅中。40℃保温发色 20min 在 581－G 型光电比色计上分别测定光密度（OD）（滤色片用 65＃）或用 72 型分光光度计进行测定（波长 660nm）。一般测 3 次，取平均值。将 1～6 号管所测得的光密度（OD）减去 1 号管（蒸馏水空白试验）所测得的光密度为净 OD 数。

为了清楚起见，再列出表格如下（见附表 7－2）。

以净 O D 值为横坐标，酪氨酸的浓度为纵坐标，绘制成标准曲线（或可求出每度 OD 所相当的酪氨酸量 K）。

附表 7－2 标准曲线的绘制

试 剂	管 号					
按表 1 制备的不同浓度酪氨酸/mL						
0.4mol/L Na_2CO_3 量/mL						

附表 7-2（续）

试 剂		管 号					
福林试剂/mL							
OD 值	1						
	2						
	3						
	平均						
净 OD 值		0					

3. 样品稀释液的制备

（1）测定酶制剂：称取酶粉 0.100g，加入 pH 值为 7.2 磷酸盐缓冲液定容至 100mL，吸取此液 5mL，再用缓冲液稀释至 25mL，即成 5000 倍的酶粉稀释液。

（2）测定成曲酶：称取充分研细的成曲酶 5g，加水至 100mL，在 40℃水浴内间断搅拌 1h，过滤，滤液用 0.1mol pH 值为 7.2 磷酸盐缓冲液稀释到一定倍数（估计酶活力而定）。

（3）样品测定

取 15×100mm 试管 3 支，编号 1、2、3（做 2 只也可），每管内加入样品稀释液 1mL，置于 40℃水浴中预热 2min，再各加入经同样预热的酪蛋白 1mL，精确保温 10min，时间到后，立即再各加入 0.4mol 三氯乙酸 2mL，以终止反应，继续置于水浴中保温 20min，使残余蛋白质沉淀后离心或过滤，然后另取 15×150mm 试管 3 支，编号 1、2、3，每管内加入滤液 1mL，再加 0.4mol 碳酸钠 5mL，已稀释的福林试剂 1mL，摇匀，40℃保温发色 20min 后进行光密度（OD）测定。

空白试验也取试管 3 支，编号（1）、（2）、（3），测定方法同上，只有在加酪蛋白之前先加 0.4mol 三氯乙酸 2mL，使酶失活，再加入酪蛋白。

样品的平均光密度（OD）－空白的平均光密度（OD）＝净 OD 值。

（4）计算

在 40℃下每分钟水解酪蛋白产生 1μg 酪氨酸，定义为 1 个蛋白酶活力单位。

$$\text{样品蛋白酶活力单位（干基）} = \frac{A}{10} \times 4 \times n \times \frac{1}{1-w}$$

式中：A——由样品测得 OD 值，查标准曲线得相当的酪氨酸微克数（或 OD 值×K）；

4——4mL 反应液取出 1 mL 测定（即 4 倍）；

n——酶液稀释的倍数；

10——反应 10min；

w——样品水分百分含量。

七、注意事项

以上介绍的方法用于测定中性蛋白酶（pH7.2）。若要测定酸性蛋白酶或碱性蛋白酶，则把配制酪蛋白溶液和稀释酶液用的 pH 缓冲液换成相应 pH 值的缓冲液即可。

附录八　思考题答案

第一章

1. 烫漂是果蔬干制工艺流程中重要的一个环节，请问烫漂处理对于整个加工过程及产品品质提升主要有哪些作用?

答：烫漂目的及要求会有所不同，但作用基本一样，主要有：

（1）钝化酶活性，保持色泽和风味；

（2）破坏原料细胞结构，利于水分、盐等渗透（即利于脱水干燥）；

（3）排除原料组织中的空气，使原料有透明感，体积缩小，便于装罐或包装；

（4）去除一些不良风味，例如苦味、辣味等；

（5）可杀灭原料表面附着的大部分微生物和虫卵。

2. 罐头制品加工过程中需要通过排气使罐头形成一定的真空度，请问影响真空度的因素有哪些?

答：（1）排气的条件。高温长时排气，真空度高，一般以中心温度 75℃为准。

（2）罐头容积大小。采用加热法排气，大型罐容积和罐装量大，内容物块形变化幅度大，形成真空度较高。

（3）顶隙大小。加热排气时，若罐内顶隙小，则真空度高；真空法和喷射蒸汽法排气时，顶隙小，则真空度低。

（4）杀菌条件。高温长时杀菌时，部分内容物发生反应产生气体，真空度较低。

（5）环境条件。气温高，罐内蒸汽压大，真空度低；气压低，大气压与罐压差变小，真空度变低。

3. 柑橘类果汁在加工过程中或加工后常易产生苦味，为了避免这一现象的出现，我们应采取哪些防范措施?

答：柑橘类果汁苦味来源主要是由于黄烷酮糖苷类和三萜系化合物引起，预防措施主要有以下几点。

（1）选择充分成熟的果实物料，如需要可进行后熟处理。

（2）加工过程尽量减少苦味物质的加入，种子尽量去除干净，悬浮果浆与果汁的接触时间尽量短。

（3）采用聚乙烯吡咯烷酮及大孔树脂等吸附脱苦。

（4）添加环糊精等提高苦味物质阈值，降低苦味感受。

但营养学以及医学研究表明，大多苦味物质对人体具有特殊的生理功效，如抗癌及防癌等作用，因此，在苦味可以接受的情况下，保持适当苦味有益无害。

4. 在葡萄酒制作过程中需要进行二氧化硫处理，以便发酵能顺利进行或有利于葡萄酒的贮藏，请问二氧化硫处理对改善发酵效果和产品品质有哪些作用？

答：（1）选择杀菌作用。SO_2是一种杀菌剂，根据浓度不同，可以选择控制各种发酵微生物的活动。细菌最为敏感，接触SO_2即死，其次是尖端酵母，葡萄酒酵母抗性最强。

（2）澄清作用。SO_2抑制发酵微生物活动，延缓发酵过程，可以提供足够时间使发酵基质中悬浮物质沉淀分离，达到澄清效果。

（3）抗氧化作用。SO_2可以抑制原料中氧化酶的活性，发挥抗氧化作用；SO_2处理后形成的亚硫酸盐会首先被氧气氧化，从而抑制或推迟葡萄酒中其他成分发生氧化。

（4）增酸作用。加入SO_2转化为酸，提高发酵基质的酸度。

（5）溶解作用。在使用量较大时，SO_2可促进浸渍作用，提高色素和酚类物质的溶解量，进而改善制品品质。

第二章

1. 面团醒发时，温度和湿度过高或过低对产品有何影响？

答：（1）温度高，面包发酵过快，酸味重，温度过高，形成死皮，发不起来；

（2）湿度大，表皮水分过多，面包塌，烘烤容易变形，起气泡。

2. 面包坯在烘烤过程中会发生哪些微生物和生化变化？

答：（1）微生物学变化

①酵母菌：是一种典型的兼性厌氧微生物，在氧气充足时进行有氧呼吸，将糖分解成二氧化碳和水，并放出一定能量。在缺氧条件下以发酵为主，并产生少量乙醇、乳酸等。面包坯入炉后，酵母开始旺盛的生命活动并产生大量气体。当加热到35℃左右时，酵母生命活动达到最高峰。40℃时，其生命活动仍强烈，至45℃时，产气能力立刻下降，至50℃以上时，开始死亡，60℃时，数分钟后全部死亡。

②乳酸菌：乳酸菌是面团发酵温度高于酵母菌最适温度后开始生长的。嗜温性乳酸菌最适温度为25℃左右，嗜热性菌为48～54℃之间。面包坯烘烤时，它们的生命活动随温度升高而加快，当超过最适温度到一定程度以后，其生命活动逐渐减弱，60℃时，乳酸菌基本上已死亡。

（2）生化变化

①淀粉是面包坯主要成分之一。淀粉粒遇热糊化，在淀粉酶作用下，把少部分淀粉水解成糊精和麦芽糖。当面包坯入炉后，随温度升高，淀粉酶活性不断增强。到它们失去活性时，一直进行着水解过程。α-淀粉酶耐热性比较高，钝化温度在97～98℃，容易把面坯内淀粉分解生成一定量糊精，造成面包心发粘。在正常烘烤时不易发生，但烘不透时，易发生“糖心”现象。

②面包坯中的面筋，遇热变性凝固，当面包坯加热到60～70℃时，就开始变性凝固，并释放出胀润时所吸收的水分，面包坯中的蛋白在蛋白酶作用下分解成少量蛋白胨、多肽、氨基酸等。这些含氮物质与面包坯中还原糖，在高温作用下发生美拉德反应，使面包皮着色并产生特有风味。

3. 如何判断面包的发酵程度？

答：嗅气味有强烈的酒香味，面团起发到一定高度，上表面微向下塌落，即表示发酵成熟。若上表面未下陷表示发酵不足，下陷大则发酵过度。

4. 面包的老化是什么？如何防止面包的老化？

答：（1）面包产品的老化是指面包经过烘焙离开烤炉之后，本来有香味及松软湿润的产品发生了变化，表皮由脆皮变坚韧，口感变硬，味道平淡不良，失去新鲜感。

（2）防止面包老化的方法：

①调整面包保存温度，热及冷冻均可防止产品老化，让面包在40～60℃，可使面包保持较好柔软作用，同时将面包保存在－20℃以下温度，可以防止老化，但降温及解冻速度不能缓慢。

②良好的包装可以防止水分的损失和保持产品的美观，一般包装时温度为37～40℃，同时冷却不能太快，以免表面龟裂。

③选择高筋粉制作面包，由于蛋白质含量高，比例上淀粉含量少，面包体积大，所以面包硬化较慢。

④添加α-淀粉酶，这种酶于面团发酵及焙烤初期能改变部分淀粉为糊精，因此改变淀粉的结构，降低淀粉的退化作用。

⑤添加乳化剂，乳化剂的主要作用表现在其深入淀粉颗粒内与直链淀粉结合成螺旋状组织，因此阻止水分从淀粉移出而保持了水分。

5. 为什么打蛋时不能接触油、食盐？

答：（1）在搅打过程中有油脂存在时，蛋白中球蛋白和胶蛋白的特性即被破坏，蛋白失去应有的粘性和凝固性，使蛋白的起泡性能受到影响。其原因是油脂为一种消泡剂，油脂表面张力大，蛋白膜很薄，当油脂和蛋白膜接触时，油脂的表面张力大于蛋白膜本身的抗张力，蛋白膜会拉断，气泡很快消失。因此，在搅打蛋液时容器中有油脂存在则会影响蛋液的质量。

（2）加入食盐会出现蛋白沉淀析出的现象。

6. 打蛋时间不能太长，为什么?

答：搅打时间太长，蛋白质胶体粘稠度降低，蛋白膜破裂，气泡不稳定，空气溢出。

7. 为什么拌好的浆料应尽快装模，尽快烘烤?

答：搅拌好的浆料中组织均匀，混有气泡，当放置一段时间后，会使里面的气泡溢出，浆料表面结皮下陷等，会影响整个蛋糕的品质。

8. 为何月饼皮在操作中容易渗油?

答：油与糖浆要充分混合后才能放面粉，不然月饼皮容易往外渗油。

9. 为何月饼出炉后会塌陷?

答：①月饼馅含糖量太多；②烘烤时间太长；③馅料中水份过多；④月饼皮、馅软硬不一致。

第三章

1. 在发酵酸乳过程中为什么能引起凝乳?

答：酸乳是在经过预处理后的鲜乳中接入含有培养的保加利亚乳杆菌和嗜热链球菌的发酵剂，在一定温度下经过一段时间的发酵，促使其生长，分解乳糖形成乳酸，使乳的pH值随之下降，使酪蛋白在等电点附近形成沉淀，然后在灌装容器中成为凝胶状态，同时具有乳酸菌的代谢产生大量的风味物质，从而制得固态酸乳。

2. 酸奶发酵生产中常见的质量缺陷及有效的控制办法有哪些?

答：(1) 组织砂化（砂状组织）：酸奶在组织外观上有许多砂状颗粒存在，不细腻。产生原因为发酵温度过高，发酵剂接种量过大，原料乳加热升温时间过长造成原料乳受热时间过长。控制办法是选择适宜的发酵温度，减少乳粉用量，降低工作发酵剂的接种量。

(2) 乳清分离析出：造成原因为乳中的干物质含量过低，搅拌型酸奶生产中搅拌速度过快，在搅拌过程中打入了大量的空气，酸奶发酵过度。控制办法是提高牛乳中干物质含量，增加奶粉用量，适当增加稳定剂用量；降低搅拌速度；缩短发酵时间。

(3) 风味不良：原因为搅拌型酸乳在搅拌过程中打入了大量的空气，造成酵母和霉菌的污染，接种的菌种比例不适当，酸甜比例不恰当。控制办法是降低搅拌速度，防止杂菌污染；调整工作发酵剂混合菌种之间的比例，调整甜度来改变酸甜比例。

(4) 发酵不良：产生原因为牛乳中含有抗生素，钙离子含量低造成牛乳蛋白质变性不够。控制办法为原料乳做抗生素检验要求阴性，适当增加原料乳中钙的含量。

5) 色泽异常：在生产花式酸奶时，加入的果蔬原料处理不当而引起的变色反应，产生褪色现象。控制办法是应根据果蔬的性质剂加工特性与酸奶原料进行合理的搭配和操作，必要时还要添加抗氧化剂。

3. 活性乳酸饮料加工过程中关键点是什么，应如何控制？

答：(1) 添加稳定剂的时间：常在乳酸菌饮料中添加亲水性和乳化性较高的稳定剂。这些稳定剂不仅能提高饮料的黏度，防止蛋白质粒子因重力作用下沉；更重要的是它本身是一种亲水性高分子化合物，在酸性条件下与酪蛋白结合形成胶体保护，防止其凝集沉淀。此外，由于牛乳中含有较多的钙，在pH值降到酪蛋白的等电点以下时以游离钙状态存在，Ca^{2+}与酪蛋白之间发生凝集而沉淀，可添加适当的磷酸盐使其与Ca^{2+}形成螯合物，起到稳定作用。

(2) 有机酸的添加方法：一般发酵生成的酸的酸度不能满足乳酸菌饮料的酸度要求，需添加柠檬酸、乳酸和苹果酸等有机酸类。同时这些有机酸也是引起饮料产生沉淀的因素之一，因此需在低温条件下缓慢添加，同时需要搅拌。一般以喷雾形式加入酸液。

(3) 搅拌温度：为了防止沉淀产生，还应注意控制好搅发酵乳时的温度。如高温时搅拌，凝块将收缩硬化，造成蛋白胶粒的沉淀。

4. 奶油生产中中和的目的是什么？

答：①防止高酸度稀奶油在杀菌时造成脂肪损失；②改善奶油的香味；③防止奶油在贮藏期间发生水解和氧化。

5. 压炼的目的是什么？

答：①使奶油粒变为组织致密的奶油层，使水滴分布均匀；②使食盐完全溶解，并均匀分布于奶油中，同时调节奶油中的水分含量。

6. 简述干酪的概念、种类和营养价值。

答：(1) 概念：干酪，又名奶酪、乳酪，或译称芝士、起司、起士，是乳制食品的通称，有各式各样的味道、口感和形式。奶酪以奶类为原料，含有丰富的蛋白质和脂质，乳源包括家牛、水牛、家山羊或绵羊等。制作过程中通常加入凝乳酶，造成其中的酪蛋白凝结，使乳品酸化，再将固体分离、压制为成品。

(2) 种类：①软质干酪：农家干酪、稀奶油干酪、里科塔干酪等；②半硬质干酪：法国羊奶干酪、青纹干酪等；③硬质干酪：荷兰干酪、埃门塔尔干酪、瑞士干酪等；④特硬干酪：帕尔逊干酪、罗马诺干酪等；⑤融化干酪。

(3) 营养价值：每生产1 kg干酪需要消耗10 kg鲜奶，相当于将原料奶中的蛋白质和脂肪浓缩了10倍左右。除了蛋白质和脂肪以外，干酪中还含有糖类，有机酸，常量矿物元素钙、磷、钠、钾、镁，微量矿物元素铁、锌以及脂溶性维生素A、胡萝卜素和水溶性的维生素B_1、B_2、B_6、B_{12}、烟酸、泛酸、叶酸等多种营养成分。其丰富的钙、磷除了有利于骨骼和牙齿的发育外，在生理代谢方面也有重要的作用。干酪中的蛋白质在发酵成熟过程中，经凝乳酶、发酵剂及其他微生物蛋白酶的作用，逐步被分解形成胨、大肽、小肽、氨基酸以及其他有机或无机化合物等小分子物质，这些小分子物质很容易被人体吸收，使干酪的蛋白质消化率高达96%～98%。干酪中还含有大量的必需氨基酸，与其他动物性蛋白比较质优而量多。

7. 试述影响凝乳酶作用的因素有哪些？

答：(1) pH：在酸性环境中凝乳酶活力最强，原奶酸度的任何微小变化均能显著影响凝乳酶的活力。凝乳酶活力大部分来源于其中的胰蛋白酶，小部分来源于牛胃蛋白酶（不过猪凝乳酶中的有效成分是猪胃蛋白酶）。胰蛋白酶的最适 pH 为 5.4，而胃蛋白酶的最适 pH 低于胰蛋白酶。

(2) 温度：凝乳酶的最适温度是 42℃。乳温 30℃时原奶凝结时间是 42℃的 2～3 倍。不过实际干酪生产中乳温通常保持在 30～33℃，一是考虑到乳酸菌的最适温度（比如链球菌属的最适温度在 30℃左右，最高不能超过 40℃）；二是较高乳温下凝块硬化速度太快，以至随后的切割比较困难。

(3) Ca^{2+} 浓度：只有原奶中存在自由钙离子时，被凝乳酶转化的酪蛋白才能凝结。因此钙离子浓度将会影响凝乳时间、凝块硬度和乳清排出。

8. 加快干酪成熟的方法有哪些？

答：(1) 加速干酪成熟的传统方法是加入蛋白酶、肽酶和脂肪酶；

(2) 现代方法是加入脂质体包裹的酶类、基因工程修饰的乳酸菌等，以加速干酪的成熟；

(3) 提高成熟温度加速干酪成熟。

9. 乳粉中会发生哪些质量问题？

答：①乳粉水分含量过高；②乳粉溶解度偏低；③乳粉结块；④乳粉颗粒的形状和大小异常；⑤乳粉的脂肪氧化味；⑥乳粉的色泽较差；⑦细菌总数过高；⑧杂质度过高。

10. 乳清粉的具体应用有哪些？

答：①α-乳白蛋白在改善睡眠乳制品中的应用；②乳清产品在酸奶和发酵乳制品中的应用；③乳清产品在再制干酪中的应用；④乳清蛋白在乳源性运动食品中的应用。

11. 冰激凌的主要缺陷及产生原因有哪些？

答：(1) 风味缺陷，如脂肪分解味、饲料味、加热味、牛舍味、不洁味、金属味、苦味等，产生原因为使用不良牛乳、乳制品和不良混合原料，杀菌不完全，吸收异味，添加不适当的甜味剂与香料等。

(2) 组织状态缺陷，如砂状组织、轻或膨松的组织、粗或冰状组织、奶油状组织等，产生原因为 SNF 过高，高温保藏，乳糖结晶大；膨胀率过大，缓慢冻结，贮藏中变温；气泡大，固形物低，生成脂肪块，乳化剂不适合，均质不良等。

(3) 质地缺陷，如脆弱、水样、软弱等，产生原因为稳定剂、乳化剂不足，气泡粗大导致的膨胀率高；而膨胀率低，主要是由于砂糖高，稳定剂、乳化剂添加不当，脂肪凝集不完全，总固形物不足等。

(4) 其他缺陷，如收缩、干燥、变色、微生物污染、混入异物等，产生原因有容积减少，空气排出，水分不足或水分蒸发，冷冻保管不适当，咖啡冰激凌中的铁与单宁反应，原料混合杀菌不完全，卫生管理不适当，原料配合和各过程管理不当等。

12. 冰激凌、膨化雪糕对生产原料组成有何要求？

答：雪糕是以饮用水、乳品、食糖、食用油脂等为主要原料，添加适量增稠剂、香料，经混合、灭菌、均质或轻度凝冻、注模、冻结等工艺制成的冷冻饮品。雪糕的总固形物、脂肪含量较冰激凌低，风味、组织等品质亦不如冰激凌。

13. 影响冰激凌、雪糕膨胀率的因素主要有哪些？

答：(1) 原料方面：①乳脂肪含量越多，混合料的粘度越高，有利膨胀，但乳脂肪含量过高时，则效果反之。一般乳脂肪含量以6%～12%为好，此时膨胀率最好。②非脂肪乳固体：非脂肪乳固体含量高，能提高膨胀率，一般为10%。③含糖量高，冰点降低，会降低膨胀率，一般以13%～15%为宜。④适量的稳定剂，能提高膨胀率；但用量过多则粘度过高，空气不易进入而降低膨胀率，一般不宜超过0.5%。⑤无机盐对膨胀率有影响。如钠盐能增加膨胀率，而钙盐则会降低膨胀率。

(2) 操作方面：①均质适度，能提高混合料黏度，空气易于进入，使膨胀率提高；但均质过度则粘度高、空气难以进入，膨胀率反而下降。②在混合料不冻结的情况下，老化温度越低，膨胀率越高。③采用瞬间高温杀菌比低温巴氏杀菌法混合料变性少，膨胀率高。④空气吸入量合适能得到较佳的膨胀率，应注意控制。⑤若凝冻压力过高则空气难以混入，膨胀率则下降。

第四章

1. 德州扒鸡有何特点？

答：德州扒鸡具有色泽金黄、鸡皮光亮、肉质肥嫩、香气扑鼻、造型美观、五香脱骨、味道鲜美等特点，由于其制作时扒火慢焖达到“热中一抖骨肉分”的程度，因此其品质特点可以概括为脱骨和五香具备。

2. 德州扒鸡加工对原料选择有何要求？

答：原料鸡选择时，来自非疫区并经卫生检验检疫合格、鲜活是最基本的要求，其重量要求在750 g～1 kg以上。以中秋节后的鸡为佳，这时的当年鸡重量为1 kg以上，肉质肥嫩，味道鲜美，是加工扒鸡的理想原料。

3. 如何控制德州扒鸡的焖煮工序？

答：焖煮前需在锅底放一铁箅，防止长时间加热过程中出现糊锅；上面也要压上铁箅，随着鸡肉变熟体积变小，铁箅也不断下沉，锅表面会出现一层浓油，由于油层封锅，鸡肉易熟烂，滋味不散失。煮鸡时，还要注意大火烧沸后要马上转为小火，保持卤汤为微滚的程度，火候不宜过大，否则鸡会煮得过烂，成形不佳。同一锅中的鸡，控制其老、嫩程度基本相同，否则产品质量参差不齐，造成嫩鸡过于酥烂，而老鸡火候不够。

4. 加工清蒸牛肉罐头对原料选择有何要求?

答：原料安全卫生是最基本的要求，选择时首先应注意，选择健康状况良好的活牛，经屠宰后需经卫生检验合格，去除头、蹄、内脏、皮、骨、淋巴、腺体等非肌肉部分后，经过冷却排酸的新鲜肉或冷冻肉。未经排酸的肉、外观不良、有异味的肉、冷冻/解冻超过两次的肉均不可使用。同时，冷冻肉解冻或鲜肉排酸时也应注意，严格控制其解冻或排酸条件，如温度、湿度和时间等。

5. 清蒸牛肉罐头加工时对装罐有何要求?

答：根据 QB/T 2788—2006《清蒸牛肉罐头》中对此产品的感官要求，应尽量选择定量装罐。首先，将空罐清洗消毒，将切好的、块形大小一致均匀的肉块定量装于罐中，添装量为 3～5 块/罐，添秤时控制小块肉块数量不超过一块。精盐、洋葱等其他调料也定量装罐，以避免拌料产生的腌肉味，以及配料拌和不均匀的现象。月桂叶放置在肉层中间，添称肉也夹在大块肉中间，注意装罐量、顶隙度，防止物理性胀罐。

6. 如何控制清蒸牛肉罐头的杀菌工序?

答：本实验中所采取的杀菌工序是：杀菌温度为 121℃，由初始温度升至 121℃时所需时间为 15 min，保持 121℃的恒温杀菌时间为 75 min，杀菌结束后从 121℃降至 40℃以下时所需时间为 20 min。

7. 发酵羊肉香肠中，为什么要对原料肉的质量进行严格控制? 杂菌等因素为什么会影响发酵香肠的品质?

答：选择新屠宰的新鲜羊肉，目的是尽量降低原料肉中的初始菌数，以减少其腐败和污染的机会。原料肉中微生物区系会影响后面的发酵过程。乳酸菌比例大则发酵速度快，而其他菌（如假单胞菌、酵母等）在乳酸发酵之前或之中产生的最终产物可能影响产品风味。某些酵母初始数量高，产生较多的代谢产物，包括乙醇等，可与乳酸竞争，使 pH 值下降延缓。大多数酵母是耐酸性的，在发酵完成后导致 pH 值上升，产生异味。肉中氧含量高也可导致一部分碳水化合物在干燥期间发生微生物氧化，产生乙醇、羟基化合物、二氧化碳和水，使 pH 值比所要求的数值高些。

8. 发酵香肠制品中，添加的食盐、糖类、香辛料等对发酵过程有何作用?

答：(1) 食盐可让乳酸菌的生长占优势，同时抑制其他有害微生物的生长。

(2) 各种糖类（如葡萄糖、蔗糖等）可影响产品的风味、组织和产品特性，也提供了乳酸菌发酵所必需的基质。糖的数量与类型会直接影响产品的最终 pH 值。单糖（如葡萄糖）易被各种乳酸菌利用，葡萄糖的添加量取决于产品的发酵程度。葡萄糖添加水平越高，发酵程度越大，产品中 pH 值越低。大多数乳酸菌也能利用蔗糖，但 pH 值相同情况下，比加葡萄糖的产品酸性弱。

(3) 胡椒、芥末、大蒜粉、香辣粉、肉豆蔻、姜粉、肉桂等天然香辛料可在一定程度上刺激细菌产酸，而直接影响发酵速度，但要注意天然香辛料需进行降低微生物、霉菌含量的处理。

9. 干燥时为什么要控制空气流速、空气湿度等条件？

答：控制空气流速和空气湿度可以防止干燥速度太快产生“硬壳”。但若空气流速太慢、空气湿度过大会导致产品长霉；若水分损失速度过快，香肠表面阻塞，内部水分释放不出而使香肠外壳变硬，如在加工初始阶段发生外壳变硬，将产生质量问题。如果干燥延长，内部水分最后散发出来，水分释出不均匀，会发生香肠肠衣表面鼓起的缺陷。为了达到有效的干燥过程，需控制空气流速、空气湿度等条件，使香肠外部和内部的水分损失需保持统一速度，以形成均匀质地。

10. 风干牛肉的工艺特点是什么？

答：风干牛肉最显著的工艺特点就是它的风干步骤，即在自然条件或人工控制条件下，通过加速空气流动，促使肉中水分蒸发的一种工艺过程。通过产品水分含量的降低，使产品具有重量轻、体积小、食用方便、风味独特、便于保存和携带的特点。作为内蒙古地方特色产品，其生产过程中，肉的切制和吊挂也是其特色工艺之一，肉的切制中为保持肉条的长度，在一些连接处并未作断刀处理；将肉条吊挂风干也是与其他干肉制品的不同之处。

11. 为什么台湾风味烤香肠配料中需加入一定量的猪肥膘？

答：由于猪精肉、鸡肉的含脂率低，加入适量含脂率较高的猪肥膘可提高产品口感、香味和嫩度，通常可控制脂肪含量为20%～30%。

12. 为什么台湾风味烤香肠产品在烤制时可能发生爆裂现象？

答：烤制过程中，香肠爆裂与肉馅有关，也与烤肠机设定温度有关。肉馅要求里面尽可能没有空气，肥瘦搭配合理，淀粉含量适中。烤炉温度要先高后低，若温度超过150℃，一直烤制，时间过长肠体就会爆裂。

第五章

1. 干蛋制品的用途有哪些方面？

答：(1) 食品工业用：干蛋白在食品工业应用很广泛，如加工冰糖或糖精时可作澄清剂，加工点心时可作起泡剂，加工冰激凌、巧克力粉、清凉饮料、饼干等均有使用。

(2) 纺织工业用：纺织工业中的染料及颜料浆中加入35%～50%干蛋白片的水溶液，可以增加印染的黏着性，若加以蒸熟，即可使染料或颜料固着于纺织物上。印染棉、绢、毛等各种纺织品时均可用干蛋白作为固着剂。

(3) 皮革工业用：干蛋白可作皮革鞣制中的光泽剂。用5g干蛋白、100 mL牛乳、5 g苯胺染料，再加水1000 mL制成光泽剂，涂于皮革表面，使制成的皮革表面光滑，防水耐用。

(4) 造纸及印制工业用：制造高级纸张可用干蛋白做施胶剂，提高纸张的硬度、强度和增强其韧性和耐湿性。

（5）制印画纸用：日常生活中常见陶器、瓷器及玻璃皿上的彩画或图案，即是用印画纸印上的，而印画纸是用颜料与干蛋白配制成含量为25%左右的涂料液或配合料，印刷在纸上制成的。

（6）医药工业用：干蛋白在医药工业上应用也较为广泛。主要用干蛋白制造蛋白银治结膜性眼炎。鞣酸蛋白可治慢性肠炎。蛋白铁液是小儿营养剂，也可用干蛋白制造细菌培养基等。

另外，干蛋白还可用于制人造象牙、化妆品及发光漆等。

2. 次劣皮蛋的种类及形成原因有哪些？

答：（1）损壳皮蛋。

（2）烂头皮蛋（碱伤蛋）：形成原因为①碱浓度过高；②原料蛋在料液中浸泡的时间过长，造成蛋白再次液化，使料液进入蛋内过多而出现碱伤。

（3）回气皮蛋。

（4）水响皮蛋：形成原因为①加工是用鲜蛋质量差，原来就是劣次蛋没再照检；②碱的浓度不够或浸泡时间不足；③蛋未成熟就出缸，出缸之后未及时涂包料泥或包泥过湿；④包泥后密封不好造成料液干燥或脱落。

（5）黄次皮蛋：形成原因为加工温度过低或包泥密封不良，透风漏气或包泥不及时。

（6）变质皮蛋：形成原因为①原料蛋质量差，有的已变质②加工过程中温度过高，蛋未成皮蛋就已变质③料液中碱的浓度不够，密封不良。

（7）呆白寡绿次皮蛋：形成原因为原料不新鲜，有的加工前就是热伤蛋，水湿蛋；②鲜蛋壳气孔小，料液不能很好的渗入蛋内所致碱的浓度不足或旧料使用次数过多；③渗透作用差，浸泡时间不足，皮蛋还未成熟就出缸。

3. 无铅皮蛋与传统皮蛋加工原理与工艺上有何区别？

答：（1）无铅皮蛋是用氢氧化钠、再加入茶汁和适量的食盐即可制成，这种方法加工皮蛋时，形成较快，但在短时间内蛋白的碱味很浓，必须经过适当时间的成熟后才能食用；而传统的皮蛋是用生石灰和纯碱，生成氢氧化钙来腌制的，其辛辣味不大，味道鲜美。

（2）传统皮蛋里要加入铅，其能促进料液进入蛋内，使皮蛋形成较快，但长期食用含铅的皮蛋，铅会在人体中蓄积，造成慢性中毒。

4. 次劣糟蛋产生的原因是什么？如何控制？

答：原因：①原料蛋不合格；②劣质糯米；③酒药质量差或搭配不合理；④食盐不符合国家卫生标准；⑤水质不达标。

控制措施：

（1）原料蛋：糟蛋加工所用原料蛋应经感官鉴定和光照检查，挑出蛋形正常，大小均匀，蛋壳完整的新鲜鸡蛋；

（2）糯米：米粒均匀，洁白，含淀粉多，蛋白质脂肪少，无异味；

（3）酒药：目前多采用绍药和甜药混合使用；

（4）食盐：符合卫生标准的洁白、纯净海盐；

（5）符合卫生标准的水。

5. 糟蛋的种类有哪些？

答：糟蛋根据加工方法的不同，可分为生蛋糟蛋和熟蛋糟蛋；又根据加工成的糟蛋是否包有蛋壳，可分为硬壳糟蛋和软壳糟蛋。硬壳糟蛋一般以生蛋糟渍；软壳糟蛋则有熟蛋糟渍和生蛋糟渍两种。在这些种类中，尤以生蛋糟渍的软壳糟蛋质量最好，我国著名的糟蛋有浙江省平湖县的平湖糟蛋、四川省宜宾市的叙府糟蛋和河南的陕县糟蛋。

6. 各组分在蛋黄酱中的作用是什么？

答：蛋黄在制蛋黄酱中起乳化作用；油、醋、盐、糖除调味外，还在不同程度上起防腐、稳定产品的作用；香辛料主要是增加产品的风味。

7. 蛋黄酱依靠什么防止微生物引起腐败，保持产品的稳定性？

答：（1）采用辐照灭菌措施，因为蛋黄酱属于冷制品，不能采用加热法。

（2）蛋黄酱含油量很高，脂质氧化会使产品带有油味，表层呈浅棕色。需要加抗氧剂及避光保存。

（3）依靠醋、糖、盐的添加，既改变了风味，又起到防腐的作用。

（4）选择聚丙烯复合袋包装。

8. 液蛋消毒有几种方法？你认为哪一种最好？

答：蛋液的杀菌方法主要有以下三种：

①巴氏杀菌：由于有经搅拌均匀的和不经搅拌的普通全蛋液，也有加糖、盐等添加剂的特殊用途的全蛋液，所以采用的巴氏杀菌条件也各不相同。我国规定全蛋液巴氏杀菌条件为64.5℃，3 min。蛋白液巴氏消毒的条件为56.7℃，1.75 min；蛋黄的巴氏杀菌温度比蛋白液稍高，为60℃，3.1 min。因蛋清的蛋白质受热后容易变性，黏度和混浊度增加，所以在做蛋清加热灭菌时要考虑流速、蛋清黏度、加热温度和时间及添加剂的影响。在加热前对蛋清进行真空处理，5.0～6.0 KPa（38～45 mmHg）去除蛋清中的空气，增加蛋液内微生物对热处理的敏感性；然后在51.7～53.3℃温度下，保持3.5 min可以起到良好的杀菌效果。

②超高压杀菌：超高压杀菌是一种将食品加压至100～1000 MPa后，保持一段时间使食品中的酶失活、微生物死亡。由于超高压杀菌对蛋白的一级结构没有破坏，对二级结构有稳定的作用，因而可以最大程度地保持食品原来的营养品质、风味、质地、色泽和新鲜程度。

③电脉冲杀菌：是利用LC振荡电路形成的脉冲来杀菌。将要杀菌处理的食品置于带有两个电极的处理室中，然后在高压电形成的脉冲电场作用下，可以将蛋液中的微

生物杀灭。目前，国外已将脉冲电场杀菌应用于蛋液的工业化生产。脉冲电场杀菌的条件为：电场强度为35～45kV/cm，流量为3000～8000L/h。脉冲电场处理全蛋液在4℃下可以放置4周左右。

9. 全蛋液、蛋白液、蛋黄液在杀菌时所需的杀菌温度一样吗？为什么？

答：全蛋液、蛋白液、蛋黄液在杀菌时所要的杀菌温度是不一样的。我国规定全蛋液巴氏杀菌条件为64.5℃，3 min。蛋白液巴氏消毒的条件为56.7℃，1.75 min；蛋黄的巴氏杀菌温度比蛋白液稍高，为60℃，3.1 min。因蛋清的蛋白质受热后容易变性，黏度和混浊度增加，pH升高，所以在做蛋清加热灭菌时要考虑流速、蛋清黏度、加热温度和时间及添加剂的影响。

第六章

1. 为什么要轻轻洗涤裙带菜？

答：裙带菜的黏液中含有岩藻固醇和褐藻酸，具有降低胆固醇、排出多余钠离子、防止脑血栓发生、改善强化血管、防止动脉硬化、降低高血压等作用。由于裙带菜黏液成分具有溶解于水的性质，在洗涤时如果不注意的话，这些成分将会流失，因此，只需轻轻地洗掉盐分和杂物即可。

2. 为什么要对裙带菜进行护色处理？

答：当处于pH值较低的酸性环境时，裙带菜叶绿素分子中的Mg^{2+}容易被H^{+}置换，转化成为脱镁叶绿素，同时颜色也由绿色变为绿褐色或褐色。为保持其原有的绿色，可加入适宜浓度的护绿剂，如醋酸锌、硫酸铜、硫酸锌等。对裙带菜而言，醋酸锌的护色效果要好于硫酸铜，这是由于醋酸锌护色而产生的颜色为翠绿色，较硫酸铜护色具有更好的实感，易被人们接受。

3. 为什么要对裙带菜进行保脆处理？

答：在杀菌等高温处理中，裙带菜组织中钙离子与果胶形成的长链“盐桥”被部分破坏，使裙带菜软化，失去脆嫩的质地，而将裙带菜进行保脆处理后，可使产品实现避免软化，口感脆嫩、外观坚挺。

4. 当其他鱼类作为鱼松的原料肉时，应如何选择？

答：原料鱼肉一般选择肌肉纤维较长的、鲜度标准为二级的白色肉鱼类。根据肌肉颜色对鱼类进行分类，带有浅色普通肉或白色肉的鱼类称为白色肉鱼类；在肌肉中含有相当多肌红蛋白和细胞色素的鱼类称为红色肉鱼类。其中，以白色肉鱼类制成的鱼松质量较好，淡水鱼中青、草、鲢、鲤鱼等多作为加工鱼松的原料。鱼类肌肉是由肌纤维组成，每一条肌纤维就是一个肌肉细胞，其外部由肌膜包裹，其内部大量的肌原纤维间充满了肌浆；鱼类肌纤维的长度从几毫米到十几毫米不等，其肉色、风味等也有一定的差异，因此制成的鱼松状态、色泽及风味各不相同。为保证鱼松的感官品质，一般选择肌肉纤维较长的鱼类为原料。另外，鱼松加工的原料要求鲜度在二级以上，不能用变质鱼生产鱼松。

5. 原料装罐时为什么要留有一定的顶隙？

答：原料经过处理加工后应尽快装罐，装罐时须留有一定的顶隙。顶隙是指内容物表面与罐盖之间的距离。顶隙距离一般为 6～8 mm。顶隙过小，杀菌时罐内食品、气体膨胀会造成罐内压力增加而致使容器变形，卷边松弛，甚至发生跳盖等现象，内容物过多也会造成原料浪费，增加成本；顶隙过大，杀菌冷却后由于罐头外压远高于罐内压力，易造成瘪罐，同时，若在排气不充分的情况下，罐内残留气体较多，将促进罐内壁的腐蚀，使产品发生氧化变色。

6. 预煮的目的是什么？

答：预煮的目的是使鱼肉部分脱水，蛋白质加热凝固，使组织紧密具有一定的硬度，便于装罐，并使调味料能充分渗入组织，使鱼体具有良好的质地与气味特性。此外，还能杀灭部分微生物，对杀菌起到一定的辅助效果。

7. 抽真空时应注意什么？为什么？

答：真空封罐机靠真空泵的作用把密封室内的空气抽出，形成一定的真空度，达到排气的目的。当罐头进入密封室时，其中的部分空气在真空条件下外逸，可使罐内真空度达到（3.3～4.0）$\times 10^4$ Pa，甚至更高。操作时需注意及时检查与调整封口机的抽真空性能，以达到罐内的真空度，避免太高的真空度将茄汁抽出。

8. 罐头冷却时应注意哪些问题？为什么？

答：罐头的冷却速度越快，对食品品质的保持越有利。用水冷却罐头时，须注意冷却用水的卫生，一般要求冷却水须符合饮用水标准。冷却终点一般是罐头平均温度为 38℃左右，罐内压力降到正常为宜。此时罐头尚有一部分余热，这有利于罐头表面水分的继续蒸发，防止罐头生锈。

9. 有哪些因素可影响罐头热力杀菌效果？

答：从罐头加工工艺及其要杀灭的微生物考虑，影响罐头热杀菌效果的主要因素有以下几点。

（1）影响微生物耐热性的因素；

（2）影响罐头传热的因素，即热量传递的速率，它可影响罐内温度上升的速率；

（3）微生物的种类，即罐头中对象菌的耐热性和耐酸能力；

（4）污染微生物及其孢子的数量，罐头中微生物存在的数量，尤其是孢子的数量越多，抗热的能力越强，在相同温度下需要的致死时间就越长。

10. 鱼片品质的影响因素有哪些？

答：（1）原料鱼的鲜度：原料鱼的新鲜程度对产品质量至关重要。鱼类极易腐败变质，活鱼死后短时间内进入自溶阶段，在内源酶的作用下蛋白质发生降解，同时鱼体表面粘液层中的微生物，也可分解肌肉组织蛋白质和脂肪产生氨类等有毒物质。当鱼肉发生轻微腐败后肌肉组织变得柔软疏松，没有弹性，这样的原料鱼制作鱼片效果并不好。

（2）干燥条件。

（3）脂肪氧化程度：鱼肉中的脂肪不饱和程度较高，在空气、光、热等作用下易氧化生成小分子的醛、酮等氧化产物，产生哈喇味，影响产品的口感和风味；同时，脂肪氧化变成黄褐色，也影响了产品的外观。因此，原料鱼一般选用少脂鱼，并采用真空包装，以及添加维生素 E 等方法来控制脂肪氧化。

11. 调味鱼片的品质应如何控制？

答：依据调味鱼片的加工工艺，应首先在原料选择上予以控制，选择新鲜程度的原料鱼；原料修整、漂洗等处理需使鱼肉与下脚料分开，以保证其原料卫生；漂洗应充分且适度，保证彻底洗净血污，使鱼片洁白有光泽，但又要防止过度漂洗导致可溶性蛋白质流失，营养损失过多；浸渍调味时保证鱼片充分腌透；摊片、烘烤时注意控制烘烤程度和均匀性，防止产品过焦或不熟；并在包装后保藏时防光、防热、防氧气等因素，避免产品被氧化，产生不良气味。

12. 加热操作前应注意什么？

答：充填结扎后的鱼香肠需用水洗去表面附着的鱼糜粘着物和杂物等，以保证肠衣表面光滑。若发现肠内有气泡时，应用针刺破肠衣将气体放出，以防煮熟后有较大空隙。同时，控制水温不要过高，以免煮爆，并确保杀菌后产品的色泽、弹性无明显改变。

第七章

1. 淀粉糖浆是糖果产品加工过程中一种重要的原辅料，其在改善糖果品质方面有哪些重要作用？

答：淀粉糖浆主要作用体现在可有效抑制砂糖分子结晶，控制返砂。其主要机理为：①淀粉糖浆可以增加砂糖的溶解度，抑制过饱和糖溶液在浓缩过程出现砂糖结晶现象；②淀粉糖浆的加入可以提高整个体系的黏度，减缓砂糖分子相互之间重新排列的运动，起到抗结晶的作用。

2. 乳脂糖具有不同于其他糖类独特的色香味品质，请问这一特性是如何形成的？

答：乳脂糖特有的色香味源于制作过程中产生的焦糖化反应和美拉德反应的产物。

焦糖化反应主要有两种生成物：一是糖的脱水产物——焦糖素或称酱色，另一种是糖的裂解产物——挥发性醛、酮类物质。糖类因高温引起的强烈脱水产物和裂解产物色泽较深，同时具有甜香的风味，这是焦香糖风味组成的一部分。

美拉德反应（羰氨反应）是食品非酶褐变的主要原因，生成的类黑色素是乳脂糖产生棕色的主要因素之一，同时反应还产生烯醇化的生成物即麦芽醇，其具有独特的甜香风味，是乳脂糖焦香风味的产生因素之一。

3. 精磨是巧克力加工环节中重要的一环，对巧克力品质的形成具有特殊的意义，请问精磨操作具体有哪些作用?

答:①使巧克力物料达到要求细度;②使各种物料充分混合,形成高度均一的分散体系;③降低巧克力中水分含量;④提升巧克力物料的香味程度;⑤降低巧克力物料黏度,提高乳化性能。

第八章

1. 硬水软化的一般方法都有哪些,比较各种方法的优缺点。

答:(1)离子交换法:采用阳离子交换树脂,以钠离子将水中的钙镁离子置换出来,钠盐的溶解度高,可以避免随温度的升高而造成水垢形成。这是目前最常用的方法。主要优点是效果稳定准确,工艺成熟,可以将硬度降至很低。采用这种方式的软化水设备也叫做“离子交换器”。

(2)石灰法:向水中加入石灰,主要是用于处理流量较大的高硬水,只能将硬度降到一定的范围内。此法软化水效果相对较差。

(3)加药法:向水中加入专用的阻垢剂,可以有效阻止钙镁离子与碳酸根离子结合的特性,从而使水垢不能析出。目前工业上使用的阻垢剂种类很多。这种方法的特点是一次性投入较少,适应性广,但由于加入了化学物质,所以水的应用受到很大限制,一般不能应用于饮用、食品加工等方面。

(4)电磁法:在水中加上电场或磁场来改变各种离子的特性,从而改变碳酸钙(碳酸镁)沉积的速度及沉积特性来阻止硬水水垢的形成。其特点是:设备投资小,安装方便,运行费用低;但是效果不够稳定性,没有统一的衡量标准。

(5)膜分离法:纳滤膜(NF)或反渗透膜(RO)均可以拦截水中的钙镁离子,从而从根本上降低水的硬度。这种方法效果明显而稳定,处理后的水适用范围广,但运行成本高。一般较少用于专门的软化处理。

2. 臭氧杀菌、紫外线杀菌的原理是什么?

答:臭氧与细菌细胞壁的脂类发生双键反应,然后进入菌体内部,作用于脂蛋白和脂多糖,改变了细胞的通透性,从而导致微生物死亡。

紫外线波长在240~280nm范围内破坏细菌病毒中的DNA(脱氧核糖核酸)或RNA(核糖核酸)分子结构的能力最强,因此在此波长下,可以造成生长性细胞死亡或再生性细胞死亡,达到杀菌效果。

3. 讨论果蔬复合汁的调配方法。

答:在复合果蔬汁调配过程中,各种汁液、糖液等添加剂的用量搭配直接影响果蔬汁的风味、口感及营养价值。综合这些因素,以白菜汁、华莱士瓜汁、甜橙汁及糖液的加入量为因素,通过单因素预实验,确定各因素的水平范围,而后采用正交试验,以饮料的色泽、风味、口感、组织状态为指标,确定最佳配方。

4. 影响果汁饮料风味的因素有那些?怎样控制这些因素才能得到良好风味的果汁

饮料?

答：影响因素：

(1) 果汁饮料成分的化学变化，这是影响风味最主要的原因，原果汁中所含有的成分在加工及贮存过程中氧化、裂解等造成果汁风味不良；

(2) 包装问题，例如塑料包装和金属罐包装中，单体转移至果汁中，会产生不良风味，金属的溶出会产生铁锈味；

(3) 微生物的污染，如饮料中出现乳酸菌、酵母、霉菌等污染；

(4) 空气、水质等污染有时也会造成果汁饮料的风味劣化。

控制措施：

(1) 调配过程需要长时间研究，并不断试验才能得到风味良好的果汁饮料。

(2) 对于上述影响果汁饮料风味的因素，应尽量避免发生。

5. 详述果肉悬浮饮料的操作要点和调配重要性。

答：一个优良的果肉悬浮饮料体系，首先应确保具有产品稳定的悬浮能力，有效的口感修饰，良好的风味释放过程。果肉悬浮饮料既含有果肉又含有果汁，兼备果肉和果汁饮料的优点，悬浮在饮料中的果粒使饮料看起来非常的生动，因此可以取悦消费者，同时丰富了饮料的口感和风味，提高了饮料的营养价值。因此饮料的悬浮剂、防腐剂及产品色泽对该类饮料至关重要。

6. 茶饮料的稳定性与那些因素有关?

答：(1) 水质：水是茶饮料主要组成部分，对茶饮料影响很大。水中的钙、镁、氯、铁等离子能影响茶饮料的色泽和滋味，甚至发生混浊，形成“茶乳”。氯离子含量较高会使茶汤有腐臭味，铁离子含量较高时，茶汤将显黑色且带苦涩味。另外，茶叶中鞣质与水中金属离子可生成不同颜色的物质。一般来说，生产品质较佳的茶饮料必须采用纯净水。

(2) 原料：原料的不同会形成各种风味茶饮料。其中成品茶是影响茶饮料最主要的物质。由于茶品质、产地、制茶技术、储存等的不同，会形成不同的风味，其可溶性成分也有差别。茶品质和茶树品种、土壤、肥料、日照、栽培方法、采集季节均有很大关系。成品茶的加工技术，如堆放厚度、发酵时间、烘焙温度和水分控制等不同也会产生不同的茶。

(3) 工艺：在茶叶萃取过程中，直接影响因素有水温、萃取时间、萃取方式、原料颗粒大小、溶剂的量等。水温越高，时间越长，原料颗粒越小、茶叶中物质的萃取率就越高，茶汤的苦涩味就越重，成本也会越高。茶萃取液的冷却过程也非常关键，在冷却过程中可能会产生白色沉淀，这是由于茶叶中的茶多酚及其氧化分解物与咖啡碱等物质络合生成的一种叫做“茶乳酪”的沉淀。此外，其他大分子物质如蛋白质、果胶、淀粉等也容易出现沉淀，此时，水中离子还可以促进沉淀的发生。

(4) 其他：由于茶饮料由多种配料调配制成，配料的理化性质、加料顺序等也会使茶饮料中的某些成分发生变化进而可能产生难溶物质。比如，柠檬酸和苯甲酸钠在酸度较高的条件下，会产生难溶于水的白色片状沉淀。茶饮料中的其他添加剂也会影响到品质的优劣。如含有胶体物质和杂质的甜味剂纯度较差，若直接使用就会产生胶体物质聚沉。另外，微生物污染也是引起茶饮料不稳定的重要因素。

7. 如何提高茶饮料的产品稳定性？

答：(1) 目前，提高产品稳定性的方法主要有物理法。常用的有低温沉淀法，即茶提取液如果可以得到迅速冷却，快速形成的沉淀用离心或过滤的方法有效去除，可以改善茶汁的浑浊度。利用超滤、微滤等技术去除茶汁中大分子物质，如蛋白质、果胶、淀粉等，也非常有效。吸附剂如硅藻土等也能有效除去沉淀物质。还有采用电渗析-微滤法等。

(2) 另外，采用化学方法也可以避免茶饮料沉淀的出现，如添加胶体物质、酶制剂等。如在茶汁中添加纤维素酶、蛋白酶、果胶酶等，可以有效地分解茶汁中大分子物质而达到目的。阿拉伯胶、海藻酸钠等胶体物质，也可使茶汁达到澄清效果。

8. 讨论乳化稳定剂的添加在蛋白饮料中的作用。

答：为了开发口感协调、组织稳定的植物蛋白饮料，合理应用乳化稳定剂非常重要。乳化稳定剂有很多优越性，不仅具有协同增效的作用，还具有改善风味，提高品质的作用。而且乳化稳定剂的复配形式有多种形式，有相同、相近产品相复配，也有不同类型乳化剂的复配。此乳化稳定剂复配使用具有良好的悬浮效果，而且可以延长产品的保质期。

9. 试分析一次灌装法与二次灌装法的区别与优缺点？

答：采用二次灌装法，投资小、适合中小型加工厂，也易于保证产品的卫生性。糖浆和碳酸水具有不同的系统，糖浆渗透压较高，能够有效抑制微生物生长，同时，碳酸水也不会滋生微生物，清洗方便。当灌装机漏水时，一般只损失水而不会损失糖浆，无严重后果。但由于糖浆和碳酸水两个系统采取的温度不同，当将碳酸水灌入糖浆时容易产生泡沫，造成CO_2的损失或灌装量小。对于含果肉碳酸饮料，一般不会堵塞喷嘴，因此采用二次灌装法则更为有利。

一次灌装法是较为先进的适合大型饮料加工厂的方法。一次灌装法的优点是糖浆和水的比例相对准确，灌装容量方便控制；灌装过程中，糖浆和碳酸水的温度一致，不易起泡，CO_2含量容易控制且较为稳定。缺点是不太适合含果肉碳酸饮料的灌装，且设备复杂，清洗不方便。

10. 生产碳酸饮料时，碳酸化是一个非常重要的过程，这个过程中应注意的事项是什么？

答：①碳酸化水平要合理，否则可能会发生过碳酸化现象，或达不到碳酸化的要求；②灌装机始终要有一定的过压；③严格控制空气混入，防止空气降低二氧化碳的溶解度；④保证产品中无杂质污染。

11. 固体饮料的水分含量为什么要求低于5%？

答：固体饮料是由液体饮料去除水分而制得，一般来说去除水分的目的是防止被干燥饮料由于其本身的酶或一些微生物引起变质或腐败，便于储存和运输。

12. 乳酸饮料沉淀分层的原因有哪些？

答：①酸奶发酵过程控制不当；②原辅料的使用不适合产品，如稳定剂的选择不当，添加量及加工工艺等有不当之处；③选择的发酵剂不合适，如后酸化太严重，使最终饮料的酸度难以控制；④所用配料的水质量较差或水质过硬；⑤各种配料混合后，均质压力过低或其他原因造成均质不均一，稳定剂未起到应有的效果。

13. 阐述冰淇淋混合料凝冻过程。

答：凝冻过程是冰淇淋制作的一个重要环节，冰淇淋的质量、可口性和产率会受到凝冻工序的影响。凝冻过程一般分为两个部分：

(1) 各种调味剂混合料（凝冻前加入）在强制搅拌下迅速冷冻，空气以极其微小的气泡均匀分布于冰淇淋中，形成微细的冰晶体。作用是保证产品的光滑性、可口性、膨胀率及组织结构；

(2) 当凝冻过程中冰淇淋部分达到适当黏稠度时，应立即停止凝冻，并进行产品包装，然后送入冷库，进行硬化过程。

14. 冰淇淋制作过程中，应如何控制膨胀率？

答：冰淇淋膨胀过程主要是在凝冻过程中混入的微小空气所致，混入空气的量取决于混料成分和加工工艺。如果膨胀率太高，则产品松软，易结冰霜，不可口；如果太低，则冰淇淋口感上给人携带冰渣的感觉。

为确保产品具有应有的膨胀率，注意以下几点：①同样的方式来操作凝冻机；②过程中要求一致的冷冻剂温度和流动速率；③在凝冻过程中需要补偿料斗中损失的膨胀率；④尽量采用定量包装，并迅速送入硬化室。

第九章

1. 制备菌悬液过程中为什么要加入保护剂？

答：保护剂可分为低分子化合物如氨基酸、有机酸、糖类等和高分子化合物如蛋白质、多糖两大类，一般需要二者配合使用。保护剂的作用一方面是使悬浮液中的菌体保持活的状态，另一方面，保护剂可以减少冷冻干燥时对菌体引起的损伤。

2. 低温冷冻干燥保藏菌种的优点？

答：活菌数量多，保藏时间长，菌体变异小，便于大量保藏及适用范围广。

3. 制作甜酒酿的操作过程中需要注意哪些事项？

答：糯米饭不能太软或太硬；过程中不能沾油性物质；酒糟和米饭的比例要合适；不能用冷水，要用凉开水淋米饭；拌匀后需要密封；最好在恒温下进行，温度高可以适当减少发酵时间。

4. 啤酒糖化中α-氨基氮的作用是什么，如何控制α-氨基氮的水平？

答：α-氨基氮主要来源于麦芽。蛋白分解酶作用于原料中的蛋白质，分解产物为多肽、寡肽和氨基酸。当终止温度偏低（45～50℃），时间较长时，有利于形成高含量的α-氨基氮。另外，控制水料比、保温时间等工艺参数也会适当提高α-氨基氮的含量。

一般来说12度麦芽汁的α-氨基氮在160～200 mg/L，这个浓度非常有利于酵母的生长繁殖，确保发酵正常，同时可以抑制双乙酰的生成，加快啤酒成熟；α-氨基氮含量太高或太低都会引起酵母菌的提前衰老，并能够增加高级醇的生成，啤酒喝起来容易产生头疼症状。

5. 菌种扩大培养的目的是什么？有哪些优点？

答：菌种扩大的目的就是为大规模菌株的培养提供足够数量的代谢旺盛的种子，因为发酵时间的长短和接种量的大小有关密切，如果接种量较大，发酵时间就会缩短。菌种扩大培养有以下优点：①菌体活力强，转接入发酵罐后能迅速生长，缩短迟缓期；②菌体的生理性状稳定；③菌体总量及浓度能满足大规模培养的要求；④避免了杂菌污染；⑤可以保持稳定的生产能力。

6. 如何控制啤酒色度？

答：(1) 选择麦汁煮沸色度低的优质麦芽，适量增大大米用量，使用新鲜酒花，选用软水，对暂时硬度高的水应预先处理；

(2) 严格控制糖化、过滤、麦汁煮沸时间，冷却时间宜在60 min左右；

(3) 防止啤酒吸氧过多，严格控制瓶颈空气含量，巴氏灭菌时间不能太长。

7. 加酒曲前，搅拌的作用是什么？

答：在加曲时，搅动混合物有利于培养酵母菌和乳酸菌，避免产生其他杂菌和沉淀颗粒，并可以使缸内的CO_2充分排出，有足够的氧气来满足发酵需要，并且多搅动发酵物会使混合物的颗粒达到最小体积，使马奶酒稠度均一。

第十章

1. 为什么制备透明香皂不用盐析，反而加入甘油？

答：为了增加透明皂的透明度。

2. 制透明香皂的油脂若不干净怎样处理？

答：加热油脂时，将漏斗配加热过滤套，趁热过滤即可。

3. 植物精油或"超脂"的橄榄油需何时加入？

答：此部分油脂在皂化步骤结束后、倒入模具前加入，此时的物料状态应为"Trace"态，即入模前浓稠态，当油脂和NaOH混合搅拌至一定程度时，物料会变成一种浓稠的状态，若以搅拌棒在其表面划过，会留下明显的痕迹，此状态即为"Trace"态。由于此部分油脂没有多余的碱与之反应，可使其本身的功效保留在皂中。

4. 影响总黄酮产率的可能因素有哪些？

答：黄酮类物质的提取主要依据相似相溶原理，其提取过程即为黄酮类物质由植物组织的内部向溶剂中转移的传质过程。在此过程中，影响黄酮类物质提取率的主要因素为黄酮在所选用溶剂中的溶解度和黄酮向溶剂扩散的难易程度。

5. 试比较苦荞植株各部位的总黄酮含量。

答：苦荞植株各部位的总黄酮含量与其品种、成熟度、器官、生长期以及生物合成途径有关，不能一概而论，其植株各部位的总黄酮含量比较以实际数据为准。现有参考结论如下，采用70%甲醇溶液浸提法制备的3种甜荞麦总黄酮中，其不同部位的总黄酮含量由高到低依次为：花＞叶＞茎＞果＞根；总体而言，荞麦植株的花和叶总黄酮含量均显著高于果、茎和根。

6. 碱液浸提温度和pH值对大豆分离蛋白的提取有何影响?

答：碱液浸提时，需在搅拌作用下，使用40%的NaOH溶液，将混合液的pH值调整为7.0～9.0，同时设置加热温度为45～50℃，浸提时间为40～50 min。此步骤的温度不能过高，这是由于大豆蛋白质在高温条件下易变性，影响蛋白质的提取率。同时，应调整适宜的pH值，若pH值过低，则不能很好地将蛋白质溶解，从而影响其提取率；若pH值过高，则使蛋白质处于过高的极端状态，打开了蛋白质的构象，当pH值再次恢复正常时，蛋白质不能恢复到原有构象，一些功能特性将会改变，从而影响了产品的质量。

7. 加酸沉淀步骤要注意哪些问题?

答：此步骤操作为将大豆蛋白碱提溶液一边搅拌、一边缓缓地加入浓度为20%的盐酸，调节其pH值为4.5，设置搅拌速率为60～70 rpm，加热温度为45℃。此步骤需注意，应不断进行搅拌，防止整个溶液中pH值分布不均匀，影响沉淀后产品的质量；还要注意酸沉期间应不断抽测pH值，当全部溶液均到达等电点附近时，应立即停止搅拌，防止pH值过低。

8. 预处理对酶解大豆分离蛋白有何作用?

答：预处理大豆蛋白的目的是加快酶解速率、提高其水解度，因此需将其原有的紧密结构打开，使其变松散，从而暴露出其分子内部的酶切作用位点，方便蛋白酶与之相结合。

9. 为什么要测定大豆分离蛋白的水解度?

答：制备大豆多肽的原理是利用各种不同性质的蛋白酶，将其作用于大豆分离蛋白，使之酶解成为肽链长度各不相同的短肽。由于只有含3～6个氨基酸长度的短肽才具有独特的功能特性，因此反映底物蛋白质被水解程度的指标——水解度，它的及时测定与实时控制成为了保证多肽产品质量的关键。

参考文献

[1] 蔡云升．冰淇淋生产中的凝练［J］．冷饮与速冻食品工业．2006，3：4－8.

[2] 曾洁，朱新荣，张明成．饮料生产工艺与配方［M］．北京：化学工业出版社，2014.

[3] 陈廷登，叶名华．高大米辅料啤酒酿造工艺的研究［J］．食品科技，2002，11：51－54.

[4] 陈玮琳．枸杞果汁饮料加工及质量控制［D］．银川：宁夏大学，2013.

[5] 迟玉杰．蛋制品加工技术［M］．北京：中国轻工业出版社，2009.

[6] 戴良俊．五香脱骨扒鸡的加工工艺［J］．现代农业科技，2008，4：191－192.

[7] DB15/T 432—2006 风干牛肉

[8] 丁绍辉．糖果工艺师［M］．北京：中国劳动社会保障出版社，2007.

[9] 高翔，王蕊．肉制品加工实验实训教程［M］．北京：化学工业出版社，2009.

[10] GB 11671—2003 果、蔬罐头卫生标准．

[11] GB 14884—2003 蜜饯卫生标准．

[12] GB 15037—2006 葡萄酒．

[13] GB 17324—2003 瓶（桶）装饮用纯净水卫生标准．

[14] GB 19297—2003 果、蔬汁饮料卫生标准．

[15] GB 2714—2003 酱腌菜卫生标准．

[16] GB 2760—2014 食品安全国家标准 食品添加剂使用标准．

[17] GB 9678.2—2014 食品安全国家标准 巧克力、代可可脂巧克力及其制品．

[18] GB/T 20371—2006 食品工业用大豆蛋白．

[19] GB/T 21731—2008 橙汁及橙汁饮料．

[20] GB/T 22474—2008 果酱．

[21] 顾瑞霞．乳与乳制品的生理功能特性［M］．北京：中国轻工业出版社，2000.

[22] 韩建春，尚永彪．畜产品加工实验［M］．北京：中国林业出版社，2012.

[23] 郝慧敏．台湾烤肠加工工艺［J］．肉类工业，2011，8：17－18.

[24] 何国庆．食品发酵与酿造工艺学［M］．北京：中国农业出版社，2001.

[25] 何少贵，苏国成，周常义，等．漂洗工艺和加工辅料对鱼糜制品品质影响的研究进展［J］．食品工业科技，2012，14：399－402.

[26] 胡小松，蒲彪，廖小军．软饮料工艺学［M］．北京：中国农业大学出版社，2002.

[27] 蒋爱民，樊明涛，李志成，等．畜产食品工艺学实验指导［M］．北京：中国农业出版社，2003.
[28] 孔保华，韩建春．肉品科学与技术［M］．北京：中国轻工业出版社，2011.
[29] 赖健，王琴．食品加工与保藏实验技术［M］．北京：中国轻工业出版社，2010.
[30] 李里特，江正强，卢山．焙烤食品工艺学［M］．北京：中国轻工业出版社，2008.
[31] 李全宏．农副产品综合利用［M］．北京：中国农业大学出版社，2009.
[32] 李增利，吴菊清，张晓东．乳蛋制品加工技术［M］．北京：金盾出版社，2001.
[33] 刘颖，王佳瑞，刘婧美．米曲霉制备高蛋白酶活力酱曲工艺探讨［J］．现代食品科技，2009，9：1049-1051.
[34] 骆承庠．乳与乳制品工艺学［M］．北京：中国农业出版社，1999.
[35] 马美湖．蛋与蛋制品加工学［M］．北京：中国农业出版社，2007.
[36] 孟宪军．果蔬加工工艺学［M］．北京：中国轻工业出版社，2012.
[37] 潘道东．畜产食品工艺学实验指导［M］．北京：科学出版社，2011.
[38] QB/T 2485—2008 香皂．
[39] QB/T 2788—2006 清蒸牛肉罐头．
[40] 阮美娟，徐怀德．饮料工艺学［M］．北京：中国轻工业出版社，2013.
[41] SB/T 10018—2008 糖果．硬质糖果．
[42] SB/T 10019—2008 糖果．酥质糖果．
[43] SB/T 10021—2008 糖果．凝胶糖果．
[44] SB/T 10022—2008 糖果．奶糖糖果．
[45] SB/T 10023—2008 糖果．胶基糖果．
[46] SB/T 10104—2008 糖果．充气糖果．
[47] SB/T 10347—2008 糖果．压片糖果．
[48] SB/T 10611—2011 扒鸡．
[49] SB/T10756—2012 泡菜．
[50] 田婷．玫瑰花清凉压片糖生产工艺研究［J］．食品工业，2014，1：51-53.
[51] 王建和，李宏．国产大麦制麦芽生产啤酒工艺的控制［J］．山西食品工业，2005，3：18-19.
[52] 王俊国，杨玉民．粮油副产品加工技术［M］．北京：科学出版社，2012.
[53] 王兴礼．茄汁鲫鱼软罐头加工技术［J］．农村新技术，2010，8：33-34.
[54] 王玉田．动物性副产品加工利用［M］．北京：化学工业出版社，2009.
[55] 吴根福．发酵工程实验指导［M］．北京：高等教育出版社，2006.
[56] 吴景铸．果蔬保鲜与加工［M］．北京：化学工业出版社，2001.
[57] 吴云辉．水产品加工技术［M］．北京：化学工业出版社，2009.
[58] 谢继志．液态乳制品科学与技术［M］．北京：中国轻工业出版社，2001.

[59] 徐莹，沈珺，崔丽娟．传统方法酿造马奶酒的工艺优化研究及营养价值分析 [J]．农产品加工，2011，9：71－75.
[60] 许本发．酸奶与乳酸菌饮料 的加工技术 [M]．北京：中国轻工业出版社．1995.
[61] 薛效贤．巧克力糖果加工技术及工艺配方 [M]．北京：科学技术文献出版社，2005.
[62] 杨军军．卤蛋的加工工艺及质量控制 [J]．肉类工业．2009，8：20－21.
[63] 翟玮玮．食品加工原理 [M]．北京：中国轻工业出版社，2011.
[64] 翟燕，陈有君．奶酒的类型生产工艺及其营养价值 [J]．农产品加工，2007，7：68－70.
[65] 张洪颖，秦立虎．乳酸菌乳饮料的不稳定性及其解决对策 [J]．乳品加工，2006，6：52－54.
[66] 张兰威．蛋制品工艺学 [M]．哈尔滨：黑龙江科学技术出版社，1996.
[67] 张丽萍，李开雄．畜禽副产品综合利用技术 [M]．北京：中国轻工业出版社，2009.
[68] 张彦青，贾士儒，张五九．啤酒酿造工艺对乙酸生成量的影响 [J]．中国酿造，2011，8：144－148.
[69] 张艳平．传统蒙古牛肉干工艺的改进研究 [D]．呼和浩特：内蒙古农业大学，2008.
[70] 赵晋府，孔繁东，王凤翼，等．食品工艺学 [M]．北京：中国轻工业出版社，2006.
[71] 赵征．食品工艺学实验技术 [M]．北京：化学工业出版社，2009.
[72] 赵中开，林艳，杨建刚，等．米曲霉种曲制备工艺优化研究 [J]．中国酿造，2014，8：108－111.
[73] 赵中开，杨建刚，马莹莹．纯种米曲霉酒曲的制备工艺优化研究 [J]．中国酿造，2014，7：83－87.
[74] 周光宏．畜产品加工学 [M]．北京：中国农业出版社，2002.
[75] 周永昌．蛋与蛋制品工艺学 [M]．北京：中国农业出版社，1995.
[76] 周赞．皮蛋加工工艺研究分析 [J]．农产品加工，2012，4：74－75.
[77] 朱珠．软饮料加工技术 [M]．北京：化学工业出版社，2011.
[78] 祝战斌．果蔬加工技术 [M]．北京：化学工业出版社，2008.